高等职业教育"十三五"规划教材

U0321668

钢筋混凝土结构

主　编　沈新福　温秀红
副主编　韦柄光　李　萌
参　编　肖　毅　双新卓

北京理工大学出版社
BEIJING INSTITUTE OF TECHNOLOGY PRESS

内 容 提 要

本教材是按照高等职业院校人才培养目标以及专业教学改革的需要，根据土木工程类相关专业的人才培养计划、课程教学要求以及实际应用需要进行编写。全书除绪论外共分为十章，主要内容包括钢筋混凝土结构材料的力学性能、结构设计方法、钢筋混凝土受弯构件承载力计算、钢筋混凝土受压构件承载力计算、钢筋混凝土受扭构件承载力计算、钢筋混凝土受拉构件承载力计算、钢筋混凝土构件裂缝和变形计算、预应力混凝土构件、钢筋混凝土梁板结构、混凝土多层及高层框架结构设计等。

本书可作为高等职业院校建筑工程技术、建设工程监理、建设工程管理等专业的教材，也可供建筑工程相关技术和管理人员工作时参考。

版权专有 侵权必究

图书在版编目（CIP）数据

钢筋混凝土结构/沈新福，温秀红主编.—北京：北京理工大学出版社，2019.8（2019.9重印）
ISBN 978-7-5682-6721-2

Ⅰ.①钢… Ⅱ.①沈… ②温… Ⅲ.①钢筋混凝土结构－高等学校－教材 Ⅳ.①TU375

中国版本图书馆CIP数据核字（2019）第026653号

出版发行 / 北京理工大学出版社有限责任公司	
社　　址 / 北京市海淀区中关村南大街5号	
邮　　编 / 100081	
电　　话 / （010）68914775（总编室）	
（010）82562903（教材售后服务热线）	
（010）68948351（其他图书服务热线）	
网　　址 / http://www.bitpress.com.cn	
经　　销 / 全国各地新华书店	
印　　刷 / 北京紫瑞利印刷有限公司	
开　　本 / 787毫米×1092毫米　1/16	
印　　张 / 16.5	责任编辑 / 赵　岩
字　　数 / 399千字	文案编辑 / 赵　岩
版　　次 / 2019年8月第1版　2019年9月第2次印刷	责任校对 / 周瑞红
定　　价 / 45.00元	责任印制 / 边心超

前　言

　　钢筋混凝土的发明出现在近代，1872年，世界第一座钢筋混凝土结构的建筑在美国纽约落成，开启了人类建筑史上一个崭新的纪元。钢筋混凝土结构在1900年之后在工程界得到大规模的使用。1928年，一种新型钢筋混凝土结构形式预应力钢筋混凝土出现，并于第二次世界大战后被广泛地应用于工程实践。钢筋混凝土的发明以及19世纪中叶钢材在建筑业中的应用使高层建筑与大跨度桥梁的建造成为可能。目前在我国，钢筋混凝土为应用最多的一种结构形式，占总数的绝大多数。同时，中国也是世界上使用钢筋混凝土结构最多的地区。

　　本书根据《混凝土结构设计规范（2015年版）》（GB 50010—2010）、《建筑结构荷载规范》（GB 50009—2012）等相关标准规范编写而成。全书内容丰富，难度适中，图文并茂，语言通俗，注重理论联系实际。本书既有适度的基础理论知识介绍，又有比较详细的典型案例指导，并以专业基础课程教学理念与能力培养定位专业基础课程内容，在实施教学实践中始终围绕培养职业能力这一主题，为学生进一步学习专业课程奠定必要的理论基础。

　　本书在编写思路、内容体系、实务训练安排等方面均有创新，重点突出实际应用技能和操作技能，深入浅出，通俗易懂，文字简练，实用性强，可读性好，符合高职院校课堂教学和实践技能训练的要求。本书由柳州铁道职业技术学院沈新福、阜新高等专科学校温秀红担任主编，广西现代职业技术学院韦柄光、柳州铁道职业技术学院李萌担任副主编，湖南高速铁路职业技术学院肖毅、阜新高等专科学校双新卓参与编写；具体编写分工为：沈新福编写绪论、第一章和第九章，温秀红编写第三章和第十章，韦柄光编写第四章和附录，李萌编写第五章和第八章，肖毅编写第六章和第七章，双新卓编写第二章。

　　本书在编写过程中，参考、借鉴了有关书籍，在此向相关作者表示衷心的感谢！限于编者的水平，加之编写时间紧迫，书中难免会有疏漏、谬误之处，敬请读者批评指正。

编　者

目 录

绪 论

一、钢筋混凝土结构的定义及优缺点

钢筋混凝土结构由钢筋和混凝土两种不同材料所组成，混凝土材料具有较高的抗压强度，而抗拉强度很低，根据构件受力情况，在混凝土中合理配置钢筋，使混凝土和钢筋自身材料的强度得到充分的发挥，就可形成承载力较高、刚度较大的钢筋混凝土结构构件。

钢筋混凝土结构的优点如下：

(1)耐久性好。与钢结构相比，钢筋混凝土结构具有较好的耐久性，它不需要经常保养与维护。在钢筋混凝土结构中，钢筋被混凝土包裹而不致锈蚀，另外，混凝土的强度还会随时间增长而略有提高，故钢筋混凝土有较好的耐久性，对于在有侵蚀介质存在的环境中工作的钢筋混凝土结构，可根据侵蚀的性质合理地选用不同品种的水泥，以达到提高耐久性的目的。一般火山灰质水泥和矿渣水泥抗硫酸盐侵蚀的能力很强，可在有硫酸盐腐蚀的环境中使用；另外，矿渣水泥抗碱腐蚀的能力也很强，可用于碱腐蚀的环境中。

(2)耐火性好。相对钢结构和木结构而言，钢筋混凝土结构具有较好的耐火性。在钢筋混凝土结构中，由于钢筋包裹在混凝土里面而受到保护，火灾发生时钢筋不至于很快达到流塑状态而使结构整体破坏。

(3)整体性好。相对砌体结构而言，钢筋混凝土结构具有较好的整体性，适用于抗震、抗爆结构。另外，钢筋混凝土结构刚性较好，受力后变形小。

(4)容易取材。混凝土所用的砂、石料可就地取材，节省运费，降低运输成本。另外，还可以将工业废料(如矿渣、粉煤灰)用于混凝土中，从而降低造价。

(5)可模性好。可根据结构形状的要求制造模板，进而将钢筋混凝土结构浇筑成各种形状和尺寸。

钢筋混凝土结构除具有以上优点外，还存在以下缺点：

(1)结构自重大。钢筋混凝土结构自重大，截面尺寸也较大，当达到一定跨径时，结构承受的弯矩显著增大，其承受荷载的能力就会显著降低。

(2)抗裂性能差。由于混凝土抗拉强度很低，在使用阶段，构件一般是带裂缝工作的，这对构件的刚度和耐久性都带来不利影响。

(3)浇筑混凝土时需要大量的模板，增加造价。

(4)户外浇筑混凝土时受季节及天气条件限制，冬期及雨期混凝土施工必须对混凝土浇筑振捣和养护等工艺采取相应的措施，以确保施工质量。

(5)钢筋混凝土结构隔热、隔声性能也较差。

由于钢筋混凝土结构具有许多显而易见的诸多优点，现在已成为世界各地建筑、道路桥梁、机场、码头和核电站等工程中应用最广的工程材料。在公路与城市道路工程、桥梁工程中，钢筋混凝土结构广泛应用于中、小跨径桥梁，涵洞，挡土墙等结构物中。

二、钢筋混凝土结构的组成

混凝土结构是由多个构件组成，在外荷载作用下，构件截面的内力有弯矩、剪力、扭矩、拉力、压力等。根据构件截面内力形式的不同，可以将混凝土构件分为以下几种：

(1)受弯构件。截面内力有弯矩和剪力的构件，一般包括梁、板。

(2)受压构件。截面内力以压力为主的构件，一般包括墩、柱等。

(3)受拉构件。截面内力以拉力为主的构件。

(4)受扭构件。截面内力中有扭矩且不能忽略的构件，受扭构件的截面内力一般还有弯矩和剪力。

图 0-1(a)所示为混凝土梁式桥，由受弯构件(上部构件的梁、板，桥墩的盖梁)和受压构件(下部结构的桥墩、桥台、基础)组成；图 0-1(b)所示为混凝土板拉桥，由受弯构件(梁)、受压构件(塔、墩)和受拉构件(混凝土板)组成；图 0-1(c)所示为钢筋混凝土上承式拱桥，由受压构件(主拱圈、立柱)和受弯构件(梁)组成；图 0-1(d)所示为钢筋混凝土厂房，由受弯构件(主、次梁，楼面板)和受压构件(柱)组成。

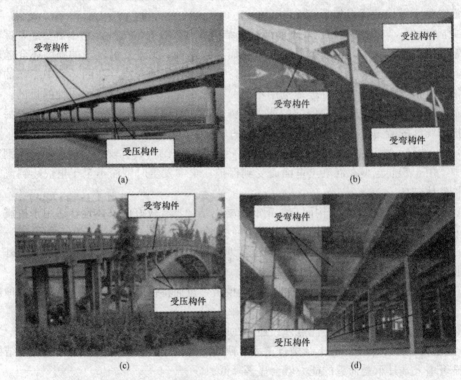

图 0-1　混凝土结构组成

(a)混凝土梁式桥；(b)混凝土板拉桥；(c)钢筋混凝土上承式拱桥；(d)钢筋混凝土厂房

三、混凝土结构中配置钢筋的作用

在混凝土构件中配置钢筋，主要是利用钢筋来协助或代替混凝土受拉，而混凝土主要受压，这样正好能充分发挥两种材料的性能。同尺寸的钢筋混凝土构件与素混凝土构件相比，构件的承载力有很大提高，变形性能也有明显改善。反过来讲，同样承载力的构件，钢筋混凝土构件的截面尺寸会比素混凝土构件的尺寸小，自重轻。

首先以梁为例说明钢筋的作用。取两个同尺寸的素混凝土梁和钢筋混凝土梁，承受相同类型的竖向荷载(图 0-2)，此时截面上部受压，下部受拉。素混凝土梁，加载至梁底开裂，裂缝迅速向上发展至贯通裂缝，梁破坏[图 0-2(a)]，破坏荷载为 F_1；破坏前的变形很小。试验表明，素混凝土梁的破坏为混凝土受拉破坏，承载力是由混凝土的抗拉强度决定的。对于钢筋混凝土梁，当荷载加大时，受拉区混凝土出现裂缝，此时的荷载比素混凝土梁的开裂荷载稍大些，梁不会立即裂断，而能继续承受荷载；直至受拉钢筋的应力达到屈服强度，继而截面受压区的混凝土也被压碎，梁破坏[图 0-2(b)]，破坏荷载为 F_2，且 $F_2 > F_1$；破坏前的变形较大，裂缝较宽。因此，混凝土的抗压强度和钢筋的抗拉强度都能得到充分利用，钢筋混凝土梁的承载能力比素混凝土梁提高很多，破坏时的变形也明显加大。

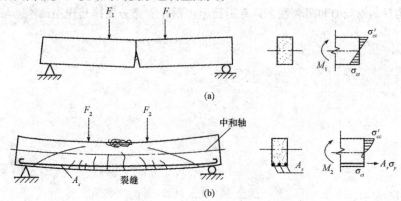

图 0-2 素混凝土梁和钢筋混凝土梁的破坏

(a)素混凝土梁的破坏；(b)钢筋混凝土梁的破坏

下面以受压构件为例说明钢筋的作用。在受压构件中，钢筋的作用主要是协助混凝土共同承受压力。取同尺寸、同长细比的素混凝土柱和钢筋混凝土柱进行受压试验，结果表明，钢筋混凝土受压构件，不仅承受力大为提高，而且力学性能也得到改善，如图 0-3 所示。

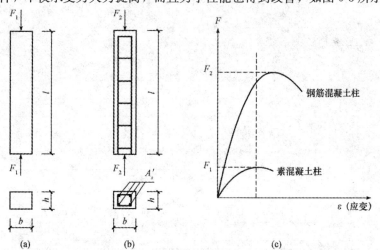

图 0-3 素混凝土和钢筋混凝土轴心受压构件的受力性能比较

(a)素混凝土柱；(b)钢筋混凝土柱；(c)素混凝土柱、钢筋混凝土柱的荷载-应变曲线

综上所述，根据构件受力状况配置钢筋构成钢筋混凝土构件，可以充分利用钢筋和混凝土各自的材料特性，将它们有机地结合在一起共同工作，从而提高构件的承载能力，改善构件的受力性能。钢筋的作用是代替混凝土受拉(受拉区混凝土出现裂缝后)或协助混凝土受压。

无论是钢筋混凝土还是预应力混凝土，都配置有相当数量的普通钢筋。钢筋和混凝土这两种力学性能不同的材料之所以能有效地共同工作，原因主要有以下三个方面：

（1）混凝土和钢筋之间有着良好的粘结力。良好的粘结使两者能可靠地结合成一个整体，在荷载作用下能够很好地共同变形，完成其结构功能。

（2）钢筋和混凝土的温度膨胀系数比较接近。钢筋的温度膨胀系数为 1.2×10^{-5}，混凝土的温度膨胀系数为 $1.0 \times 10^{-5} \sim 1.5 \times 10^{-5}$，因此，当温度变化时，不致在两种材料的接触面上产生较大的应力而破坏两者之间的粘结。

（3）混凝土包裹钢筋，能够保护钢筋免遭锈蚀。钢筋生锈会导致生锈层松散，有效工作截面减小，降低构件的承载力和耐久性。只有钢筋不生锈才能充分发挥其作用，才能与混凝土共同工作。

第一章　钢筋混凝土结构材料的力学性能

第一节　钢　　筋

一、钢筋的品种和级别

混凝土结构中使用的钢材按化学成分可分为碳素钢和普通低合金钢两大类。

热轧钢筋是低碳钢、普通低合金钢在高温状态下轧制而成。热轧钢筋属于软钢，其应力-应变曲线有明显的屈服点和流幅，断裂时有"颈缩"现象，伸长率比较大。热轧钢筋根据其力学指标的高低，可分为 HPB300 级(符号 Φ)、HRB335 级(符号 Φ)、HRB400 级或 HRBF400 级或 RRB400 级(符号 Φ、Φ^F、Φ^R)、HRB500 级或 HRBF500 级(符号 Φ、Φ^F)四个种类。

中强度钢丝的强度为 800～1 200 MPa，高强度钢丝、钢绞线强度为 1 470～1 860 MPa，钢丝直径为 3～9 mm；外形有光圆、刻痕和螺旋肋三种，另有 2 股、3 股和 7 股钢绞线，外接圆直径为 9.5～15.2 mm。中、高强度钢丝和钢绞线均用于预应力混凝土结构。钢筋按外表面的形状，可分为光圆钢筋[图 1-1(a)]和带肋钢筋两大类[图 1-1(b)～(d)]。

热轧光圆钢筋

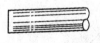

图 1-1　常见的带肋钢筋

(a)光圆钢筋；(b)月牙纹钢筋；(c)螺纹钢筋；(d)人字纹钢筋

热轧带肋钢筋

二、钢筋的强度与变形

钢筋的强度和变形性能可以用拉伸试验得到的应力-应变曲线来说明。有些钢筋的应力-应变曲线有有明显的流幅，如热轧低碳钢和普通热轧低合金钢所制成的钢筋；有些则没有明显的流幅，如高碳钢制成的钢筋。

图1-2(a)所示是有明显流幅钢筋的应力-应变曲线，从图中可以看到，应力值在 a 点以前，应力与应变呈比例变化，与 a 点对应的应力称为比例极限 σ_p。过 a 点后，应变较应力增长为快，到达 b 点后，钢筋开始塑性变形，b 点称为屈服上限，它与加载速度、截面形式、试件表面粗糙度等因素有关，通常 b 点是不稳定的。待 b 点降至屈服下限 c 点，这时应力基本不增加而应变急剧增长，曲线接近水平线。曲线延伸至 d 点，c 点到 d 点的水平距离的大小称为流幅或屈服台阶。由于下屈服下限较稳定，所以，有明显流幅的热轧钢筋屈服强度是按屈服下限确定的。过 d 点以后，应力又继续上升，说明钢筋的抗拉能力又有所提高。随着曲线上升到最高点 e，相应的应力称为钢筋的极限强度 σ_u，de 段称为钢筋的强化阶段。试验表明，过了 e 点，试件薄弱处的截面将会突然显著缩小，发生局部颈缩，变形迅速增加，应力随之下降，达到 f 点时试件被拉断。

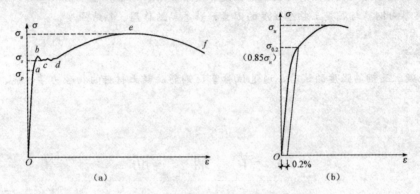

图1-2　钢筋的应力应变曲线

(a)有明显流幅钢筋的应力-应变曲线；(b)没有明显流幅钢筋的应力-应变曲线

由于构件中钢筋的应力到达屈服点后，会产生很大的塑性变形，使钢筋混凝土构件出现很大的变形和过宽的裂缝，以致不能使用，所以，对有明显流幅的钢筋，在计算承载力时，以屈服点作为钢筋强度限值。对没有明显流幅或屈服点的预应力钢丝、钢绞线和热处理钢筋，一般规定以产生 0.2% 残余应变对应的应力值为其屈服极限，称为条件屈服强度。对于传统的预应力钢丝和钢绞线，取极限抗拉强度的 85% 作为条件屈服点，如图1-3(b)所示。

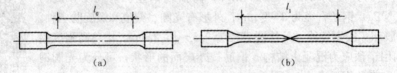

图1-3　钢筋拉伸前后标距的长度

(a)拉伸前；(b)拉伸后

三、钢筋的塑性性能

钢筋的伸长率是反映钢筋塑性性能的基本指标。钢筋试件拉断后的伸长值与原长的比值称为伸长率。伸长率越大，塑性性能越好。冷弯是将直径为 d 的钢筋绕直径为 D 的钢辊进行弯曲，如图1-4所示，弯成一定的角度而不发生断裂，并且无裂纹、鳞落或断裂现象，即认为钢筋的弯曲性能符合要求。通常 D 值越小，α 值越大，则其弯曲性能、塑性性能就越好。

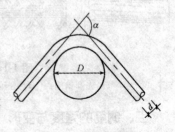

图1-4　钢筋的冷弯

屈服强度、极限抗拉强度、伸长率和冷弯性能是有明显屈服点钢筋进行质量检验的四项主要指标。表 1-1 列出了热轧钢筋的屈服强度、抗拉强度、抗压强度、总伸长率、弹性模量等各项指标。

表 1-1   常用钢筋的力学性能指标

钢筋级别	符号	公称直径 d/mm	屈服强度标准值 f_{yk} /(N·mm^{-2})	抗拉强度设计值 f_y /(N·mm^{-2})	抗压强度设计值 f'_y /(N·mm^{-2})	总伸长率 δ_{gt} /%	弹性模量 E_s /(N·mm^{-2})
HPB300	Φ	6～14	300	270	270	10.0	2.10
HRB335	Φ	6～14	335	300	300	7.5 7.5	2.00
HRB400 HRBF400 RRB400	Φ Φ^F Φ^R	6～50	400	360	360	7.5 7.5 5.0	2.00
HRB500 HRBF500	Φ Φ^F	6～50	500	435	435	7.5 7.5	2.00

四、钢筋的冷加工

为了节约钢材，在常温下对有明显屈服点的钢筋（软钢）进行机械冷加工，可以使钢材内部组织结构发生变化，从而提高钢材的强度，但其塑性会有所降低。

冷拉是在常温条件下，将钢筋应力拉到超过其原有的屈服点，然后完全放松，使钢材内部组织结构发生变化，从而提高其强度（图 1-5）。因冷拉只能提高钢筋的抗拉屈服强度，却不能提高其抗压屈服强度。故当用冷拉钢筋作受压钢筋时，其屈服强度与母材相同。

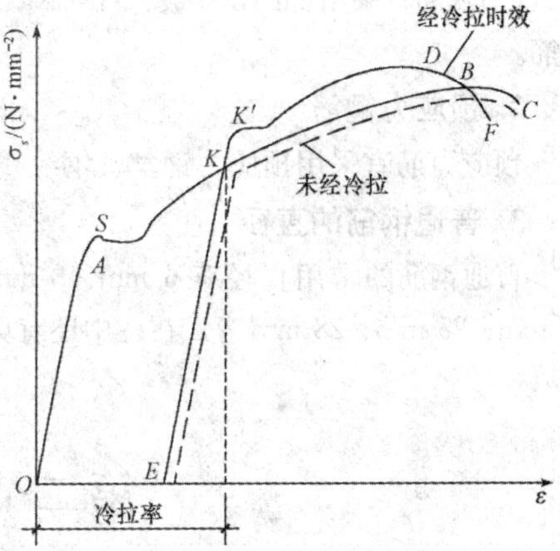

图 1-5   钢筋冷拉后的应力-应变曲线

冷拔是将钢筋（盘条）用强力拔过比它本身直径还小的硬质合金拔丝模，这是钢筋同时受到纵向拉力和横向压力的作用以提高其强度的一种加工方法。钢筋经多次冷拔后，截面变小而长度增加，强度比原来提高很多，但塑性降低，硬度提高，冷拔后钢丝的抗压强度也得到提高。

经过冷拉和冷拔的钢筋（钢丝）加热后，其力学性能将发生变化。钢材硬化的消失和原有性能的恢复，都需要有一定的高温延续时间。因此，在焊接时如果采用适当的焊接方法，严格控制高温持续时间，则在焊接后可有效避免钢筋屈服强度或极限强度值过分降低。

钢筋冷拉

钢筋冷拔

五、混凝土结构对钢筋性能的要求

混凝土结构对钢筋性能的要求主要有四个方面：一是有较高的强度和适宜的屈强比；二是有较好的塑性；三是有较好的焊接性能；四是与混凝土之间具有良好的粘结作用。

对于有抗震要求的混凝土结构用钢筋，除上述一般要求外，还有以下几个具体要求：

(1)抗震等级为一、二、三级的框架结构，其纵向受力钢筋采用普通钢筋时，应满足以下几项：

1)钢筋的抗拉强度实测值与屈服强度实测值的比值(强屈比)不应小于 1.25，目的是保证当构件某个部位出现塑性铰后，塑性铰处有足够的转动能力与耗能能力。

2)钢筋的屈服强度实测值与强度标准值的比值不应大于 1.3，目的是满足结构设计中强柱弱梁、强剪弱弯的设计要求。

(2)普通钢筋宜优先采用延性、韧性和可焊性较好的钢筋。

六、钢筋的选用

钢筋混凝土结构和预应力混凝土结构的钢筋，应按以下规定采用。

1. 普通钢筋

普通钢筋是指用于钢筋混凝土结构中的钢筋和预应力混凝土结构中的非预应力钢筋。

(1)纵向受力普通钢筋宜采用 HRB400 级、HRB500 级、HRBF400 级、HRBF500 级、HPB300 级、HRB335 级、RRB400 级钢筋。

(2)梁、柱和斜撑构件的纵向受力普通钢筋宜采用 HRB400 级、HRB500 级、HRBF400 级、HRBF500 级钢筋。

(3)箍筋宜采用 HRB400 级、HRBF400 级、HPB300 级、HRB355 级、HRB500 级、HRBF500 级钢筋。

2. 预应力钢筋

预应力筋宜采用预应力钢丝、钢绞线和预应力螺纹钢筋。

3. 普通钢筋的直径

普通钢筋的常用直径有 6 mm、8 mm、10 mm、12 mm、14 mm、16 mm、18 mm、20 mm、22 mm、25 mm、28 mm 等，在柱中还有更大直径的钢筋。

第二节 混 凝 土

一、混凝土的组成结构

混凝土是由水泥、水、粗集料(碎石、卵石)、细集料(砂)等材料按一定配合比，经混合搅拌，入模浇捣并养护硬化后形成的人工石材。

混凝土组成结构是一个广泛的综合概念，包括从组成混凝土组分的原子、分子结构到混凝土宏观结构在内的不同层次的材料结构。通常将混凝土的结构分为三种基本结构类型：微观结构，即水泥石结构；亚微观结构，即混凝土中的水泥砂浆结构；宏观结构，即砂浆和粗集料两组分体系。

微观结构(水泥石结构)由水泥凝胶、晶体骨架、未水化完的水泥颗粒和凝胶孔组成，其物理力学性能取决于水泥的化学矿物成分、粉磨细度、水胶比和凝结硬化条件等。混凝土的宏观结构与亚微观结构有许多共同点，可以将水泥砂浆看作基相。粗集料分布在砂浆中，砂浆与粗集料的界面是结合的薄弱面。集料的分布以及集料与基相之间在界面的结合强度也是重要的影响因素。

浇筑混凝土时的泌水作用会引起沉缩，硬化过程中由于水泥浆水化造成的化学收缩和干缩受到集料的限制，会在不同层次的界面引起结合破坏，形成随机分布的界面裂缝。混凝土中的砂、石、水泥胶体中的晶体、未水化的水泥颗粒组成了错综复杂的弹性骨架，主要承受外力，并使混凝土具有弹性变形的特点。而水泥胶体中的凝胶、孔隙和界面初始微裂缝等，在外力作用下使混凝土产生塑性变形。另外，混凝土中的孔隙、界面微裂缝等缺陷又往往是混凝土受力破坏的起源。在荷载作用下，微裂缝的扩展对混凝土的力学性能有着极为重要的影响。由于水泥胶体的硬化过程需要多年才能完成，所以，混凝土的强度和变形也会随时间逐渐增长。

二、混凝土的强度

1. 混凝土立方体抗压强度及强度等级

立方体抗压强度是衡量混凝土强度高低的基本指标值，是确定混凝土强度等级的依据。通常按照标准方法制作养护边长为 150 mm 的立方体试件，在 28 d 龄期用标准试验方法测得的具有 95％保证率的抗压强度作为混凝土的立方体抗压强度标准值，用 $f_{cu,k}$ 表示，单位为 N/mm²（MPa）。

混凝土抗压破坏

《混凝土结构设计规范（2015 年版）》（GB 50010—2010）（以下简称《设计规范》）根据混凝土立方体抗压强度标准值，将混凝土划分为 14 个强度等级，分别以 C15、C20、C25、C30、C35、C40、C45、C50、C55、C60、C65、C70、C75、C80 表示。一般将 C50 以上的混凝土称为高强度混凝土。

2. 混凝土轴心抗压强度

在工程中，钢筋混凝土受压构件的尺寸，往往是高度 h 比截面的边长 b 大很多，形成棱柱体，用棱柱体试件测得的抗压强度称为轴心抗压强度。试验时，棱柱体试件的高宽比 h/b 通常为 3～4，常用试件尺寸为 100 mm×100 mm×300 mm 和 150 mm×150 mm×450 mm。

轴心抗压强度的试件是在与立方体试件相同条件下制作的，经测试其数值要小于立方体抗压强度，根据我国所做的混凝土棱柱体与立方体抗压强度对比试验的结果，它们的比值大致在 0.70～0.92 的范围内变化，强度大的比值相对大一些。

3. 混凝土轴心抗拉强度

混凝土的抗拉强度很低，与立方体抗压强度之间为非线性关系，一般只有其立方体抗压强度的 1/17～1/8。

混凝土强度标准值见附表 1。

4. 复合应力状态下的混凝土强度

在实际混凝土结构中，混凝土处于单向应力状态的情况很少，往往都处于三向复合压应力状态。在复合应力状态下，混凝土的强度和变形性能与单轴应力状态下有明显的不同。

混凝土三向受压时，混凝土一向的抗压强度随另两向压应力的增加而增大，并且混凝土的极限压应变也大大增加。这是由于侧向压力约束了混凝土的横向变形，抑制了混凝土内部裂缝的出现和发展，使得混凝土的强度和延性均有明显提高。利用三向受压可使混凝土抗压强度得以提高这一特性，在实际工程中可将受压构件做成"约束混凝土"，以提高混凝土的抗压强度和延性。常用的有配置密排侧向箍筋、螺旋箍筋柱及钢管混凝土柱等。

三、混凝土的变形

混凝土的变形有两类：一类是荷载作用下的受力变形，包括一次短期加荷时的变形、多次重复加荷时的变形和长期荷载作用下的变形；另一类是体积变形，包括收缩、膨胀和温度变形。

1. 一次短期加荷时混凝土的变形性能

对混凝土进行短期单向施加压力所获得的应力-应变关系曲线即为单轴受压应力-应变曲线，如图 1-6 所示，它能反映混凝土受力全过程的重要力学特征和基本力学性能，不仅是研究混凝土结构强度理论的必要依据，也是对混凝土进行非线性分析的重要基础。一般用棱柱体试件来测试混凝土的应力-应变曲线。

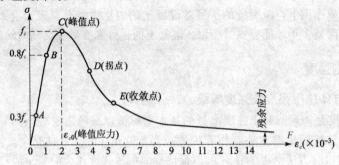

图 1-6　混凝土单轴受压应力-应变关系曲线

　　一次短期加荷是指荷载从零开始单调增加至试件破坏，也称单调加载。从图 1-6 中可以看出，全曲线包括上升段和下降段两部分，以 C 点为分界点，每部分由三小段组成。

　　图中各关键点分别表示为：A—比例极限点，B—临界点，C—峰值点，D—拐点，E—收敛点，F—曲线末梢。

　　各小段的含义为：$0A$ 段（$\sigma \leqslant 0.3 f_c$）接近直线，应力较小，应变不大，混凝土的变形为弹性变形，原始裂缝影响很小，应力-应变关系接近直线；AB 段 $[\sigma = (0.3 \sim 0.8) f_c]$ 为微曲线段，应变的增长稍比应力快，混凝土处于裂缝稳定扩展阶段，其中 B 点的应力是确定混凝土长期荷载作用下抗压强度的依据；BC 段 $[\sigma = (0.8 \sim 1.0) f_c]$ 应变增长明显比应力增长快，混凝土处于裂缝快速不稳定发展阶段，其中 C 点的应力最大，即为混凝土极限抗压强度，与之对应的应变 $\varepsilon_0 \approx 0.002$ 为峰值应变；CD 段应力快速下降，应变仍在增长，使混凝土中裂缝迅速发展且贯通，并出现了主裂缝，内部结构破坏严重；DE 段应力下降变慢，应变较快增长，混凝土内部结构处于磨合和调整阶段，主裂缝宽度进一步增大，最后只依赖集料间的咬合力和摩擦力来承受荷载；EF 段为收敛段，此时试件中的主裂缝宽度快速增大而完全破坏了混凝土内部结构，这时贯通的主裂缝已很宽，对无侧向约束的混凝土，收敛段 EF 已失去结构意义。

　　由不同强度的混凝土的 σ-ε 关系曲线（图 1-7）比较可知：

　　（1）混凝土强度等级高，其峰值应变 ε_0 增加不多。

　　（2）上升段曲线相似。

　　（3）下降段区别较大，强度等级低的混凝土下降段平缓，应力下降慢；强度等级高的混凝土下降段较陡，应力下降很快（等级高的混凝土，受压时的延性不如等级低的混凝土）。

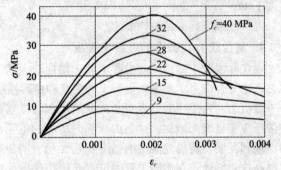

图 1-7　强度等级不同的混凝土的应力-应变曲线

2. 荷载长期作用下混凝土的变形性能（徐变）

　　混凝土构件在不变的荷载或应力长期作用下，其变形或应变随时间而不断增长，这种现象称为混凝土的徐变。徐变主要由两种原因引起：一是混凝土具有黏性流动性质的水泥凝胶体，在荷载长期作用下产生黏性流动，并将它承受的压力逐渐转给集料颗粒，使集料压力增大，试件变形也随之增大；二是混凝土中微裂缝在荷载长期作用下不断发展，当作用的应力较小时，主要由凝胶体引起。当作用的应力较大时，则主要由微裂缝引起。徐变的特性主要与时间有关，通常表现为前期增长快，以后逐渐减慢，经过 2～3 年后趋于稳定。

图 1-8 所示为 100 mm×100 mm×400 mm 的棱柱体试件在相对湿度为 65％、温度为 20 ℃，承受 $\sigma＝0.5f_c$ 压应力并保持不变的情况下变形与时间的关系曲线。

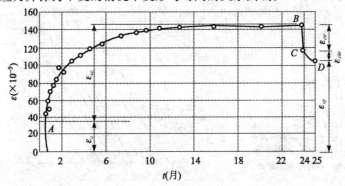

图 1-8　混凝土徐变(加荷卸荷应变与时间关系曲线)

由图 1-8 可知，24 个月的徐变变形 ε_{cc} 为加荷时立即产生的瞬时弹性变形 ε_d 的 2～4 倍，前期徐变变形增长很快，6 个月可达到最终徐变变形的 70％～80％，之后徐变变形增长会逐渐缓慢，第一年内可完成变形的 90％左右，其余部分需持续几年才能完成，若两年后由 B 点卸载后，应变会恢复一部分，其中立即恢复的一部分被称为混凝土瞬时恢复弹性应变 ε_{dr}；再经过一段时间，约 20 天后才恢复的那部分称为弹性后效 ε_{dtr}，其值约为徐变变形的 1/12，最后剩下的不可恢复的应变称为残余应变 ε_{cp}。

徐变具有两面性，一是引起混凝土结构变形增大，导致预应力混凝土发生预应力损失，严重时还会引起结构破坏；二是徐变的发生对结构内力重分布有利，可以减小各种外界因素对超静定结构的不利影响，降低附加应力。

影响混凝土徐变的因素是多方面的，概括起来可归纳为三个方面因素的影响，即内在因素、环境因素和应力因素。

就内在因素而言，水泥含量少、水胶比小、集料弹性模量越大越坚硬、集料含量越多，则徐变越小。构件的体表比越大，徐变越小。

对于环境因素而言，养护及使用条件下的温度、湿度是影响徐变的环境因素。养护时温度高、湿度大、水泥水化作用充分，徐变就小，采用蒸汽养护可使徐变减小 20％～35％。受荷后构件所处环境的温度越高、湿度越低，则徐变越大。如环境温度为 70 ℃的试件受荷一年后的徐变，要比温度为 20 ℃的试件大一倍以上，因此，高温干燥环境将使徐变显著增大。

而应力因素主要反映在加荷时的应力水平，当混凝土应力 $\sigma_c≤0.5f_c$ 时，徐变与应力成正比，这种情况称为线性徐变；当混凝土应力 $\sigma＝(0.5～0.8)f_c$ 时，徐变变形与应力不成正比，徐变变形要比应力增长快，称为非线性徐变。在非线性徐变范围内，当加载应力过高时，徐变变形急剧增加，不再收敛，呈非稳定徐变的现象，可能会造成混凝土的破坏。当应力 $\sigma_c＞0.8f_c$ 时，徐变的发展是非收敛的，最终将导致混凝土破坏。所以，混凝土构件在使用期间，应当避免经常处于不变的高应力状态。显然应力水平越高，徐变越大；持荷时间越长，徐变也越大。一般来讲，在同等应力水平下，高强度混凝土的徐变量要比普通混凝土的小很多，而如果使高强混凝土承受较高的应力，那么高强度混凝土与普通混凝土最终的总变形量将较为接近。

3. 混凝土在荷载重复作用下的变形(疲劳变形)

混凝土在荷载重复作用下引起的破坏，称为疲劳破坏。疲劳现象大量存在于工程结构中，钢筋混凝土吊车梁受到重复荷载的作用，钢筋混凝土桥梁受到车辆振动的影响以及港口海岸的混凝土结构受到波浪冲击而损伤等,都属于疲劳破坏现象。疲劳破坏的特征是裂缝小而变形大。

(1)混凝土在荷载重复作用下的应力-应变曲线如图1-9所示。

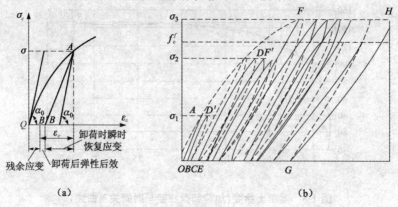

图1-9 混凝土在重复荷载作用下的应力-应变曲线

1)σ_1 或 $\sigma_2 < 0.5 f_c$ 时,对混凝土棱柱体试件,一次加载应力 σ_1 或 σ_2 小于混凝土疲劳强度 f_c^f 时,其加载和卸载应力-应变曲线 OAB 形成了一个环状。而在多次加载、卸载作用下,残余应变会逐渐减小,重复5～10次后,加载和卸载应力-应变环会越来越密合,这个曲线就密合成一条直线,混凝土近似呈现弹性工作性质。

2)$\sigma_3 > 0.5 f_c$ 时,开始时混凝土应力-应变曲线凸向应力轴,在重复荷载过程中逐渐变成直线,再经过多次重复加载、卸载后,其应力-应变曲线由凸向应力轴而逐渐凸向应变轴,以致加载、卸载不能形成封闭环,这标志着混凝土内部微裂缝的发展加剧趋近破坏。随着重复荷载次数的增加,应力-应变曲线倾角不断减小,至荷载重复到某一定次数时,混凝土试件会因严重开裂或变形过大而导致破坏。

(2)混凝土的疲劳强度 f_c^f。混凝土的疲劳强度用疲劳试验测定。把能使 100 mm×100 mm×300 mm 或 150 mm×150 mm×450 mm 棱柱体试件承受200万次反复荷载而发生破坏的应力值,称为混凝土的疲劳强度 f_c^f,一般取 $f_c^f \approx 0.5 f_c$。

4. 混凝土的变形模量

混凝土的变形模量广泛用于计算混凝土结构的内力、构件截面的应力和变形以及预应力混凝土构件截面应力分析之中,是不可缺少的基础资料之一。但与弹性材料相比,混凝土的应力-应变关系呈现非线性性质,即在不同应力状态下,应力与应变的比值是一个变数。混凝土的变形模量有以下几种表示方法:

(1)原点模量 E_c。原点模量也称弹性模量,在混凝土轴心受压的应力-应变曲线上,过原点作该曲线的切线,如图1-10所示,其斜率即为混凝土原点切线模量,通常称为混凝土的弹性模量 E_c,即

$$E_c = \frac{d\sigma}{d\varepsilon}\bigg|_{\sigma=0} = \tan\alpha_0 \qquad (1\text{-}1)$$

式中 α_0——过原点所作应力-应变曲线的切线与应变轴间的夹角。

在实际工作中应用最多的是原点弹性模

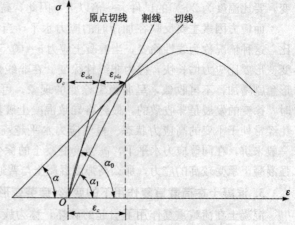

图1-10 混凝土变形模量的表示方法

量，即弹性模量。按照原点弹性模量的定义，直接在应力-应变曲线的原点作切线，找出 α_0 角很不精确，目前各国对弹性模量的试验方法尚没有统一的标准。我国的通常做法是对棱柱体试件先加荷至 $\sigma=0.5f_c$，然后卸载至零，再重复加载、卸载 5～10 次，应力-应变逐渐趋于稳定，并基本上接近于直线，该直线斜率即为混凝土弹性模量的取值。试验表明，混凝土强度越高，弹性模量越大。E_c 的取值见附表1。

按照上述做法，对不同等级的混凝土测得的弹性模量，经统计分析可得到下列经验公式：

$$E_c=\frac{10^5}{2.2+\frac{34.7}{f_{cu,k}}}(\text{MPa}) \tag{1-2}$$

试验表明，混凝土的受拉弹性模量与受压弹性模量大体相等，其比值为 0.82～1.12，平均值为 0.995。计算中，受拉和受压弹性模量可取同一值。

(2) 割线模量 E_c'。在混凝土的应力-应变曲线上任一点与原点的连线，如图 1-10 所示。其割线斜率即为混凝土的割线模量，即

$$E_c'=\frac{\sigma_c}{\varepsilon_c}=\tan\alpha_1 \tag{1-3}$$

式中　α_1——对应于应力 σ_c 处的割线与横坐标轴的夹角。

由式(1-3)可知，混凝土的割线模量是一个随应力不同而异的变数。在同样应变条件下，混凝土强度越高，割线模量越大。

(3) 切线模量 E_c''。在混凝土的应力-应变曲线上任取一点，并作该点的切线，如图 1-10 所示，则其斜率为混凝土的切线模量，即

$$E_c''=\frac{\mathrm{d}\sigma}{\mathrm{d}\varepsilon}=\tan\alpha \tag{1-4}$$

式中　α——应力-应变曲线上某点的切线与应变轴间的夹角。

混凝土的切线模量也是一个变数，并随应力的增大而减小。对不同强度等级的混凝土，在应变相同的条件下，强度越高，其切线模量越大。

(4) 剪切模量。混凝土的剪切模量可根据胡克定律确定，即

$$G_c=\frac{\tau}{\gamma} \tag{1-5}$$

式中　τ——混凝土的剪应力；

　　　γ——混凝土的剪应变。

由于现在尚未有合适的混凝土抗剪试验方法，所以要直接通过试验来测定混凝土的剪切模量十分困难。一般根据混凝土抗压试验中测得的弹性模量 E_c 来确定，即

$$G_c=\frac{E_c}{2(\gamma_c+1)} \tag{1-6}$$

式中　E_c——混凝土的弹性模量(N/mm^2)；

　　　γ_c——混凝土的泊松比。一般结构的混凝土泊松比变化不大，且与混凝土的强度等级无
　　　　　明显关系，取 $\gamma_c=0.2$ 时，$G_c=0.417E_c$。

第三节　钢筋与混凝土的粘结

一、粘结作用

在钢筋混凝土结构中，钢筋和混凝土这两种性质不同的材料之所以能有效地结合在一起共

同工作，除两者之间温度线膨胀系数相近及混凝土包裹钢筋具有保护作用外，主要的原因是两者在接触面上具有良好的粘结作用。该作用可使其承受粘结表面上的剪应力，抵抗钢筋与混凝土之间的相对滑动。

试验研究表明，粘结力由三部分组成：一是因水泥颗粒的水化作用形成的凝胶体对钢筋表面产生的胶结力；二是因混凝土结硬时体积收缩，将钢筋紧紧握裹而产生的摩擦力；三是由于钢筋表面凹凸不平与混凝土之间产生的机械咬合力。其中，胶结力作用最小，光圆钢筋以摩擦力为主，带肋钢筋以机械咬合力为主。

二、粘结强度

钢筋与混凝土的粘结面上所能承受的平均剪应力的最大值称为粘结强度。钢筋的粘结强度由拉拔试验测定，拉拔试件如图 1-11(a)所示。粘结锚固应力 τ 由拉拔力 F 除以锚固面积 πdl_a（d 为钢筋直径，l_a 为锚固长度）求得。

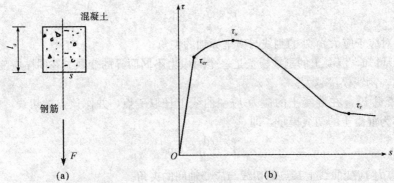

图 1-11　钢筋与混凝土的粘结锚固应力与滑移（τ-s）关系曲线

(a)拉拔试件；(b)τ-s 曲线

$$\tau = \frac{F}{\pi dl_a} \tag{1-7}$$

设拉拔试验时测量钢筋与混凝土之间的滑移 s，则粘结锚固应力与滑移（τ-s）关系曲线表达了钢筋与混凝土之间的粘结锚固性能。曲线的斜率表示锚固刚度（抵抗滑移的能力）；曲线的峰值 τ_u 为锚固强度；曲线的下降段为锚固延性（大滑移时锚固能力），如图 1-11(b)所示。

三、影响粘结强度的因素

由锚固试验确定的钢筋与混凝土的锚固强度和许多因素有关，主要有握裹层混凝土的强度、锚固钢筋的外形、混凝土保护层厚度、对锚固区域混凝土的约束（如配箍）等。

（1）混凝土强度的影响。混凝土强度越高，则伸入钢筋横肋间的混凝土咬合齿越强，握裹层混凝土的劈裂就越不容易发生，故粘结锚固作用越强。

（2）保护层的厚度。混凝土的保护层越厚，则对锚固钢筋的约束越大；咬合力使握裹层混凝土的劈裂越难以发生，粘结锚固作用就越强。当保护层厚度达到一定程度后，锚固强度增加的趋势减缓。

（3）锚固钢筋的外形。钢筋的外形决定了混凝土咬合齿的形状，因而对锚固强度影响很大。主要的外形参数为相对肋高和肋面积比、横肋的对称性及连续性。光圆钢筋及刻痕钢丝的锚固性能最差；旋扭状的钢绞线次之；间断型的月牙肋钢筋较好；而连续的螺旋肋钢筋锚固性能最好。

（4）锚固区域的配箍。锚固长度范围内的配箍对锚固强度影响很大。不配箍的锚筋在握裹层混凝土劈裂后即丧失锚固力；而配箍较多时，即便发生劈裂，粘结锚固强度也还有一定程度的增长。

　　钢筋混凝土是由钢筋和混凝土两种力学性能不同的材料共同工作而形成的，而钢筋和混凝土又与力学中理想的弹性材料不完全相同，因而，钢筋混凝土结构构件的受力性能与由单一材料做成的结构构件有很大差异。本章主要介绍了钢筋的品种、级别、性能及选用原则，钢筋和混凝土在不同受力条件下强度和变形的特点，以及这两种材料结合在一起共同工作的受力性能。

📁 ➤ 思考练习题

一、填空题

1. 混凝土结构中使用的钢材按化学成分可分为_____及_____两大类。

2. _____是反映钢筋塑性性能的基本指标。

3. 预应力筋宜采用_____、_____和_____。

4. _____是衡量混凝土强度高低的基本指标值，是确定混凝土强度等级的依据。

5. 影响混凝土徐变的因素是多方面的，概括起来可归纳为三个方面因素的影响，即_____、_____和_____。

6. 混凝土在荷载重复作用下引起的破坏，称为_____。

二、选择题

1. 评定混凝土立方体强度采用的标准试件尺寸应为(　　)。
   A. 150 mm×150 mm×150 mm
   B. 150 mm×150 mm×300 mm
   C. 100 mm×100 mm×100 mm
   D. 200 mm×200 mm×200 mm

2. 混凝土各种强度标准值之间的关系是(　　)。
   A. $f_{ck} > f_{cu,k} > f_t$
   B. $f_{cu,k} > f_t > f_{ck}$
   C. $f_{cu,k} > f_{ck} > f_t$
   D. $f_t > f_{ck} > f_{cu,k}$

3. 在混凝土轴心受压的应力-应变曲线上，过原点作该曲线的切线，其斜率即为混凝土的(　　)。
   A. 原点模量
   B. 割线模量
   C. 切线模量
   D. 剪切模量

4. 冷拉和冷拔的区别在于(　　)。
   A. 冷拉能提高钢筋的抗拉强度，冷拔不能
   B. 冷拔能提高钢筋的抗拉强度，冷拉不能
   C. 冷拉能提高钢筋的抗压强度，冷拔不能
   D. 冷拔能提高钢筋的抗压强度，冷拉不能

三、简答题

1. 热轧钢筋根据其力学指标的高低分为哪几类？

2. 用应力-应变曲线简述钢筋的强度与变形。

3. 简述钢筋的冷加工。

4. 简述混凝土结构对钢筋性能的要求。

5. 混凝土变形有哪两类？

6. 影响粘结强度的因素有哪些？

第二章 结构设计方法

知识目标

1. 了解结构的功能要求；熟悉建筑结构的极限状态；掌握结构的设计使用年限，结构上的作用、作用效应及结构抗力。
2. 了解材料强度指标；掌握荷载标准值、永久荷载标准值、可变荷载标准值的确定。
3. 掌握承载能力极限状态设计表达式、正常使用极限状态设计表达式、耐久性验算。

能力目标

1. 能计算承载能力极限状态设计时的跨中弯矩设计值。
2. 能计算正常使用极限状态设计时的标准组合、频遇组合、准永久组合等的跨中弯矩设计值。

第一节 结构的功能要求与极限状态

一、结构的功能要求

工程结构设计的基本目的是，在一定的经济条件下，结构在预定的使用期限内满足设计所预期的各项功能。结构的功能要求包括以下几项：

(1)安全性。结构在正常施工和正常使用时，能承受可能出现的各种作用，其中包括荷载引起的内力、振动过程中的恢复力以及由外加变形(如超静定结构的支座沉降)、约束变形(如温度变化或混凝土收缩引起的构件变形受到的约束)所引起的内力。结构在设计规定的偶然事件发生时和发生后，仍能保持必需的整体稳定性，不发生倒塌或连续破坏。

(2)适用性。结构在正常使用时具有良好的工作性能，不发生过大的变形或宽度过大的裂缝，不产生影响正常使用的振动。

(3)耐久性。结构在正常维护下具有足够的耐久性能，不发生钢筋锈蚀和混凝土的严重风化等现象。所谓足够的耐久性能，是指结构在规定的工作环境中，在预定时期内，其材料性能的恶化不会导致结构出现不可接受的失效概率。从工程概念上讲，足够的耐久性能是指在正常维护条件下结构能够正常使用到规定的设计使用年限。

上述功能要求概括起来称为结构的可靠性，即结构在规定的时间内(设计基准期)，在规定的条件下(正常设计、正常施工、正常使用维护)完成预定功能(安全性、适用性和耐久性)的能力。显然，增大结构设计的余量，如加大结构构件的截面尺寸或钢筋数量，或提高对材料性能的要求，总是能够增加或改善结构的安全性、适应性和耐久性要求，但这将使结构造价提高，不符合经济的要求。因此，结构设计要根据实际情况，解决好结构可靠性与经济性之间的矛盾，既要保证结构具有适当的可靠性，又要尽可能降低造价，做到经济合理。

二、建筑结构的极限状态

结构能够满足功能要求而良好地工作,称为结构"可靠"或"有效";反之,则称为结构"不可靠"或"失效"。区分结构工作状态可靠与失效的标志是"极限状态"。极限状态是结构或构件能够满足设计规定的某一功能要求的临界状态,且有明确的标志及限值。超过这一界限,结构或构件就不能满足设计规定的该项功能要求,而进入失效状态。根据功能要求,结构的极限状态可分为以下两类。

1. 承载能力极限状态

结构或构件达到最大承载力或达到不适于继续承载的变形的极限状态为承载能力极限状态。当结构或构件出现下列状态之一时,即认为超过了承载能力极限状态:

(1)整个结构或其中的一部分作为刚体失去平衡(如倾覆、过大的滑移);

(2)结构构件或连接部位因荷载过大而遭破坏,包括承受多次重复荷载构件产生的疲劳破坏(如钢筋混凝土梁受压区混凝土达到其抗压强度);

(3)结构构件或连接部位因产生过度的塑性变形而不适于继续承载(如受弯构件中的少筋梁);

(4)结构转变为机动体系(如超静定结构由于某些截面的屈服,形成塑性铰使结构成为几何可变体系);

(5)结构或构件丧失稳定(如细长柱达到临界荷载发生压屈);

(6)地基丧失承载力而破坏。

建筑结构可靠度
设计统一标准

2. 正常使用极限状态

结构或构件达到正常使用或耐久性的某项规定限值的极限状态为正常使用极限状态。当结构或构件出现下列状态之一时,应认为超过了正常使用极限状态:

(1)影响正常使用或外观变形(如梁产生超过了挠度限值的过大的挠度)。

(2)影响正常使用或耐久性局部损坏(如不允许出现裂缝的构件开裂;或允许出现裂缝的构件,其裂缝宽度超过了允许限值)。

(3)影响正常使用的振动。

(4)影响正常使用的其他特定状态(如由于钢筋锈蚀产生的沿钢筋的纵向裂缝)。

三、结构的设计状况

设计状况是指代表一定时段的一组物理条件,设计时必须做到使结构在该时段内不超越有关的极限状态。结构设计时,应根据结构在施工和使用中的环境条件和影响,区分下列三种设计状况:

(1)持久状况。在结构使用过程中一定会出现,且持续期很长的状态。持续期一般与设计使用年限为同一数量级。

(2)短暂状况。在结构施工和使用过程中出现概率较大,而与设计使用年限相比持续期很短的状况,如结构施工和维修等。

(3)偶然状况。在结构使用过程中出现概率很小,且持续期很短的状况,如火灾、爆炸、撞击等。

对于不同的设计状况,可采用相应的结构体系、可靠度水准和基本变量等。对三种设计状况均应进行承载力极限状态设计;对持久状况,还应进行正常使用极限状态设计;对短暂状况,可根据需要进行正常使用极限状态设计。

四、结构的设计使用年限

设计使用年限为设计规定的结构或结构构件不需进行大修即可按其预定目的使用的时期，它是房屋建筑的地基基础工程和主体结构工程"合理使用年限"的具体化。《建筑结构可靠度设计统一标准》(GB 50068—2001)将结构的设计使用年限划分为四类，见表 2-1。

表 2-1　设计使用年限分类

类别	设计使用年限/年	示例
1	5	临时性建筑结构
2	25	易于替换的结构构件
3	50	普通房屋和构筑物
4	100	纪念性建筑和特别重要的建筑结构

结构的设计使用年限虽然与结构的使用寿命具有联系，但并不完全等同，因此，不能将结构的设计使用年限简单地理解为结构的使用寿命。结构的使用超过设计使用年限时，表明其可靠性可能会降低，但不等于结构丧失所要求的功能甚至破坏。一般来说，使用寿命长，设计使用年限可以长一些；使用寿命短，设计使用年限可以短一些。设计使用年限应该小于使用寿命，而不应该大于使用寿命。

五、结构上的作用、作用效应及结构抗力

1. 结构上的作用

结构上的作用是指施加在结构或构件上的力(直接作用，也称为荷载，如恒荷载、活荷载、风荷载和雪荷载等)，以及引起结构外加变形或约束变形的原因(间接作用，如地基不均匀沉降、温度变化、混凝土收缩、焊接变形等)。

结构上的作用可按下列性质分类：

(1)按随时间的变异分类。

1)永久作用：在设计基准期内其量值不随时间变化，或其变化与平均值相比可以忽略不计的作用，如结构自重、土压力、预加应力等。

2)可变作用：在设计基准期内其量值随时间变化，且其变化与平均值相比不可忽略的作用，如安装荷载、楼面活荷载、风荷载、雪荷载、吊车荷载和温度变化等。

3)偶然作用：在设计基准期内不一定出现，而一旦出现其量值很大且持续时间很短的作用，如地震、爆炸、撞击等。

(2)按随空间位置的变异分类。

1)固定作用：在结构上具有固定分布的作用，如结构上的位置固定的设备荷载、结构构件自重等。

2)自由作用：在结构上一定范围内可以任意分布的作用，如楼面上的人员荷载、吊车荷载等。

(3)按结构的反应特点分类。

1)静态作用：使结构产生的加速度可以忽略不计的作用，如结构自重、住宅和办公楼的楼面活荷载等。

2)动态作用：使结构产生的加速度不可忽略不计的作用，如地震、吊车荷载、设备振动等。

2. 作用效应

作用效应是指由结构上的作用引起的结构或构件的内力（如轴力、剪力、弯矩、扭矩等）和变形（如挠度、侧移、裂缝等）。当作用为集中力或分布力时，其效应可称为荷载效应。

由于结构上的作用是不确定的随机变量，所以作用效应一般也是一个随机变量。以下主要讨论荷载效应，荷载 Q 与荷载效应 S 之间可以近似按线性关系考虑，即

$$S=CQ \tag{2-1}$$

式中 C——常数，荷载效应系数。例如，集中荷载 P 作用在 $\frac{1}{2}l$ 处的简支梁，最大弯矩为 $M=\frac{1}{4}Pl$，M 就是荷载效应，$\frac{1}{4}l$ 就是荷载效应系数，l 为梁的计算跨度。

由于荷载是随机变量，根据式(2-1)可知，荷载效应也为随机变量。

3. 结构抗力

结构抗力 R 是指结构或构件承受作用效应的能力，如构件的承载力、刚度、抗裂度等。影响结构抗力的主要因素是材料性能（材料的强度、变形模量等物理力学性能）、几何参数（截面形状、面积、惯性矩等）以及计算模式的精确性等。考虑到材料性能的变异性、几何参数及计算模式精确性的不确定性，由这些因素综合而成的结构抗力也是随机变量。

第二节　荷载与材料强度取值

一、荷载代表值

虽然任何荷载都具有不同性质的变异性，但在设计中，不可能直接引用反映荷载变异性的各种统计参数，通过复杂的概率运算进行具体设计。因此，在设计时，除采用能便于设计者使用的设计表达式外，还对荷载赋予一个规定的量值，即荷载代表值。荷载可根据不同的设计要求，规定不同的代表值，以使之能更确切地反映它在设计中的特点。《建筑结构荷载规范》(GB 50009—2012)（以下简称《荷载规范》）给出了荷载的四种代表值，即标准值、组合值、频遇值和准永久值。荷载标准值是荷载的基本代表值，而其他代表值都可在标准值的基础上乘以相应的系数后得出。

建筑结构
荷载规范

1. 荷载标准值

荷载标准值是指其在结构的设计基准期内可能出现的最大荷载值。对某类荷载，当有足够资料而有可能对其统计分布作出合理估计时，可在其设计基准期最大荷载的分布上，根据协议的百分位，取其分位值作为荷载的代表值，原则上可取分布的特征值（如均值、众值或中值），国际上习惯称之为荷载的特征值。对没有取得充分资料的荷载，一般从实际出发，根据已有的工程实践经验，通过分析判断后，协议一个公称值作为代表值。《荷载规范》对按这两种方式规定的代表值统称为荷载标准值。

目前，由于对很多可变荷载未能取得充分的资料，难以给出符合实际的概率分布，因此，《荷载规范》规定的荷载标准值，除对个别不合理的作了适当调整外，大部分仍沿用或参照了传统的数值。

2. 永久荷载标准值 G_k

永久荷载（恒荷载）标准值 G_k 可按结构设计规定的尺寸和《荷载规范》规定的材料重度（或单位面

积的自重)平均值确定，一般相当于永久荷载概率分布的平均值。对于自重变异性较大的材料，尤其是制作屋面的轻质材料，在设计中应根据荷载对结构不利或有利，分别取其自重的上限值或下限值。

3. 可变荷载标准值 Q_k

《荷载规范》规定，办公楼、住宅楼面均布活荷载标准值 Q_k 均为 2.0 kN/m^2。根据统计资料，这个标准值对于办公楼相当于设计基准期最大活荷载概率分布的平均值加 3.16 倍标准差，对于住宅则相当于设计基准期最大荷载概率分布的平均值加 2.38 倍的标准差。可见，对于办公楼和住宅，楼面活荷载标准值的保证率均大于 95%，但住宅结构构件的可靠度低于办公楼。

风荷载标准值由建筑物所在地的基本风压乘以风压高度变化系数、风载体型系数和风振系数确定。其中，基本风压以当地比较空旷平坦地面上离地 10 m 高处统计所得的 50 年一遇 10 min 平均最大风速 $v_0 (\text{m/s})$ 为标准，按式 $v_0^2 / 1\,600$ 确定。

雪荷载标准值由建筑物所在地的基本雪压乘以屋面积雪分布系数确定。而基本雪压则以当地一般空旷平坦地面上统计所得 50 年一遇最大雪压确定。

在结构设计中，各类可变荷载标准值及各种材料重度(或单位面积的自重)可在《荷载规范》中查取。

二、材料强度指标

1. 材料强度的变异性及统计特性

材料强度的变异性主要是指材质以及工艺、加载、尺寸等因素引起的材料强度的不确定性。例如，按同一标准生产的钢材或混凝土，各批之间的强度常有变化，即使是同一炉钢轧成的钢筋或同一次搅拌而得的混凝土试件，按照统一方法在同一试验机上进行试验，所测得的强度也不完全相同。

统计资料表明，钢筋和混凝土强度的概率分布均基本符合正态分布。根据全国各地的调查统计结果，热轧钢筋强度的变异系数 δ_s 见表 2-2，混凝土立方体抗压强度的变异系数 δf_{cu} 见表 2-3。

表 2-2　热轧钢筋强度的变异系数 δ_s

强度等级	HRB335		HRB400		HRB500	
	屈服强度	抗拉强度	屈服强度	抗拉强度	屈服强度	抗拉强度
δ_s	0.050	0.034	0.045	0.036	0.039	0.036

表 2-3　混凝土立方体抗压强度的变异系数 δf_{cu}

强度等级	C15	C20	C25	C30	C35	C40	C45	C50	C55	C60~C80
δf_{cu}	0.21	0.18	0.16	0.14	0.13	0.12	0.12	0.11	0.11	0.10

2. 钢筋强度标准值

钢筋和混凝土的强度标准值是混凝土结构按极限状态设计时采用的材料强度基本代表值。材料强度标准值应根据符合规定质量的材料强度的概率分布的某一分位值确定。由于钢筋和混凝土强度均服从正态分布，故它们的强度标准值 f_k 可统一表示为

$$f_k = \mu_f - \alpha \sigma_f \qquad (2\text{-}2)$$

式中　α——与材料实际强度 f 低于材料强度标准值 f_k 的概率有关的保证率系数；

　　　μ_f——材料强度平均值；

　　　σ_f——材料强度标准差。

由此可见，材料强度标准值是材料强度概率分布中具有一定保证率的偏低的材料强度值。

(1)钢筋的强度标准值。为了保证钢材的质量，国家有关标准规定钢材出厂前要抽样检查，检查的标准为"废品限值"。对于各级热轧钢筋，废品限值约相当于屈服强度平均值减去两倍标准差[即式(2-2)中的 $\alpha=2$]所得的数值，保证率为97.73%。《设计规范》规定，钢筋的强度标准值应具有不小于95%的保证率。可见，国家标准规定的钢筋强度废品限值符合这一要求，且偏于安全。因此，《设计规范》以国家标准规定值作为钢筋强度标准值的依据，具体取值方法如下：

1)对有明显屈服点的热轧钢筋，取国家标准规定的屈服点作为强度标准值。

2)对无明显屈服点的钢筋、钢丝及钢绞线，取国家标准规定的极限抗拉强度 σ_b 作为强度标准值，但设计时取 $0.85\sigma_b$ 作为条件屈服点。

(2)混凝土的强度标准值。混凝土强度标准值为具有95%保证率的强度值，也即式(2-2)中的保证率系数 $\alpha=1.645$。

第三节　极限状态设计法的实用表达式

一、承载能力极限状态设计表达式

对于承载能力极限状态，应按荷载的基本组合或偶然组合计算荷载组合的效应设计值，并应按下列设计表达式进行设计：

$$\gamma_0 S_d \leqslant R_d \tag{2-3}$$

式中　γ_0——结构重要性系数，对安全等级为一级或设计使用年限为100年及以上的结构构件，不应小于1.1；对安全等级为二级或设计使用年限为50年的结构构件，不应小于1.0；对安全等级为三级或设计使用年限为5年及以下的结构构件，不应小于0.9；

S_d——荷载组合的效应设计值；

R_d——结构构件抗力的设计值。

1. 基本组合的效应设计值计算

荷载基本组合的效应设计值 S_d 应取下列两种组合中的最不利值：

(1)由可变荷载控制的效应设计值：

$$S_d = \sum_{j=1}^{m} \gamma_{G_j} S_{G_j k} + \gamma_Q \gamma_{L_1} S_{Q_1 k} + \sum_{i=2}^{n} \gamma_Q \gamma_{L_i} \psi_{c_i} S_{Q_i k} \tag{2-4}$$

(2)由永久荷载控制的效应设计值：

$$S_d = \sum_{j=1}^{m} \gamma_{G_j} S_{G_j k} + \sum_{i=1}^{n} \gamma_Q \gamma_{L_i} \psi_{c_i} S_{Q_i k} \tag{2-5}$$

式中　γ_{G_j}——第 j 个永久荷载分项系数，当其荷载效应对结构不利时，由可变荷载效应控制的组合[式(2-4)]应取1.2，由永久荷载效应控制的组合[式(2-5)]应取1.35；当其荷载效应对结构有利时的组合应取1.0；

γ_{Q_1}，γ_Q——第1个和第 i 个可变荷载分项系数，一般情况下取1.4，对于标准值大于 $4\ \text{kN/m}^2$ 的工业房屋楼面结构的活荷载应取1.3；

γ_{L_1}，γ_{L_i}——第1个和第 i 个可变荷载考虑设计使用年限的调整系数，当设计使用年限为5年、50年和100年时，γ_L 分别取0.9、1.0与1.1，其间可线性内插；当采用100年重现期的风压和雪压为荷载标准值时，设计使用年限大于50年时风、雪荷载的 γ_L 取1.0；对荷载标准值可控制的可变荷载，如楼面均布活荷载中的书库、储藏室、机房、停车库等，以及有明确额定值的吊车荷载和工业楼面均布活荷载等，γ_L 取 1.0；

S_{G_jk}——按第 j 个永久荷载标准值 G_{jk} 计算的荷载效应值；

S_{Q_1k}——按主导可变荷载 Q_{1k}（在诸可变荷载中产生的效应最大）计算的荷载效应值，当对 S_{Q_1k} 无法明显判断时，轮次以各可变荷载效应为 S_{Q_1k}，选其中最不利的荷载效应组合；

S_{Q_ik}——按第 i 个可变荷载标准值 Q_{ik} 计算的荷载效应值；

φ_{c_i}——可变荷载 Q_i 的组合值系数，雪荷载组合值系数为 0.7，风荷载组合值系数为 0.6，其他各种荷载的组合值系数见《荷载规范》；

m——参加组合的永久荷载数；

n——参加组合的可变荷载数。

式(2-5)中的"永久荷载对结构有利"主要是指：永久荷载效应与可变荷载效应异号，以及永久荷载实际上起着抵抗倾覆、滑移和漂浮的作用。

式(2-4)中计算竖向永久荷载控制的组合值时，为方便起见，参与组合的可变荷载可仅限于竖向可变荷载（如雪荷载、吊车竖向荷载）。

2. 偶然组合的效应设计值计算

荷载偶然组合的效应设计值 S_d 分两种情况：

(1)用于承载能力极限状态计算。此种情况下荷载偶然组合的效应设计值按下式计算：

$$S_d = \sum_{j=1}^{m} S_{G_jk} + S_{A_d} + \psi_{f_1} S_{Q_1k} + \sum_{i=2}^{n} \psi_{q_i} S_{Q_ik} \tag{2-6}$$

式中 S_{A_d}——按偶然荷载标准值 A_d 计算的荷载效应值；

ψ_{f_1}——第 1 个可变荷载的频遇值系数；

ψ_{q_i}——第 i 个可变荷载的准永久值系数。

(2)用于偶然事件发生后受损结构整体稳固性验算。此种情况下荷载偶然组合的效应设计值按下式计算：

$$S_d = \sum_{j=1}^{m} S_{G_jk} + \psi_{f_1} S_{Q_1k} + \sum_{i=2}^{n} \psi_{q_i} S_{Q_ik} \tag{2-7}$$

3. 结构构件的抗力计算

结构构件抗力的设计值 R 的计算公式为

$$R = R(f_c, f_s, a_k, \cdots)/\gamma_{Rd} \tag{2-8}$$

式中 $R(\cdot)$——结构构件的抗力函数；

γ_{Rd}——结构构件的抗力模型不定性系数：静力设计取 1.0，对不确定性较大的结构构件根据具体情况取大于 1.0 的数值，抗震设计应用承载力抗震调整系数 r_p 代替 d_p；

f_c, f_s——混凝土、钢筋的强度设计值；

a_k——几何参数标准值，当几何参数的变异性对结构性能明显不利时，应增减一个附加值。

二、正常使用极限状态设计表达式

对于正常使用极限状态，应根据不同的设计要求，采用荷载的标准组合、频遇组合或准永久组合，采用的极限状态设计表达式为

$$S_d \leqslant C \tag{2-9}$$

式中 S_d——正常使用极限状态的效应设计值；

C——结构或结构构件达到正常使用要求的规定限值，如变形、裂缝、振幅、加速度、应力等的限值，应按各有关建筑结构设计规范的规定采用。

对于荷载的标准组合，效应设计值 S_d 按下式计算：

$$S_d = \sum_{j=1}^{m} S_{G_jk} + S_{Q_1k} + \sum_{i=2}^{n} \psi_{c_i} S_{Q_ik} \tag{2-10}$$

对于荷载的频遇组合，效应设计值 S_d 按下式计算：

$$S_d = \sum_{j=1}^{m} S_{G_jk} + \psi_{f_1} S_{Q_1k} + \sum_{i=2}^{n} \psi_{q_i} S_{Q_ik} \tag{2-11}$$

对于荷载的准永久组合，效应设计值 S_d 按下式计算：

$$S_d = \sum_{j=1}^{m} S_{G_jk} + \sum_{i=1}^{n} \psi_{q_i} S_{Q_ik} \tag{2-12}$$

【例 2-1】 某框架结构书库楼层梁为跨度 6 m 的简支梁，梁的间距为 3.2 m。均布恒载标准值（包括楼板和地面构造质量的折算值及梁自重）为 3.75 kN/m²，书库楼面活荷载标准值为 5.5 kN/m²。已知该框架结构安全等级为二级，设计使用年限为 50 年；$\psi_f = 0.9$，$\psi_q = 0.8$，$\psi_c = 0.9$。试求：(1)承载能力极限状态设计时的跨中弯矩设计值；(2)正常使用极限状态设计时的标准组合、频遇组合、准永久组合的跨中弯矩设计值。

【解】 (1)计算按承载力极限状态设计的跨中弯矩设计值。

1)由可变荷载效应控制的组合。

由式(2-4)有：

$$\begin{aligned} M_d &= \sum_{j=1}^{m} \gamma_{G_j} M_{G_jk} + \gamma_{Q_1} \gamma_{L_1} M_{Q_1k} + \sum_{i=2}^{n} \gamma_Q \gamma_{L_i} \psi_{c_i} M_{Q_ik} \\ &= \gamma_G M_{Gk} + \gamma_{Q_1} \gamma_{L_1} M_{Q_1k} \\ &= 1.2 \times \frac{1}{8} \times 3.75 \times 3.2 \times 6^2 + 1.4 \times 1.0 \times \frac{1}{8} \times 5.5 \times 3.2 \times 6^2 \\ &= 175.68 (\text{kN} \cdot \text{m}) \end{aligned}$$

2)由永久荷载效应控制的组合。

由式(2-5)有：

$$\begin{aligned} M_d &= \sum_{j=1}^{m} \gamma_{G_j} M_{G_jk} + \sum_{i=1}^{n} \gamma_Q \gamma_{L_i} \psi_{c_i} M_{Q_ik} \\ &= \gamma_G M_{Gk} + \gamma_Q \gamma_L \psi_c M_{Qk} \\ &= 1.35 \times \frac{1}{8} \times 3.75 \times 3.2 \times 6^2 + 1.4 \times 1.0 \times 0.9 \times \frac{1}{8} \times 5.5 \times 3.2 \times 6^2 \\ &= 172.69 (\text{kN} \cdot \text{m}) \end{aligned}$$

本例不考虑偶然组合，故按承载力极限状态设计的跨中弯矩设计值取 175.68 kN·m。

(2)计算按正常使用极限状态设计时的跨中弯矩设计值。

1)标准组合下的跨中弯矩设计值。

由式(2-10)有：

$$\begin{aligned} M_d &= \sum_{j=1}^{m} M_{G_jk} + M_{Q_1k} + \sum_{i=2}^{n} \psi_{c_i} M_{Q_ik} \\ &= M_{Gk} + M_{Qk} \\ &= \frac{1}{8} \times 3.75 \times 3.2 \times 6^2 + \frac{1}{8} \times 5.5 \times 3.2 \times 6^2 \\ &= 133.20 (\text{kN} \cdot \text{m}) \end{aligned}$$

2)频遇组合下的跨中弯矩设计值。

由式(2-11)有：

$$
\begin{aligned}
M_d &= \sum_{j=1}^{m} M_{G_j k} + \psi_{f_1} M_{Q_1 k} + \sum_{i=2}^{n} \psi_{q_i} M_{Q_i k} \\
&= M_{Gk} + \psi_{f_1} M_{Q_1 k} \\
&= \frac{1}{8} \times 3.75 \times 3.2 \times 6^2 + 0.9 \times \frac{1}{8} \times 5.5 \times 3.2 \times 6^2 \\
&= 125.28 (\mathrm{kN \cdot m})
\end{aligned}
$$

3)准永久组合下的跨中弯矩设计值。

由式(2-12)有：

$$
\begin{aligned}
M_d &= \sum_{j=1}^{m} M_{G_j k} + \sum_{i=1}^{n} \psi_{q_i} M_{Q_i k} \\
&= M_{Gk} + \psi_{q_1} M_{Q_1 k} \\
&= \frac{1}{8} \times 3.75 \times 3.2 \times 6^2 + 0.8 \times \frac{1}{8} \times 5.5 \times 3.2 \times 6^2 \\
&= 117.36 (\mathrm{kN \cdot m})
\end{aligned}
$$

三、耐久性验算

材料的耐久性是指材料暴露在使用环境下，抵抗各种物理和化学作用的能力。对钢筋混凝土结构而言，钢筋被浇筑在混凝土内，混凝土可以起到保护钢筋的作用。如果对钢筋混凝土结构能够根据使用条件，进行正确的设计和施工，在使用过程中又能对混凝土认真地进行定期维护，可使其使用年限达百年及以上，因此，它是一种很耐久的材料。

钢筋混凝土结构长期暴露在使用环境中，会使材料的耐久性降低。影响因素主要有材料的质量、钢筋的锈蚀、混凝土的抗渗及抗冻性、除冰盐对混凝土的破坏等。

混凝土结构应根据设计使用年限和环境类别进行耐久性设计。耐久性设计内容包括：确定结构所处的环境类别；提出对混凝土材料的耐久性基本要求；确定构件中钢筋的混凝土保护层厚度；不同环境条件下的耐久性技术措施；提出结构使用阶段的检测与维护要求。对临时性的混凝土结构，可不考虑混凝土的耐久性要求。

混凝土结构暴露的环境类别应按表2-4的要求划分。

设计使用年限为50年的混凝土结构，其混凝土材料宜符合表2-5的规定。

表2-4 混凝土结构的环境类别

环境类别	条 件
一	室内干燥环境； 无侵蚀性静水浸没环境
二 a	室内潮湿环境； 非严寒和寒冷地区的露天环境； 非严寒和非寒冷地区与无侵蚀性的水或土壤直接接触的环境； 严寒和寒冷地区的冰冻线以下与无侵蚀性的水或土壤直接接触的环境
二 b	干湿交替环境； 水位频繁变动环境； 严寒和非寒冷地区的露天环境； 严寒和寒冷地区的冰冻线以上与无侵蚀性的水或土壤直接接触的环境

环境类别	条　件
三 a	严寒和寒冷地区冬季水位变动区环境； 受除冰盐影响环境； 海风环境
三 b	盐渍土环境； 受除冰盐作用环境； 海岸环境
四	海水环境
五	受人为或自然的侵蚀性物质影响的环境

注：1. 室内潮湿环境是指构件表面经常处于结露或湿润状态的环境；

　　2. 严寒和寒冷地区的划分应符合现行国家标准《民用建筑热工设计规范》(GB 50176—2016)的有关规定；

　　3. 海岸环境和海风环境宜根据当地情况，考虑主导风向及结构所处迎风、背风部位等因素的影响，由调查研究和工程经验确定；

　　4. 受除冰盐影响环境是指受到除冰盐盐雾影响的环境；受除冰盐作用环境是指被除冰盐溶液溅射的环境以及使用除冰盐地区的洗车房、停车楼等建筑；

　　5. 暴露的环境是指混凝土结构表面所处的环境。

表 2-5　结构混凝土材料的耐久性基本要求

环境类别	最大水胶比	最低强度等级	最大氯离子含量/%	最大碱含量/$(kg \cdot m^{-3})$
一	0.60	C20	0.30	不限制
二 a	0.55	C25	0.20	3.0
二 b	0.50(0.55)	C30(C25)	0.15	3.0
三 a	0.45(0.50)	C35(C30)	0.15	3.0
三 b	0.40	C40	0.10	3.0

注：1. 氯离子含量是指其占胶凝材料总量的百分比；

　　2. 预应力构件混凝土中的最大氯离子含量为 0.06%；其最低混凝土强度等级宜按表中的规定提高两个等级；

　　3. 素混凝土构件的水胶比及最低强度等级的要求可适当放松；

　　4. 有可靠工程经验时，二类环境中的最低混凝土强度等级可降低一个等级；

　　5. 处于严寒和寒冷地区二 b、三 a 类环境中的混凝土应使用引气剂，并可采用括号中的有关参数；

　　6. 当使用非碱活性集料时，对混凝土中的碱含量可不作限制。

本章小结

　　本章主要介绍极限状态设计方法的一些基本知识，这些知识是学习本课程及其他结构设计类课程的理论基础。通过本章的学习认真领会关于极限状态设计方法、极限状态方程和可靠度的相关内容和定义，这些内容也是砌体结构、钢结构等其他建筑结构的设计方法和原则。对于极限状态表达式，要理解和掌握其内涵，并能熟练应用于工程实践。

一、填空题

1. 区分结构工作状态可靠与失效的标志是_____。

2. 结构或构件达到最大承载力或达到不适于继续承载的变形的极限状态为_____。

3. 结构上的作用随时间的变异分为_____、_____、_____。

4.《荷载规范》中给出了荷载的四种代表值：_____、_____、_____和_____。

5. _____是指其在结构的设计基准期内可能出现的最大荷载值。

二、选择题

1. 下列情况中，构件超过承载力极限状态的是( )。

　　A. 在荷载作用下产生较大变形而影响使用

　　B. 构件因过度的变形而不适于继续承载

　　C. 构件受拉区混凝土出现裂缝

　　D. 构件在动力荷载作用下产生较大的振动

2. 下列叙述中错误的是( )。

　　A. 荷载设计值一般大于荷载标准值　　B. 荷载频遇值一般小于荷载标准值

　　C. 荷载准永久值一般大于荷载标准值　　D. 材料强度设计值小于材料强度标准值

3. 下列作用中属于永久作用的是( )。

　　A. 混凝土收缩及徐变作用　　　　　　B. 汽车引起的土侧压力

　　C. 温度作用　　　　　　　　　　　　D. 汽车荷载

4. 对正常使用极限状态进行构件验算时，下列说法错误的是( )。

　　A. 预应力混凝土受弯构件应按规定进行正截面和斜截面的抗裂验算

　　B. 对于钢筋混凝土结构及容许出现裂缝的 B 类预应力混凝土构件，均应进行裂缝宽度验算

　　C. 在设计钢筋混凝土与预应力混凝土构件时，应对结构变形加以限制

　　D. 钢筋混凝土受弯构件应按规定进行正截面和斜截面的抗裂验算

三、简答题

1. 结构的功能要求包括哪些？

2. 什么是正常使用极限状态？哪些状态认为是超过了正常使用极限状态？

3. 什么是作用效应？荷载与荷载效应之间的线性关系是什么？

4. 什么是永久荷载标准值？什么是可变荷载标准值？

第三章　钢筋混凝土受弯构件承载力计算

1. 熟悉梁的构造、板的构造、混凝土保护层和截面有效高度的确定。

2. 了解正截面破坏形态及计算原则；掌握单筋矩形截面受弯构件正截面承载力计算、双筋矩形截面受弯构件正截面承载力计算、T形截面受弯构件正截面承载力计算。

3. 了解保证斜截面受弯构件承载力的构造措施；熟悉受弯构件斜截面的工作性能和破坏形式；掌握受弯构件斜截面受剪承载力计算。

1. 能进行钢筋混凝土单筋矩形截面设计与强度复核。

2. 能进行双筋矩形截面受弯构件截面设计与强度复核。

3. 能进行T形截面受弯构件截面设计与强度复核。

第一节　受弯构件的一般构造

承受弯矩和剪力共同作用的构件称为受弯构件。受弯构件是工程应用最为广泛的一类构件，房屋建筑中的梁、板是典型的受弯构件。为了与混凝土一起抵抗荷载的作用，受弯构件中通常配置一定数量、一定形式的钢筋。沿构件轴线方向的钢筋称为纵向钢筋，沿垂直轴线方向的钢筋称为箍筋，与轴线成一定夹角的钢筋称为弯起钢筋，后两者又统称为腹筋。梁中钢筋如图 3-1 所示。

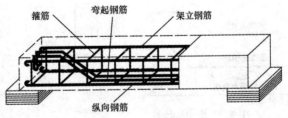

图 3-1　梁中钢筋示意

钢筋混凝土受弯构件在弯矩和剪力的作用下，可能发生的破坏形式有正截面破坏和斜截面破坏两种。正截面破坏主要由弯矩引起，其破坏面方向为构件横截面方向；斜截面破坏由剪力和弯矩共同引起，其破坏面与构件轴线成一定的夹角。简支梁的正、斜截面破坏的形式如图 3-2 所示。

受弯构件的承载力设计，包括正截面承载力和斜截面承载力设计两部分，这里先介绍正截面承载力问题。

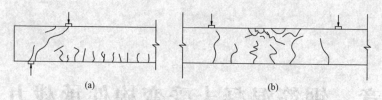

图 3-2 简支梁破坏形式示意

(a)斜截面破坏；(b)正截面破坏

一、梁的构造

1. 梁的截面尺寸

（1）梁的截面高度：可根据跨度要求按高跨比 h/l 来估计（表 3-1）。对于一般荷载作用下的梁，当梁高不小于表 3-1 规定的最小截面高度时，当梁高 $h \leqslant 800$ mm 时，取 50 mm 的倍数；当 $h > 800$ mm 时，则取 100 mm 的倍数。

表 3-1　梁的最小截面高度

项次	构件种类		简支梁	两端连续梁	悬臂梁
1	整体肋形梁	次梁	$l/15$	$l/20$	$l/8$
		主梁	$l/12$	$l/15$	$l/6$
2	独立梁		$l/12$	$l/15$	$l/6$

（2）截面宽度：通常取梁宽 $b = (1/2 \sim 1/3)h$。常用的梁宽为 150 mm、200 mm、250 mm、300 mm，若 $b > 200$ mm，一般级差取 50 mm。砖砌体中梁的梁宽和梁高，如圈梁、过梁等，按砖砌体所采用的模数来确定，如 120 mm、180 mm、240 mm、300 mm 等。

2. 梁的钢筋

梁中的钢筋一般有纵向受力钢筋、弯起钢筋、箍筋和架立钢筋，如图 3-3 所示。

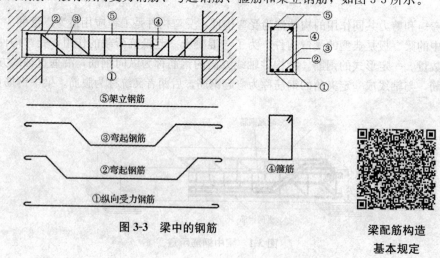

图 3-3　梁中的钢筋

梁配筋构造
基本规定

（1）纵向受力钢筋。当梁高 $h \geqslant 300$ mm 时，其直径不应小于 10 mm；当 $h < 300$ mm 时，不应小于 8 mm。设计中根数最好不少于 2 根，若采用两种不同直径的钢筋，钢筋直径相差至少 2 mm，以便于施工中肉眼识别。

（2）弯起钢筋。弯起钢筋一般由纵向受力钢筋弯起而成。其弯起段用来承受弯矩和剪力产生的主拉应力；弯起后的水平段可承受支座处的负弯矩。

弯起角度：当梁高 $h \leqslant 800$ mm 时，采用 $45°$；当梁高 $h > 800$ mm 时，采用 $60°$。

注意：在一般建筑结构的梁中，由于弯起钢筋施工麻烦，而且不能抵抗往复作用，所以，实际工程中很少采用弯起钢筋。

（3）箍筋。箍筋（图 3-4）主要用来承受剪力，同时，还固定纵向受力钢筋并和其他钢筋一起形成钢筋骨架。梁中的箍筋应按计算确定，但如按计算不需要时，也应按《设计规范》规定的构造要求配置箍筋。

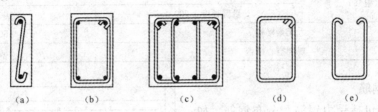

图 3-4　箍筋的肢数和形式

(a)单肢；(b)双肢；(c)四肢；(d)封闭箍；(e)开口式

（4）架立钢筋。为了将受力钢筋和箍筋连接成骨架，并在施工中保持钢筋的正确位置，凡箍筋转角没有纵向受力钢筋的地方，都沿梁长方向设置架立钢筋。架立钢筋的直径：当梁的跨度小于 4 m 时，不宜小于 8 mm；当梁的跨度为 4～6 m 时，不宜小于 10 mm；当梁的跨度大于 6 m 时，不宜小于 12 mm。

（5）纵向构造钢筋。纵向构造钢筋用以加强钢筋骨架的刚度，承受构件中部由于混凝土收缩及温度变化所引起的拉应力。当梁的腹板高度 $h_w \geqslant 450$ mm 时，在梁的两个侧面应沿高度配置纵向构造钢筋，每侧构造钢筋的截面面积不应小于腹板截面面积 bh_w 的 0.1%，其间距不宜大于 200 mm。

h_w 对矩形截面取有效高度，对 T 形截面，取有效高度减去翼缘高度，对 I 形截面，取腹板净高。梁侧构造钢筋应以拉结筋相连（图 3-5），拉结筋直径一般与箍筋相同，间距常取为箍筋间距的整数倍。

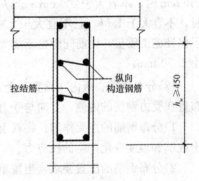

图 3-5　纵向构造钢筋

二、板的构造

1. 板的厚度

板的厚度应满足承载力、刚度和抗裂的要求，从舒适度（刚度）条件出发，板的最小厚度，对于单跨板，不得小于 $l_0/35$；对于多跨连续板，不得小于 $l_0/40$（l_0 为板的计算跨度），如板厚满足上述要求，则无须进行挠度验算。一般现浇板板厚不宜小于 60 mm，现浇钢筋混凝土板的最小厚度见表 3-2。

板配筋构造基本规定

表 3-2　现浇钢筋混凝土板的最小厚度

板的类型		厚度/mm
单向板	屋面板	60
	民用建筑楼板	60
	工业建筑楼板	70
	行车道下的楼板	80

板的类型		厚度/mm
双向板		80
密肋楼盖	面板	50
	肋高	250
悬臂板(根部)	悬臂长度不大于500 mm	60
	悬臂长度1 200 mm	100
无梁楼板		150
现浇空心楼盖		200

2. 板中钢筋

板中钢筋包括受力钢筋和分布钢筋, 如图3-6所示。

(1)受力钢筋。受力钢筋沿板的跨度方向在受拉区配置, 承受荷载作用下所产生的拉力。

1)直径: 一般为6~12 mm。

2)间距: 板中受力钢筋间距过大, 不利于板的受力, 且不利于裂缝的控制。当板厚 $h \leqslant$ 150 mm 时, 不宜大于200 mm; 当 $h > 150$ mm 时, 不宜大于 $1.5h$, 且不宜大于250 mm。为了保证施工质量, 钢筋间距也不能太小, 不宜小于70 mm。

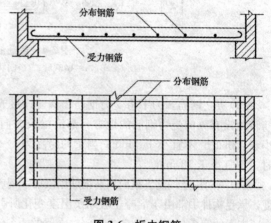

图3-6　板中钢筋

(2)分布钢筋。板内在垂直于受力钢筋的方向, 还应按构造要求配置分布钢筋, 分布钢筋应布置在受力钢筋的内侧, 方向与受力钢筋垂直, 并在交点处绑扎或焊接。

1)分布钢筋的主要作用: 将板上荷载分散到受力钢筋上, 固定受力钢筋的位置, 抵抗混凝土收缩和温度变化产生的拉应力。

2)分布钢筋的配置要求: 当按单向板设计时, 板中单位长度上分布钢筋的截面面积不宜小于单位宽度上受力钢筋截面面积的15%, 且不宜小于该方向板截面面积的0.15%; 其直径不宜小于6 mm; 其间距不宜大于250 mm。当集中荷载较大时, 分布钢筋的配筋面积还应增加, 且间距不宜大于200 mm。

三、混凝土保护层和截面有效高度

为了保护钢筋免遭锈蚀, 保证钢筋与混凝土之间有足够的粘结强度以及耐火、耐久性要求, 受力钢筋的表面必须有足够厚度的混凝土保护层, 钢筋外缘至构件边缘的距离, 称为保护层厚度。纵向受力钢筋的混凝土保护层厚度不应小于受力钢筋的直径 d, 且不小于表3-3的数值。

表3-3　混凝土保护层的最小厚度 c 　　　　　　　　　　mm

环境类别	板、墙、壳	梁、柱、杆
一	15	20
二 a	20	25
二 b	25	35
三 a	30	40

环境类别	板、墙、壳	梁、柱、杆
三 b	40	50

注：1. 混凝土强度等级不大于 C25 时，表中保护层厚度数值应增加 5 mm；
　　2. 钢筋混凝土基础宜设置混凝土垫层，基础中钢筋的混凝土保护层厚度应从垫层顶面算起，且不应小于 40 mm。

截面有效高度 h_0 是指受拉钢筋的重心至混凝土受压边缘的垂直距离，即：

$$h_0 = h - a_s \tag{3-1}$$

式中　a_s——受拉钢筋重心至受拉混凝土边缘的垂直距离，在梁中，当混凝土强度等级 ≥C25 时，可近似取 $a_s = 35$ mm（钢筋一排放置），$a_s = 55$ mm（钢筋两排放置）；在板中，$a_s = 20$ mm；

　　　h——梁高。

知识链接

梁平法施工图表示方式

梁的平法施工图表示方式有平面注写方式和截面注写方式两种。

（一）平面注写方式

平面注写方式如图 3-7 所示，是在梁的平面布置图上，分别在不同编号的梁中各选一根梁，在其上注写截面尺寸和配筋具体数值的方式来表达梁平法施工图。

平面注写的内容包括集中标注和原位标注两部分。

梁平法施工图制图规则

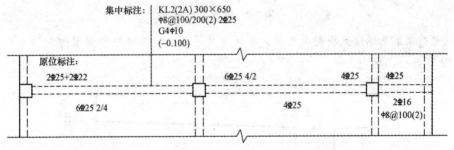

图 3-7　平面注写方式示例

1. 集中标注

集中标注的内容有五项必注值及一项选注值，集中标注可以从梁的任一跨引出，规定如下：

（1）梁编号，见表 3-4，该项为必注值。

表 3-4　梁编号

梁类型	代号	序号	跨数及是否带有悬挑
楼层框架梁	KL	××	(××)、(××A)或(××B)
楼层框架扁梁	KBL	××	(××)、(××A)或(××B)
屋面框架梁	WKL	××	(××)、(××A)或(××B)
框支梁	KZL	××	(××)、(××A)或(××B)
托柱转换梁	TZL	××	(××)、(××A)或(××B)
非框架梁	L	××	(××)、(××A)或(××B)

梁类型	代号	序号	跨数及是否带有悬挑
悬挑梁	XL	××	(××)、(××A)或(××B)
井字梁	JZL	××	(××)、(××A)或(××B)

(2)梁截面尺寸,该项为必注值。

当为等截面梁时,用 $b \times h$ 表示。

当为竖向加腋梁时,用 $b \times h \ Yc_1 \times c_2$ 表示,其中 c_1 为腋长,c_2 为腋高(图 3-8)。

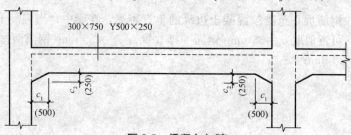

图 3-8 梁竖向加腋

当为水平加腋梁时,一侧加腋时用 $b \times h \ PYc_1 \times c_2$ 表示,其中 c_1 为腋长,c_2 为腋宽,加腋部位应在平面图中绘制(图 3-9)。

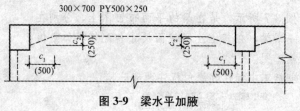

图 3-9 梁水平加腋

当有悬挑梁或悬挑端且根部和端部的截面高度不同时,用斜线分隔根部与端部的高度值,如图 3-10 所示。

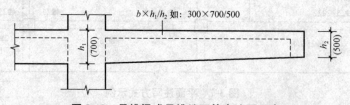

图 3-10 悬挑梁或悬挑端不等高注写示意

(3)梁箍筋。梁箍筋包括箍筋级别、直径、加密区与非加密区间距和肢数,如图 3-7 所示的集中标注 Φ8@100/200(2)意思是 HPB300 级钢筋、直径 8 mm、加密区间距 100 mm、非加密区间距 200 mm 的双肢箍筋。

注解:梁箍筋肢数是指箍筋竖边的个数,如图 3-11 所示,左边箍筋是四肢箍,右边箍筋是双肢箍。

(4)梁上部通长筋或架立筋。如图 3-7 所示的集中标注 2Φ25,表示该梁上部配置 2 根直径 25 mm 的 HRB400 级通长钢筋。所谓通长钢筋,就是从梁左端一直延伸到梁右端,中间不截断。

当梁下部也配置通长筋时,上、下部通长筋用";"分开。

例如:2Φ22;3Φ20 表示梁的上部配置 2Φ22 的通长筋,梁的下部配置 3Φ20 的通长筋。

(5)梁侧面纵向构造钢筋或受扭钢筋。当梁截面高度 $h \geqslant 450$ mm 时,应在梁侧面配置构造钢筋,如图 3-7 所示的集中标注 G4Φ10 表示该梁每侧面配置 2 根(两侧面共 4 根)直径为 10 mm

的 HPB300 级钢筋。

当梁侧面配置抗扭钢筋时，将 G 改为 N，并且配置抗扭筋后不再配置构造筋。侧面构造钢筋或抗扭筋在梁截面中的位置如图 3-12 所示。

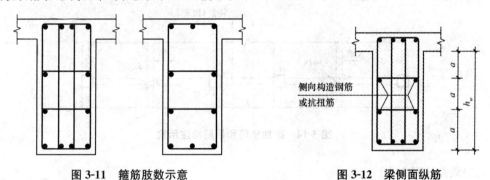

图 3-11　箍筋肢数示意　　　　　　　　　图 3-12　梁侧面纵筋

(6)梁顶面标高高差。梁顶面标高高差是指相对于本结构层楼面标高的高差值，当梁面高于板面时，为"＋"；当梁面低于板面时，为"－"。存在高差时标注，不存在时不标注。如图 3-7 所示的集中标注(－0.100)表示该梁面低于本层板面 100 mm。

集中标注内容共六项，其中前五项为必注项，第六项为选注项。

2. 原位标注内容

(1)梁支座上部纵筋。梁支座上部纵筋又称为梁支座负筋，属于非通长筋，仅在支座附近一定长度范围内设置。梁支座负筋是包括通长筋在内的数值。当支座负筋分两层设置时，应用"/"将上、下层钢筋分开，"/"前为上层支座负筋，"/"后为第二层支座负筋；当支座负筋是两种直径时，应用"＋"分开，"＋"前为角筋。

图 3-7 所示原位标注中 6±25 4/2 表示设置 6 根直径为 25 mm 的 HRB400 级支座负筋，上部第一排 4 根，第二排 2 根，其中上部第一排有 2 根是通长筋；

2±25＋2±22 表示设置 2 根直径为 25 mm 和 2 根直径为 20 mm 的 HRB400 级支座负筋，其中 2 根直径 25 mm 是通长筋。

对于梁中间支座负筋，如果支座两侧负筋配置相同，只选择一侧标注，另侧不注；如果支座两侧负筋配置不同，应在两侧分别标注配筋值。

当梁的两大跨中间为一小跨，且小跨净跨值小于左右两大跨净跨值之和的 1/3 时，采用大跨支座负筋连通小跨上部纵筋的布置方式，如图 3-13 所示。

(2)梁下部纵筋。梁下部纵筋标注有下面几种情况：

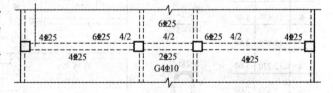

图 3-13　大小跨梁的注写方式

1)当下部纵筋多于一排时，用"/"将上、下两排分开。

2)当下部纵筋由不同直径钢筋组成时，用"＋"将不同直径钢筋相连，并且角筋写在"＋"前。

3)当梁下部纵筋不全部伸入支座时，将不深入支座的下部纵筋写在括号内。

例如：6±25 2(－2)/4 表示梁下部纵筋共 6 根直径为 25 mm 的 HRB400 级钢筋，其中上排有 2 根且不伸入支座，下排有 4 根且伸入支座。

4)当在集中标注中已标注过下部通长筋时，在原位标注中就不需再次标注。

(3)在原位标注中，标注与集中标注不一致的内容，包括梁截面尺寸、箍筋、上部通长筋、梁侧面纵筋以及梁顶面标高高差的一项或几项。

（4）附加箍筋和吊筋。在主、次梁交界处，为了防止主梁在较大集中力作用下发生剪切破坏，通常在主梁内设置附加箍筋或吊筋来抵抗较大集中力。附加箍筋和吊筋的配筋值可以在梁平面布置图上——标注，也可以统一说明，如图3-14所示。

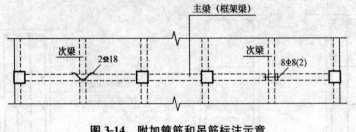

图3-14　附加箍筋和吊筋标注示意

（二）截面注写方式

截面注写方式是在分标准层绘制的梁平面布置图上，分别在不同编号的梁中各选择一根梁用剖面号引出配筋图，并在其上注写截面尺寸和配筋具体数值，如图3-15所示。

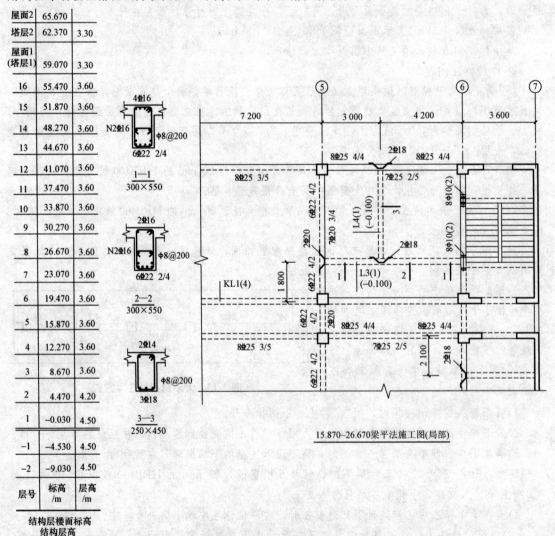

图3-15　截面注写方式

第二节　钢筋混凝土受弯构件正截面承载力计算

一、正截面破坏形态及计算原则

(一)钢筋混凝土受弯构件正截面破坏状态分析

图 3-16 所示为一钢筋混凝土简支梁。为消除剪力对正截面受弯的影响，采用两点对称加载方式，使两个对称集中力之间的截面在忽略自重的情况下，只受纯弯矩而无剪力，称为纯弯区段。梁的跨中挠度 f 是由三只百分表量测的，一只放在跨中点，另外的两只分别放在支座 A、B 处，这样可以较准确地计取梁的挠度。另外，在纯弯段的中心区段，用应变仪量测截面表面纵向纤维的平均应变。用逐级加载法由零荷载一直加到梁的破坏，以观察加载后梁的受力全过程。

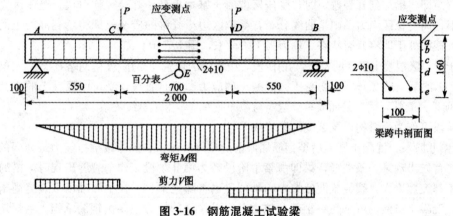

图 3-16　钢筋混凝土试验梁

适筋梁正截面受弯破坏的全过程可划分为三个阶段——未裂阶段、裂缝阶段和破坏阶段。图 3-17 所示是试验梁荷载-挠度关系曲线。图 3-18 所示是钢筋混凝土梁各受力阶段截面应力分布情况。梁在加载开始到破坏的全过程的工作性能一直是变化的，因此可将曲线(图 3-17)中有明显转折点的点作为界限点，可将适筋梁的受力性能分为 Ⅰ、Ⅱ、Ⅲ 三个受力阶段。

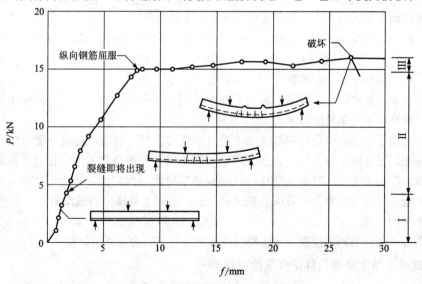

图 3-17　试验梁荷载-挠度关系曲线

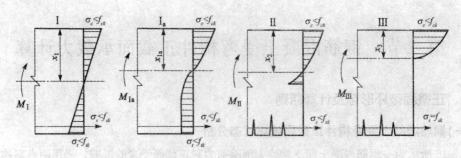

图 3-18　钢筋混凝土梁各受力阶段截面应力分布情况

(1)第Ⅰ阶段：混凝土开裂前的未裂阶段。刚开始加载时，由于受力很小，混凝土基本上处于弹性工作阶段，应力与应变成正比，受压区和受拉区混凝土应力分布图形为三角形。

在弯矩即将增加到开裂弯矩时，受压区混凝土基本上处于弹性工作阶段，受压区应力图接近三角形；而受拉区应力图则呈曲线分布，受拉区边缘纤维的应变值即将达到混凝土的极限拉应变值，截面处于即将开裂状态，称为第Ⅰ阶段末，用I_a表示。

由于受拉区混凝土塑性的发展，在I_a阶段，中和轴的位置比第Ⅰ阶段初期略有上升。第Ⅰ阶段的特点是：①混凝土没有开裂；②受压区混凝土的应力图形是直线，受拉区混凝土的应力图形在第Ⅰ阶段前期是直线，后期是曲线；③弯矩与截面曲率基本上是直线关系。

I_a阶段可作为受弯构件抗裂度的计算依据。

(2)第Ⅱ阶段：混凝土开裂后至钢筋屈服前的裂缝阶段。在纯弯段抗拉能力最薄弱的某一截面处，将首先出现第一条裂缝，梁即由第Ⅰ阶段转为第Ⅱ阶段工作。裂缝出现时，梁的挠度和截面曲率都突然增大，裂缝截面处的中和轴位置也将随之上移。在中和轴以下裂缝尚未延伸到的部位，混凝土虽然仍可承受一小部分拉力，但受拉区的拉力主要由钢筋承担。当弯矩再增大时，主裂缝开展就会越来越宽，使受压区应力图呈曲线变化。当弯矩继续增大到受拉钢筋应力即将达到屈服强度时，称为第Ⅱ阶段末期。

第Ⅱ阶段是截面混凝土裂缝发生、开展的阶段，在此阶段中梁是带裂缝工作的。其受力特点是：①在裂缝截面处，受拉区大部分混凝土退出工作，拉力主要由纵向受拉钢筋承担，但钢筋没有屈服；②受压区混凝土已有塑性变形，但不充分，压应力图形为只有上升段的曲线；③弯矩与截面曲率是曲线关系，截面曲率与挠度的增长加快了。

阶段Ⅱ相当于梁使用时的应力状态，可作为正常使用阶段验算变形和裂缝开展宽度的依据。

(3)第Ⅲ阶段：钢筋开始屈服至截面破坏的破坏阶段。纵向受拉钢筋屈服后，正截面就进入第Ⅲ阶段工作。钢筋屈服，中和轴继续上移，受压区高度进一步减小，受压区压应力图形更趋丰满。混凝土受压面积较小，混凝土的应力随之达到抗压强度极限值，上缘混凝土被压碎，标志着截面已破坏，称为第Ⅲ阶段末。

其受力特点是：①纵向受拉钢筋屈服，拉力保持为常值；裂缝截面处，受拉区大部分混凝土已退出工作，受压区混凝土压应力曲线图形比较丰满，有上升段曲线，也有下降段曲线，为高次抛物线。②由于受压区混凝土合压力作用点外移使内力臂增大，故弯矩还略有增加。③受压区边缘混凝土压应变达到其极限压应变试验值时，混凝土被压碎，截面破坏。④弯矩-曲率关系为接近水平的曲线。

第Ⅲ阶段末可作为钢筋混凝土受弯构件正截面受弯承载力计算的依据。

(二)钢筋混凝土受弯构件正截面的破坏形态

试验表明，由于纵向受拉钢筋配筋百分率ρ的不同，受弯构件正截面的受弯破坏形态有适筋破坏、超筋破坏和少筋破坏三种不同的破坏情况。

配筋率 ρ 是指纵向受力钢筋截面面积与正截面有效面积的比值，以单筋矩形截面为例，如图3-19所示，即

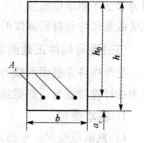

$$\rho = \frac{A_s}{bh_0} \qquad (3\text{-}2)$$

$$a_s = \frac{\sum f_{sdi}A_{si}a_{si}}{\sum f_{sdi}A_{si}} \qquad (3\text{-}3)$$

图3-19　单筋矩形截面

式中　A_s——纵向受力钢筋截面面积，A_{si} 为第 i 种纵向受力钢筋截面面积；

　　　b——梁的截面宽度；

　　　h_0——梁截面的有效高度，$h_0 = h - a_s$；

　　　a_s——纵向受力钢筋合力作用点至受拉边缘的距离，a_{si} 为第 i 种纵向受力钢筋合力作用点至截面受拉边缘的距离；

　　　f_{sdi}——第 i 种纵向受力钢筋抗拉强度的设计值。

（1）适筋破坏形态（$\rho_{min} \leqslant \rho \leqslant \rho_{max}$）。适筋破坏形态的特点是纵向受拉钢筋先达到屈服强度，裂缝开展，受压区混凝土面积减小，受压区混凝土随后被压碎，钢筋的抗拉强度和混凝土的抗压强度都得到发挥。这里 ρ_{min}、ρ_{max} 分别为纵向受拉钢筋的最小配筋率、界限配筋率。由于破坏始自受拉区钢筋的屈服，钢筋要经历较大的塑性变形，随之引起裂缝急剧开展和梁挠度的激增，它将给人以明显的破坏预兆，属于塑性破坏类型[图3-20(a)]。

（2）超筋破坏形态（$\rho > \rho_{max}$）。若梁截面配筋率 ρ 很大时，其特点是破坏始自受压区混凝土的压碎。在受压区边缘，纤维应变达到混凝土受弯时的极限压应变时，钢筋应力尚小于屈服强度，但此时梁已告破坏。试验表明，钢筋在梁破坏前仍处于弹性工作阶段，裂缝开展不宽，延伸不高，如图3-20所示，梁的挠度也不大。总之，它在没有明显预兆的情况下由于受压区混凝土突然压碎而破坏，故习惯上常称为"脆性破坏"。超筋梁虽配置过多的受拉钢筋，但由于其应力低于屈服强度，不能充分发挥作用，造成钢材的浪费，这不仅不经济，且破坏前毫无预兆，故设计中不允许采用这种梁[图3-20(b)]。

（3）少筋破坏形态（$\rho < \rho_{min}$）。少筋梁的破坏特点是混凝土一旦开裂，受拉钢筋立即达到屈服强度，有时可迅速经历整个流幅而进入强化阶段，裂缝延伸，开展宽度大，在个别情况下，钢筋甚至可能被拉断，即使受压区混凝土尚未压碎，宽度开展过大的梁缝也能标志梁的破坏。混凝土一开裂，受拉钢筋立即屈服，梁断裂，混凝土的抗压强度未得到发挥，少筋梁破坏时，裂缝往往只有一条，不仅开展宽度很大，且沿梁高延伸较高。同时，它的承载力取决于混凝土的抗拉强度，承载能力低，属于脆性破坏类型，故结构设计中不允许采用[图3-20(c)]。

（4）适筋破坏形态特例——"界限破坏"（$\rho = \rho_{max}$）。钢筋应力达到屈服强度的同时，受压区边缘应变也恰好达到混凝土受弯时极限压应变值，这种破坏形态叫作"界限破坏"，即适筋梁与超筋梁的界限。界限破坏也属于塑性破坏类型，所以，界限配筋的梁也属于适筋梁的范围，国外多称为"平衡配筋梁"。"界限破坏"的梁，在实际中是很难做到的。

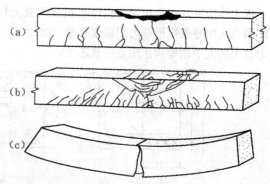

图3-20　梁的三种破坏形式
(a)适筋梁；(b)超筋梁；(c)少筋梁

因为尽管严格地控制施工上的质量和应用材料，但实际强度也会和设计时所预期的有所不同。无疑截面尺寸和材料强度的差异，都会在一定程度上导致梁破坏形式的不同。

(三)受弯构件正截面承载力计算基本原则

受弯构件正截面承载力是指适筋梁截面在承载能力极限状态所能承担的弯矩 M_u。正截面承载力的计算依据为适筋梁第Ⅲ阶段末的应力状态。

1. 基本假定

(1)截面应变保持平面。构件正截面在弯曲变形以后仍保持一平面。

(2)不考虑混凝土的抗拉强度。

(3)混凝土受压的应力与应变关系，采用如图 3-21 所示的曲线并应符合下列规定：

1)当 $\varepsilon_c \leqslant \varepsilon_0$ 时　　$\sigma_c = f_c \left[1 - \left(1 - \dfrac{\varepsilon_c}{\varepsilon_0} \right)^n \right]$ (3-4)

2)当 $\varepsilon_0 < \varepsilon_c \leqslant \varepsilon_{cu}$ 时　　　$\sigma_c = f_c$ (3-5)

$$n = 2 - \frac{1}{60}(f_{cu,k} - 50)$$ (3-6)

$$\varepsilon_0 = 0.002 + 0.5(f_{cu,k} - 50) \times 10^{-5}$$ (3-7)

$$\varepsilon_{cu} = 0.003\ 3 - (f_{cu,k} - 50) \times 10^{-5}$$ (3-8)

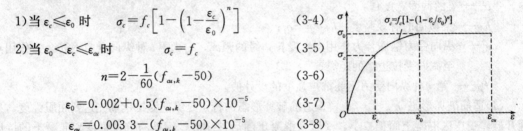

图 3-21　混凝土应力-应变曲线

式中　σ_c——混凝土压应变为 ε_c 时的混凝土压应力；

　　　f_c——混凝土轴心抗压强度设计值；

　　　ε_0——混凝土压应力刚达到 f_c 时的混凝土压应变，当计算的 ε_0 值小于 0.002 时，取 0.002；

　　　ε_{cu}——正截面的混凝土极限压应变，当处于非均匀受压时，按式(3-8)计算，如计算的 ε_{cu} 值大于 0.003 3，取 0.003 3；当处于轴心受压时取值为 ε_0；

　　　$f_{cu,k}$——混凝土立方体抗压强度标准值；

　　　n——系数，当计算的 n 值大于 2.0 时，取 2.0。

(4)纵向受拉钢筋的极限拉应变取为 0.01。

(5)纵向钢筋的应力取钢筋应变与其弹性模量的乘积，但其值应符合下列要求：

$$-f'_y \leqslant \sigma_{si} \leqslant f_y$$

式中　σ_{si}——第 i 层纵向普通钢筋的应力，正值代表拉应力，负值代表压应力；

　　　f_y——普通钢筋抗拉强度设计值，按附表 2 采用；

　　　f'_y——普通钢筋抗压强度设计值，按附表 2 采用。

2. 等效矩形应力图

按上述假定，在进行受弯构件正截面承载力计算时，为简化计算，受压区混凝土的曲线应力图形可采用等效矩形应力图形来代替，如图 3-22 所示。其代换原则是，保证受压区混凝土压应力合力的大小相等和作用点位置不变。

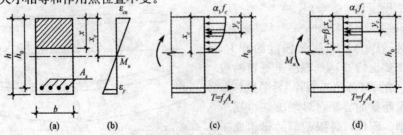

图 3-22　等效矩形应力图形代换曲线应力图形

(a)截面；(b)应变分布；(c)曲线应力分布；(d)等效矩形应力分布

等效矩形应力图形的应力值取为 $\alpha_1 f_c$，其换算受压区高度取为 x，实际受压区高度为 x_c，令 $x = \beta_1 x_c$。根据等效原则，通过计算统计分析，系数 α_1 和 β_1 取值见表 3-5。

表 3-5　受压混凝土的简化应力图形系数 β_1、α_1 值

混凝土强度等级	≤C50	C55	C60	C65	C70	C75	C80
β_1	0.8	0.79	0.78	0.77	0.76	0.75	0.74
α_1	1.0	0.99	0.98	0.97	0.96	0.95	0.94

3. 适筋梁的界限条件

(1)相对界限受压区高度 ξ_b 和最大配筋率 ρ_{max}。相对界限受压区高度 ξ_b 是指适筋梁在界限破坏时，等效压区高度与截面高度之比 $\dfrac{x}{h_0}$。界限破坏的特征是受拉钢筋屈服的同时，受压区混凝土边缘达到极限压应变。

破坏时的相对受压区高度为

$$\xi = \frac{x}{h_0} = \frac{\beta_1 x_c}{h_0} \qquad (3\text{-}9)$$

根据平截面假定，相对界限受压区高度可用简单的几何关系求出：

$$\xi_b = \frac{x_b}{h_0} = \frac{\beta_1}{1 + \dfrac{f_y}{\varepsilon_{cu} E_s}} \qquad (3\text{-}10)$$

对于常用钢筋，所对应的 ξ_b 值见表 3-6。

表 3-6　相对界限受压区高度 ξ_b 值

钢筋种类 ＼ 混凝土强度等级	≤C50	C55	C60	C65	C70	C75	C80
HPB300	0.575 7	0.566 1	0.556 4	0.546 8	0.537 2	0.527 6	0.518 0
HRB335	0.550 0	0.540 5	0.531 1	0.521 6	0.512 2	0.502 7	0.493 3
HRB400 HRBF400 RRB400	0.517 6	0.508 4	0.499 2	0.490 0	0.480 8	0.471 6	0.462 5
HRB500 HRBF500	0.482 2	0.473 3	0.464 4	0.455 5	0.446 6	0.437 8	0.429 0

根据截面上力的平衡条件，由图 3-22 可知，$\alpha_1 f_c bx = f_y A_s$，即

$$\xi = \frac{x}{h_0} = \frac{A_s}{bh_0} \times \frac{f_y}{\alpha_1 f_c} = \rho \frac{f_y}{\alpha_1 f_c} \qquad (3\text{-}11a)$$

或

$$\rho = \xi \frac{\alpha_1 f_c}{f_y} \qquad (3\text{-}11b)$$

由式(3-11a)可知，受压区高度 x 随 ρ 的增大而增大，即相对受压区高度 ξ 也在增大，当 ξ 达到适筋梁的界限 ξ_b 值时，相应的 ρ 也达到界限配筋率 ρ_b，即

$$\rho_b = \rho_{max} = \xi_b \frac{\alpha_1 f_c}{f_y} \qquad (3\text{-}12)$$

由式(3-12)知，最大配筋率 ρ_{max} 与 ξ_b 值有直接关系，其量值仅取决于构件材料种类和强度等级。

(2)最小配筋率 $\rho_{\min}$。由于少筋梁属于"一裂即坏"的截面，因而在建筑结构中不允许采用少筋截面。原则上要求配有最小配筋率 $\rho_{\min}$ 的钢筋混凝土梁在破坏时所能承担的弯矩 M_u 等同于相同截面的素混凝土受弯构件所能承担的弯矩 M_σ，即满足 $M_u = M_\sigma$。最小配筋率的要求见附表5。

二、单筋矩形截面受弯构件正截面承载力计算

根据适筋梁在破坏时的应力状态及基本假定，并用等效矩形应力图形代替受力截面来计算单筋矩形截面。

1. 基本公式及适用条件

(1)基本公式。按图 3-23 所示的计算应力图形，建立平衡条件，同时，从满足承载力极限状态出发，应满足 $M \leqslant M_u$。故单筋矩形截面受弯构件正截面承载力计算公式为

$$\alpha_1 f_c bx = f_y A_s \qquad (3\text{-}13)$$

$$M \leqslant M_u = \alpha_1 f_c bx \left(h_0 - \frac{x}{2} \right) \qquad (3\text{-}14)$$

或

$$M \leqslant M_u = f_y A_s \left(h_0 - \frac{x}{2} \right) \qquad (3\text{-}15)$$

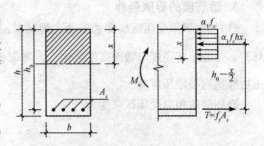

图 3-23　单筋矩形截面受弯构件正截面计算应力图形

式中　f_c——混凝土轴心抗压强度设计值；

b——截面宽度；

x——混凝土受压区高度；

α_1——系数，当混凝土强度等级$\leqslant$C50 时取 1.0，当混凝土等级为 C80 时取 0.94，中间按线性内插法取用；

f_y——钢筋抗拉强度设计值；

A_s——纵向受拉钢筋截面面积；

h_0——截面有效高度；

M_u——截面破坏时的极限弯矩；

M——作用在截面上的弯矩设计值。

正截面受弯
承载力计算规定

(2)适用条件。

1)为防止发生超筋脆性破坏，应满足以下条件：

$$\rho \leqslant \rho_{\max} = \xi_b \alpha_1 \frac{f_c}{f_y} \qquad (3\text{-}16a)$$

或

$$\xi \leqslant \xi_b (\text{即 } x \leqslant x_b = \xi_b h_0) \qquad (3\text{-}16b)$$

或

$$M \leqslant M_{u,\max} = \alpha_1 f_c bh_0^2 \xi_b (1 - 0.5\xi_b) \qquad (3\text{-}16c)$$

式(3-16c)中，$M_{u,\max}$ 是适筋梁所能承担的最大弯矩，由该式可知，$M_{u,\max}$ 是一个定值，只取决于截面尺寸、材料种类等因素，与钢筋的数量无关。

2)为防止发生少筋脆性破坏，应满足以下条件：

$$\rho \geqslant \rho_{\min} \qquad (3\text{-}17a)$$

或

$$A_s \geqslant \rho_{\min} bh \qquad (3\text{-}17b)$$

2. 截面设计和复核

(1)截面设计。在进行截面设计时，通常已知弯矩设计值 M，截面尺寸 bh，材料强度设计值 f_c 和 f_y，要求计算截面所需配置的纵向受拉钢筋截面面积 A_s。

一般现浇构件混凝土采用 C20、C25、C30，预制构件为了减轻自重可适当提高混凝土强度等级。钢筋宜采用 HRB400 级和 HRB335 级，也可采用 HPB300 级和 HRB335 级钢筋。

关于截面尺寸的确定，可按构件的高跨比来估计。

当材料截面尺寸确定后，基本公式有两个未知数 x 和 A_s，通过解方程即可求得所需钢筋面积 A_s。

按基本公式求解，一般必须解二次联立方程，可根据基本公式编制计算表格。

由于相对受压区高度 $\xi = x/h_0$，则 $x = \xi h_0$。

由式(3-14)得
$$M = \alpha_1 f_c b x \left(h_0 - \frac{x}{2} \right) = \alpha_1 f_c b h_0^2 \xi (1 - 0.5\xi) \tag{3-18a}$$

令
$$\alpha_s = \xi(1 - 0.5\xi) \tag{3-18b}$$

则
$$M = \alpha_s \alpha_1 f_c b h_0^2 \tag{3-18c}$$

由式(3-15)得
$$M = f_y A_s \left(h_0 - \frac{x}{2} \right) = f_y A_s h_0 (1 - 0.5\xi) \tag{3-19a}$$

令
$$\gamma_s = 1 - 0.5\xi \tag{3-19b}$$

则
$$M = f_y A_s \gamma_s h_0 \tag{3-19c}$$

由式(3-13)得
$$A_s = \frac{\alpha_1 f_c b x}{f_y} = \xi b h_0 \frac{\alpha_1 f_c}{f_y} \tag{3-20}$$

由式(3-19c)得
$$A_s = \frac{M}{f_y \gamma_s h_0} \tag{3-21}$$

式中 α_s——截面抵抗矩系数，反映截面抵抗矩的相对大小，在适筋梁范围内，ρ 越大，则 α_s 值越大，M_u 值也越高；

γ_s——截面内力臂系数，是截面内力臂与有效高度的比值，ξ 越大，γ_s 越小。

显然，α_s、γ_s 均为相对受压区高度 ξ 的函数，利用 α_s、γ_s 和 ξ 的关系，预先编制成计算表格（附表4）供设计时查用。当已知 α_s、γ_s、ξ 之中某一值时，就可查出相对应的另外两个系数值。当然，也可以直接采用下式计算求得：

$$\xi = 1 - \sqrt{1 - 2\alpha_s} \tag{3-22a}$$

$$\gamma_s = \frac{1 + \sqrt{1 - 2\alpha_s}}{2} \tag{3-22b}$$

(2)截面复核。截面复核时，一般是在材料强度、截面尺寸及配筋都已知的情况下，计算截面的极限承载力设计值 M_u，并与截面所需承担的设计弯矩 M 进行比较。当 $M_u \geqslant M$ 时，则截面是安全的。

计算构件的极限承载力 M_u 时，对于 $\xi > \xi_b$ 的超筋构件，应取 $\xi = \xi_b$，按下式计算：

$$M_{u,\max} = \alpha_1 f_c b h_0^2 \xi_b (1 - 0.5\xi_b) \tag{3-23}$$

【例 3-1】 已知矩形截面承受弯矩设计值 $M = 165$ kN·m，环境类别为一类，试设计该截面。

【解】 (1)选用材料。混凝土强度等级为 C25，查附表 1 得 $f_c = 11.9$ N/mm^2。采用 HRB400 级钢筋，查附表 2 得 $f_y = 360$ N/mm^2。

(2)确定截面尺寸。选取 $\rho = 1\%$，假定 $b = 250$ mm，则

$$h_0 = 1.05 \sqrt{\frac{M}{\rho f_y b}} = 1.05 \times \sqrt{\frac{165 \times 10^6}{0.01 \times 360 \times 250}} = 450 (\text{mm})$$

因 ρ 不大，假定布置一层钢筋，混凝土保护层厚度 $c = 25$ mm，$a_s = 35$ mm，则 $h = 450 + 35 = 485$(mm)，实际取 $h = 500$ mm，此时 $\frac{b}{h} = \frac{250}{500} = \frac{1}{2}$，合适。于是，截面实际有效高度 $h_0 = 500 - 35 = 465$(mm)。

(3)计算钢筋截面面积和选择钢筋。

由式(3-14)可得

$$165 \times 10^6 = 1.0 \times 11.9 \times 250x(465 - 0.5x)$$

$$x^2 - 930x + 110\ 924 = 0$$

$$x = \frac{930}{2} \pm \sqrt{\left(\frac{930}{2}\right)^2 - 110\ 924} = 465 \pm 324.5$$

$$x = 140.5\ \text{mm} \quad \text{或} \quad x = 789.5\ \text{mm}$$

因为 x 不可能大于 h，所以不应取 $x = 789.5$ mm，而应取 $x = 140.5$ mm $< 0.518h_0 = 241$ mm。

将 $x = 140.5$ mm 代入式(3-13)得

$$1.0 \times 11.9 \times 250 \times 140.5 = 360A_s$$

$$A_s = 1\ 161\ \text{mm}^2$$

选用 4Φ20，$A_s = 1\ 256$ mm²。

$$0.45\frac{f_t}{f_y} = 0.45 \times \frac{1.27}{360} = 0.16\% < 0.2\%$$

取 $\rho_{\min} = 0.2\%$，$\rho = \frac{1\ 256}{250 \times 500} = 1.0\% > \rho_{\min} = 0.2\%$（符合要求）

钢筋布置如图 3-24 所示。

【例 3-2】 已知一截面尺寸 $b \times h = 200$ mm $\times 450$ mm 的钢筋混凝土梁，环境类别为二 a 类。采用 C25 混凝土和 HRB335 级钢筋（$f_y = 300$ N/mm²），截面构造如图 3-25 所示，该梁承受弯矩设计值 $M = 62$ kN·m，试复核该截面是否安全。

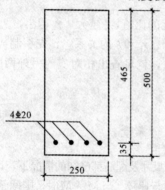

图 3-24 例 3-1 钢筋布置图

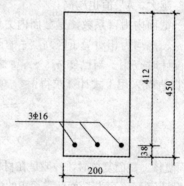

图 3-25 例 3-2 钢筋布置图

【解】 查附表 1 和附表 2 得 $f_c = 11.9$ N/mm²，$f_y = 300$ N/mm²，$A_s = 603$ mm²。

钢筋净间距 $s_n = \dfrac{200 - 2 \times 30 - 3 \times 16}{2} = 46(\text{mm}) > d = 16$ mm 或 25 mm（符合要求）

混凝土保护层厚度为 30 mm，$h_0 = 450 - 30 - \dfrac{16}{2} = 412(\text{mm})$。

由式(3-13)可得

$$x = \frac{300 \times 603}{1.0 \times 11.9 \times 200} = 76(\text{mm}) < 0.518h_0 = 0.518 \times 412 = 213(\text{mm})（符合要求）$$

将 x 值代入式(3-13)得

$$M_u = 1.0 \times 11.9 \times 200 \times 76 \times (412 - 0.5 \times 76)$$

$$= 67.6 \times 10^6 (\text{N} \cdot \text{mm}) = 67.6\ \text{kN} \cdot \text{m} > M = 62\ \text{kN} \cdot \text{m}$$

M_u 略大于 M，表明该梁正截面设计是安全和经济的。

三、双筋矩形截面受弯构件正截面承载力计算

在梁的受拉区和受压区同时配置纵向受力钢筋的截面称为双筋截面。在正截面抗弯中，利用钢筋承受压力是不经济的，故应尽量少用双筋截面。

在下述情况下可采用双筋截面：

(1)当 $M > \alpha_{s,\max}\alpha_1 f_c bh_0^2$，而截面尺寸及材料强度又由于种种原因不能再增大和提高时；

(2)由于荷载有多种组合，截面可能承受变号弯矩时；

(3)在抗震结构中为提高截面的延性，要求框架梁必须配置一定比例的受压钢筋时。

1. 基本公式

双筋矩形截面受弯构件正截面承载力计算简图如图 3-26 所示，由平衡条件可得：

$$\sum N = 0, \alpha_1 f_c bx + f'_y A'_s = f_y A_s \tag{3-24}$$

$$\sum M = 0, M \leqslant \alpha_1 f_c bx\left(h_0 - \frac{x}{2}\right) + f'_y A'_s(h_0 - a'_s) \tag{3-25}$$

式中 f'_y——钢筋的抗压强度设计值；

   A'_s——受压钢筋的截面面积；

   a'_s——受压钢筋的合力点到截面受压区外边缘的距离；

   A_s——受拉钢筋的截面面积，$A_s = A_{s1} + A_{s2}$，而 $A_{s1} = \dfrac{f'_y A'_s}{f_y}$。

式中其余符号意义同前。

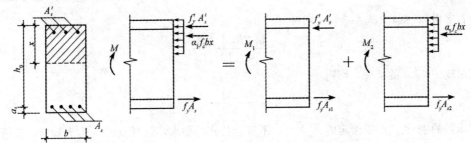

图 3-26　双筋矩形截面梁计算简图

式(3-25)中，若取

$$M_1 = f'_y A'_s(h_0 - a'_s) \tag{3-26}$$

$$M_2 = \alpha_1 f_c bx\left(h_0 - \frac{x}{2}\right) \tag{3-27}$$

则得 $M \leqslant M_1 + M_2 \tag{3-28}$

式中 M_1——由受压钢筋的压力 $f'_y A'_s$ 和相应的部分受拉钢筋的拉力 $A_{s1} f_y$ 所组成的内力矩；

   M_2——由受压区混凝土的压力和余下的受拉钢筋的拉力 $A_{s2} f_y$ 所组成的内力矩。

式(3-24)、式(3-25)必须满足下列适用条件：

$$x \leqslant \xi_b h_0 \tag{3-29}$$

$$x \geqslant 2a'_s \tag{3-30}$$

满足式(3-29)的条件是为了防止双筋梁发生超筋破坏；满足式(3-30)的条件是为了保证受压钢筋在构件破坏时达到屈服强度。

2. 截面设计和复核

(1)截面设计。在双筋截面配筋计算中，可能遇到下列两种情况：

情况 I：已知弯矩设计值 M，材料强度 f_y、f_y'、f_c，截面尺寸 b、h。求受拉钢筋截面面积 A_s 和受压钢筋截面面积 A_s'。

在此情况中，两个基本方程中有三个未知数 x、A_s、A_s'，需要增加一个条件才能求解。为节约钢材，应充分利用混凝土强度，故令 $x=\xi_b h_0$ 代入式(3-25)解得

$$A_s'=\frac{M-\alpha_1 f_c b h_0^2 \xi_b(1-0.5\xi_b)}{f_y'(h_0-a_s')} \tag{3-31}$$

由式(3-24)可得

$$A_s=\frac{\alpha_1 f_c b h_0 \xi_b+f_y'A_s'}{f_y} \tag{3-32}$$

情况 II：已知弯矩设计值 M，材料强度值 f_c、f_y、f_y'、截面尺寸 $b\times h$ 以及受压钢筋截面面积 A_s'，求受拉钢筋截面面积 A_s。

在此情况中，受压钢筋面积通常是由变号弯矩或构造上的需要而设置的。在这种情况下，应考虑充分利用受压钢筋的强度，以使总用钢量为最小。这时，基本公式只剩下 A_s 及 x 两个未知数，可解方程求得。也可根据公式分解，用查表法求得，步骤如下：

1)查表，计算各类参数；

2)用式(3-26)求得：$M_1=f_y'A_s'(h_0-a_s')$；

3)$M_2=M-M_1$；

4)$\alpha_{s2}=\dfrac{M_2}{\alpha_1 f_c b h_0^2}$；

5)查表得 ξ；

6)若求得 $2a_s\leqslant x=\xi h_0\leqslant\xi_b h_0$，则得

$$A_s=\frac{\alpha_1 f_c b x+f_y'A_s'}{f_y} \tag{3-33a}$$

若出现 $x<2a_s$ 的情况，则得

$$A_s=\frac{M}{f_y(h_0-a_s')} \tag{3-33b}$$

若求得的 $\xi>\xi_b$，说明给定的 A_s' 太小，不符合公式的要求，这时应按 A_s' 为未知值，按情况 I 步骤计算 A_s 及 A_s'。

(2)截面复核。已知材料的强度设计值 f_c、f_y、f_y'，截面尺寸 $b\times h$，受力钢筋面积 A_s 及 A_s'，求该截面受弯承载力。

双筋矩形截面的极限承载力 $M=M_1+M_2$，其中受压钢筋的承载力 M_1 可由式(3-26)求出。然后再由式(3-24)求出受压区高度 x，并根据 x 求出单筋梁部分的极限承载力 M_2。

$$A_{s1}=A_s-A_{s2} \tag{3-34}$$

$$x=\frac{f_y A_{s1}}{\alpha_1 f_c b}\leqslant\xi_b h_0 \tag{3-35}$$

如 $x>\xi_b h_0$，取 $x=\xi_b h_0$，$M_2=\alpha_1 f_c b h_0^2 \xi_b(1-0.5\xi_b)$

$$M=M_1+M_2$$

当 $x<2a_s'$ 时应设 $x=2a_s'$，由下式统一计算截面极限承载力：

$$M=f_y A_s(h_0-a_s') \tag{3-36}$$

【例 3-3】 有一矩形截面 $b\times h=200\text{ mm}\times400\text{ mm}$，承受弯矩设计值 $M=180\text{ kN}\cdot\text{m}$，混凝土强度等级为 C25($f_c=11.9\text{ N/mm}^2$)，用 HRB400 级钢筋配筋($f_y=f_y'=360\text{ N/mm}^2$)，环境类别为二 a 类，求所需钢筋截面面积。

【解】 (1)检查是否需采用双筋截面。假定受拉钢筋为两层，$h_0=400-65=335\text{(mm)}$，若

为单筋截面，其所能承担的最大弯矩设计值为

$$M_{max}=0.384\alpha_1 f_c bh_0^2=0.384\times1.0\times11.9\times200\times335^2=102.6\times10^6(\text{N}\cdot\text{mm})$$
$$=102.6\ \text{kN}\cdot\text{m}<M=180\ \text{kN}\cdot\text{m}$$

计算结果表明，必须设计成双筋截面。

（2）求 A_s'。假定受压钢筋为一层，则 $a_s'=40$ mm。

$$A_s'=\frac{M-0.384\alpha_1 f_c bh_0^2}{f_y'(h_0-a_s')}=\frac{180\times10^6-0.384\times1.0\times11.9\times200\times335^2}{360\times(335-40)}=729(\text{mm}^2)$$

（3）求 A_s。

$$A_s=0.518\times\frac{\alpha_1 f_c}{f_y}bh_0+\frac{f_y'}{f_y}A_s'=0.518\times\frac{1.0\times11.9}{360}\times200\times335+\frac{360}{360}\times729=1\ 876(\text{mm}^2)$$

（4）选择钢筋。受拉钢筋选用 3⊕22+3⊕20，$A_s=2\ 081$ mm²；受压钢筋选用 2⊕22，$A_s'=760$ mm²。

钢筋布置如图 3-27 所示。

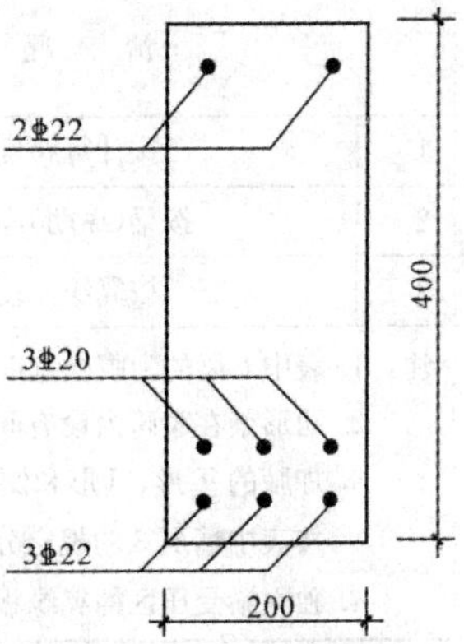

【例 3-4】 已知梁截面尺寸 $b\times h=200$ mm×500 mm，混凝土强度等级为 C25（$f_c=11.9$ N/mm²），采用 HPB300 级钢筋（$f_y=f_y'=270$ N/mm²），受拉钢筋为 5Φ20（$A_s=1\ 571$ mm²），受压钢筋为 2Φ16（$A_s'=402$ mm²），承受弯矩设计值 $M=120$ kN·m。试验算该截面是否安全。

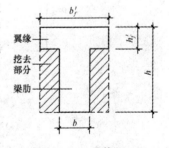

图 3-27 例 3-3 钢筋布置图

【解】

$$h_0=500-40=460(\text{mm})$$
$$\xi=\frac{A_s-A_s'}{bh_0}\times\frac{f_y}{\alpha_1 f_c}=\frac{1\ 571-402}{200\times460}\times\frac{270}{1.0\times11.9}=0.288$$

查附表 4 得 $\alpha_s=0.247$

$$M_u=\alpha_s\alpha_1 f_c bh_0^2+f_y'A_s'(h_0-a_s')$$
$$=0.247\times1.0\times11.9\times200\times460^2+270\times402\times(460-40)$$
$$=169.98\times10^6(\text{N}\cdot\text{mm})=169.98\ \text{kN}\cdot\text{m}>M=120\ \text{kN}\cdot\text{m}$$

计算结果表明设计符合要求。

四、T 形截面受弯构件正截面承载力计算

受弯构件产生裂缝后，受拉混凝土因开裂而退出工作，则拉力全部由受拉钢筋承担，故可将受拉区混凝土的一部分挖去，并把原有的纵向受拉钢筋集中布置，就形成图 3-28 所示的 T 形截面。该 T 形截面的正截面承载力不但与原有截面相同，而且节约混凝土并减轻了自重。

T 形截面由梁肋 $b\times h$ 和挑出翼缘（$b_f'-b$）$\times h_f'$（b 为梁肋宽度，b_f' 为受压翼缘宽度，h_f' 为厚度，h 为截面全高度）两部分组成。

由于 T 形截面受力比矩形截面合理，所以在工程中应用十分广泛。一般用于：①独立的 T 形截面梁、I 形截面梁，如起重机梁、屋面梁等；②整体现浇肋形楼盖中的主、次梁等；③槽形板、预制空心板等受弯构件。

图 3-28 T 形截面

T 形截面的受压翼缘宽度越大，截面受弯承载力也越高，因为 b_f' 增大可使受压区高度 x 减小，内力臂增大。但试验表明，与肋部共同工作的翼缘宽度是有限的，沿翼缘宽度上的压应力分布是不均匀的，距肋部越远翼缘应力越小，如图 3-29(a)、(c)所示。为简化计算，在设计中假定距肋部一定范围内的翼缘全部参与工作，且在此宽度范围内压应力分布均匀，此宽度称为

翼缘的计算宽度 b'_f，如图 3-29(b)、(d)所示，其取值见表 3-7。

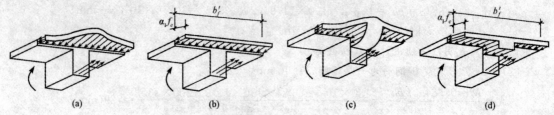

图 3-29　T 形截面应力分布和翼缘计算宽度 b'_f

表 3-7　T 形、I 形及倒 L 形截面受弯构件翼缘计算宽度 b'_f

情　况		T 形、I 形截面		倒 L 形截面
		肋形梁(板)	独立梁	肋形梁(板)
1	按计算跨度 l_0 考虑	$l_0/3$	$l_0/3$	$l_0/6$
2	按梁(纵肋)净距 s_n 考虑	$b+s_n$	—	$b+s_n/2$
3	按翼缘高度 h'_f 考虑	$b+12h'_f$	b	$b+5h'_f$

注：1. 表中 b 梁的为腹板宽度；
　　2. 肋形梁在梁跨内设有间距小于纵肋间距的横肋时，可不考虑表中情况 3 的规定；
　　3. 加腋的 T 形、I 形和倒 L 形截面，当受压区加腋的高度 $h_h \geqslant h'_f$ 且加腋的长度 $b_h \leqslant 3h_h$ 时，其翼缘计算宽度可按表中情况 3 的规定分别增加 $2b_h$（T 形、I 形截面）和 b_h（倒 L 形截面）；
　　4. 独立梁受压区的翼缘板在荷载作用下经验算沿纵肋方向可能产生裂缝时，其计算宽度应取腹板宽度 b。

1. T 形截面类型的判别

当进行 T 形截面受弯构件正截面承载力计算时，首先需要判别该截面在给定的条件下属哪一类 T 形截面，按照截面破坏时中和轴位置的不同，T 形截面可分为两类：

(1)第 I 类 T 形截面：中和轴在翼缘内，即 $x \leqslant h'_f$[图 3-30(a)]；

(2)第 II 类 T 形截面：中和轴在梁肋内，即 $x > h'_f$[图 3-30(b)]。

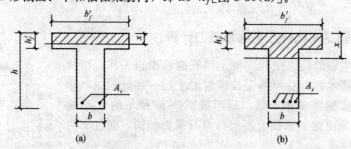

图 3-30　两类 T 形截面

(a)第一类 T 形截面($x \leqslant h'_f$)；(b)第二类 T 形截面($x > h'_f$)

要判断中和轴是否在翼缘内，首先应对其界限位置进行分析，界限位置为中和轴在翼缘与梁肋交界处，即 $x = h'_f$，也称为界限情况，如图 3-31 所示。

当为界限情况时，根据力的平衡条件有

$$\sum X = 0, \alpha_1 f_c b'_f h'_f = f_y A_s \tag{3-37}$$

$$\sum M = 0, M_u = \alpha_1 f_c b'_f h'_f \left(h_0 - \frac{h'_f}{2} \right) \tag{3-38}$$

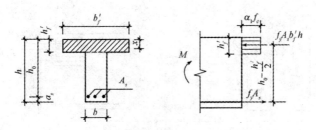

图 3-31　$x=h'_f$ 时的 T 形截面

对于第 I 类 T 形截面 $(x \leqslant h'_f)$，则有

$$f_y A_s \leqslant \alpha_1 f_c b'_f h'_f \tag{3-39}$$

$$M \leqslant \alpha_1 f_c b'_f h'_f \left(h_0 - \frac{h'_f}{2} \right) \tag{3-40}$$

对于第 II 类 T 形截面 $(x > h'_f)$，则有

$$f_y A_s > \alpha_1 f_c b'_f h'_f \tag{3-41}$$

$$M > \alpha_1 f_c b'_f h'_f \left(h_0 - \frac{h'_f}{2} \right) \tag{3-42}$$

式(3-39)~式(3-42)即为 T 形截面类型的判别条件，但要注意截面设计和校核时采用不同的判别条件：

(1)截面设计时，A_s 未知，用弯矩平衡条件判别，采用式(3-40)和式(3-42)判别；

(2)截面校核时，A_s 已知，用轴力平衡条件判别，采用式(3-39)和式(3-41)判别。

2. 计算公式及适用条件

(1)第 I 类 T 形截面的基本公式及适用条件。由于不考虑受拉区混凝土的作用，计算第 I 类 T 形截面的正截面承载力时，计算公式与截面尺寸为 $b'_f \times h$ 的矩形截面相同(图 3-32)。

1)基本公式。由图 3-32 可知，根据静力平衡条件得基本公式如下：

$$\sum X = 0, \alpha_1 f_c b'_f x = f_y A_s \tag{3-43}$$

$$\sum M = 0, M \leqslant M_u = \alpha_1 f_c b'_f x \left(h_0 - \frac{x}{2} \right) \tag{3-44}$$

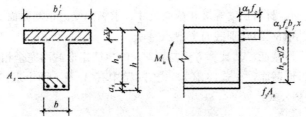

图 3-32　第 I 类 T 形截面

2)适用条件。为防止发生超筋破坏，应满足 $\xi \leqslant \xi_b$ 或 $x \leqslant \xi_b h_0$；

为防止发生少筋破坏，应满足 $\rho = \dfrac{A_s}{bh_0} \geqslant \rho_{\min}$。

注意，此处的 ρ 是针对梁肋部计算。对 I 形和倒 T 形截面，则计算配筋率 ρ 的表达式为

$$\rho = \frac{A_s}{bh + (b_f - b)h_f} \tag{3-45}$$

(2)第 II 类 T 形截面的基本公式及适用条件。第 II 类 T 形截面，中和轴在梁肋内，受压区高度 $x > h'_f$，此时，受压区为 T 形，计算简图如图 3-33 所示。

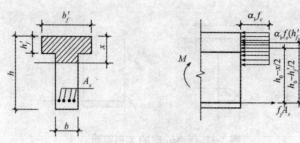

图 3-33　第Ⅱ类 T 形截面的计算简图

1)计算公式。由图 3-33 可知,根据力的平衡条件得基本公式如下:

$$\sum X = 0, \alpha_1 f_c bx + \alpha_1 f_c (b'_f - b) h'_f = f_y A_s \tag{3-46}$$

$$\sum M = 0, M \leqslant M_u = \alpha_1 f_c bx \left(h_0 - \frac{x}{2} \right) + \alpha_1 f_c (b'_f - b) h'_f \left(h_0 - \frac{h'_f}{2} \right) \tag{3-47}$$

2)计算分解公式。第Ⅱ类 T 形截面梁承担的弯矩设计值 M_u 可分解成两部分考虑。一是由肋部受压区混凝土与其相应的一部分受拉钢筋所形成的弯矩承载力设计值 M_{u1},相当于单筋矩形截面的受弯承载力;二是由翼缘伸出部分的受压区混凝土和与其相应的另一部分受拉钢筋所形成的受弯承载力设计值 M_{u2}。分解公式为

$$\alpha_1 f_c bx = f_y A_{s1} \tag{3-48}$$

$$M_{u1} = \alpha_1 f_c bx \left(h_0 - \frac{x}{2} \right) \tag{3-49}$$

$$\alpha_1 f_c (b'_f - b) h'_f = f_y A_{s2} \tag{3-50}$$

$$M_{u2} = \alpha_1 f_c (b'_f - b) h'_f \left(h_0 - \frac{h'_f}{2} \right) \tag{3-51}$$

叠加得 $M_u = M_{u1} + M_{u2}$,$A_s = A_{s1} + A_{s2}$。

3)适用条件。

①为防止发生超筋破坏,应满足 $\xi \leqslant \xi_b$ 或 $x \leqslant \xi_b h_0$;

②为防止发生少筋破坏,应满足 $\rho \geqslant \rho_{\min}$(第Ⅱ类 T 形截面可不验算最小配筋率要求)。

3. 截面设计

已知弯矩设计值 M、材料强度等级和截面尺寸,求纵向受力钢筋截面面积 A_s。

(1)由式(3-40)或式(3-42)判别截面类型;

(2)对于第Ⅰ类 T 形截面,其计算方法与 $b'_f \times h$ 的单筋矩形截面完全相同;

(3)对于第Ⅱ类 T 形截面,在式(3-46)、式(3-47)中有 A_s 及 x 两个未知数,可用方程组直接求解,也可用简化计算公式计算。

计算过程如下:

1)由已知条件可知确定各类参数;

2)$M_{u2} = \alpha_1 f_c (b'_f - b) h'_f \left(h_0 - \frac{h'_f}{2} \right)$,$M_{u1} = M_u - M_{u2}$;

3)$\alpha_s = \dfrac{M_{u1}}{\alpha_1 f_c b h_0^2}$;

4)$\xi = 1 - \sqrt{1 - 2\alpha_s}$;

5)若求得 $x = \xi h_0 \leqslant \xi_b$,则 $A_s = \dfrac{\alpha_1 f_c bx + \alpha_1 f_c (b'_f - b) h'}{f_y}$;

6)若 $x > \xi_b h_0$ 时,应加大截面尺寸,或提高混凝土强度等级,或采用双筋截面。

4. 截面复核

已知弯矩设计值 M、截面尺寸、材料等级、环境类别和钢筋用量 A_s，求截面所能承担的弯矩 M_u。

(1)由式(3-37)或式(3-41)判别截面类型；

(2)对于第 Ⅰ 类 T 形截面，可按 $b_f' \times h$ 的单筋矩形截面梁的计算方法求 M_u；

(3)对于第 Ⅱ 类 T 形截面，首先求 x，$x = \dfrac{f_y A_s - \alpha_1 f_c (b_f' - b) h_f'}{\alpha_1 f_c b}$。

当 $x = \xi h_0 \leqslant \xi_b h_0$ 时，$M_u = \alpha_1 f_c (b_f' - b) h_f' \left(h_0 - \dfrac{h_f'}{2} \right) + \alpha_1 f_c b x \left(h_0 - \dfrac{x}{2} \right)$；

当 $x = \xi h_0 > \xi_b h_0$ 时，$M_u = \alpha_1 f_c (b_f' - b) h_f' \left(h_0 - \dfrac{h_f'}{2} \right) + \alpha_1 f_c b h_0^2 \xi_b (1 - 0.5\xi_b)$；

若 $M_u \geqslant M$，则承载力足够，截面安全。

【例 3-5】 已知一肋梁楼盖的次梁，计算跨度为 5.4 m，间距为 2.2 m，截面尺寸如图 3-34 所示。梁高 $h = 400$ mm，梁腹板宽 $b = 200$ mm。跨中最大正弯矩设计值 $M = 150$ kN·m，混凝土强度等级为 C30，钢筋为 HRB400 级，试计算纵向受拉钢筋面积 A_s。

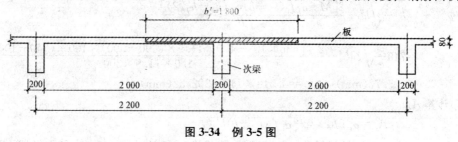

图 3-34 例 3-5 图

【解】 (1)确定材料强度设计值。由已知条件得，$f_c = 14.3$ N/mm²，$f_y = 360$ N/mm²，$\xi_b = 0.518$，$\rho_{min} = 0.20\%$，$h_0 = 400 - 10 = 360$(mm)。

(2)确定翼缘计算宽度。按梁跨度考虑：$b_f' = l/3 = \dfrac{5\,400}{3} = 1\,800$(mm)；

按梁净距 S_n 考虑：$b_f' = b + S_n = 200 + 2\,000 = 2\,200$(mm)；

按翼缘高度 h_f' 考虑：$b_f' = b + 12h_f' = 200 + 12 \times 80 = 1\,160$(mm)。

翼缘计算宽度 b_f' 取三者中的较小值，即 $b_f' = 1\,160$ mm。

(3)判别 T 形截面类别。

$$\alpha_1 f_c b_f' h_f' \left(h_0 - \frac{h_f'}{2} \right) = 1.0 \times 14.3 \times 1\,160 \times 80 \times \left(360 - \frac{80}{2} \right)$$

$$= 424.65(\text{kN·m}) > M = 150 \text{ kN·m}$$

属于第 Ⅰ 类 T 形截面。

(4)求 A_s。

$$\alpha_s = \frac{M}{\alpha_1 f_c b_f' h_0^2} = \frac{150\,000\,000}{1.0 \times 14.3 \times 1\,160 \times 360^2} = 0.070$$

从附表 4 查得：$\xi = 0.073 < \xi_b = 0.518$

$$A_s = \frac{\alpha_1 f_c b_f' h_0 \xi}{f_y} = \frac{1.0 \times 14.3 \times 1\,160 \times 360 \times 0.073}{360} = 1\,210.92(\text{mm}^2)$$

$$A_{s,min} = 0.002 \times 200 \times 400 = 160(\text{mm}^2) < A_s = 1\,210.92 \text{ mm}^2$$

选用 3Φ25，$A_s = 1\,473$ mm²。

【例 3-6】 某独立 T 形梁，截面尺寸为 $b \times h = 300 \text{ mm} \times 800 \text{ mm}$，$b_f' = 600 \text{ mm}$，$h_f' = 100 \text{ mm}$，计算跨度 $l_0 = 7 \text{ m}$，承受弯矩设计值 $M = 695 \text{ kN·m}$，采用 C25 级混凝土和 HRB400 级钢筋，试确定纵向钢筋截面面积。

【解】 （1）确定材料强度设计值。由已知条件得，$f_c = 11.9 \text{ N/mm}^2$，$\alpha_1 = 1.0$，$f_y = 360 \text{ N/mm}^2$，$\xi_b = 0.518$，假设纵向钢筋放置成两排，则 $h_0 = 800 - 60 = 740(\text{mm})$。

（2）确定 b_f'。

按计算跨度 l_0 考虑：$b_f' = l_0/3 = 7\,000/3 = 2\,333.33(\text{mm})$；

按翼缘高度 h_f' 考虑：$b_f' = b + 12h_f' = 300 + 12 \times 100 = 1\,500(\text{mm})$；

上述两项均大于实际翼缘宽度 600 mm，故取 $b_f' = 600 \text{ mm}$。

（3）判别 T 形截面的类型。

$$\alpha_1 f_c b_f' h_f' (h_0 - h_f'/2) = 1.0 \times 11.9 \times 600 \times 100 \times (740 - 100/2)$$
$$= 492.66(\text{kN·m}) < M = 695 \text{ kN·m}$$

该梁为第 II 类 T 形截面。

（4）计算 x。

$$x = h_0 - \sqrt{h_0^2 - \frac{2\left[M - \alpha_1 f_c (b_f' - b) h_f' (h_0 - h_f'/2)\right]}{\alpha_1 f_c b}}$$

$$= 740 - \sqrt{740^2 - \frac{2 \times \left[695 \times 10^6 - 1.0 \times 11.9 \times (600 - 300) \times 100 \times (740 - 100/2)\right]}{1.0 \times 11.9 \times 300}}$$

$$= 195.72(\text{mm}) < \xi_b h_0 = 0.518 \times 740 = 382.32(\text{mm})$$

（5）计算 A_s。

$$A_s = \alpha_1 f_c bx/f_y + \alpha_1 f_c (b_f' - b) h_f'/f_y$$
$$= 1.0 \times 11.9 \times 300 \times 195.72/360 + 1.0 \times 11.9 \times (600 - 300) \times 100/360$$
$$= 2\,932.6(\text{mm}^2)$$

选配 6Φ25，$A_s = 2\,945 \text{ mm}^2$，钢筋布置如图 3-35 所示。

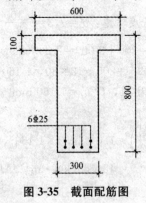

图 3-35 截面配筋图

第三节 钢筋混凝土受弯斜截面承载力计算

一、受弯构件斜截面的工作性能和破坏形式

(一)受弯构件斜截面的工作性能

(1)钢筋混凝土和预应力混凝土受弯构件，在其主要受弯区段内，将产生垂直裂缝并最

终导致正截面受弯破坏。同时，在其剪力和弯矩共同作用的剪跨区内，还会产生斜裂缝并有可能继续发展导致斜截面受剪破坏。因此，受弯构件除要进行正截面承载力计算外，还必须进行斜截面承载力的计算。对于偏心受压构件及偏心受拉构件也同样要进行斜截面承载力计算。

（2）根据裂缝出现的部位，斜裂缝可分为弯剪裂缝和腹剪裂缝两类。在弯矩和剪力共同作用下，构件先在梁底出现垂直的弯曲裂缝，然后再斜向发展成为斜裂缝的裂缝称为弯剪裂缝。弯剪裂缝的宽度在裂缝的底部最大，呈底宽顶尖的形状。当剪力较大时，在梁腹部出现的斜裂缝称为腹剪裂缝。腹剪裂缝在腹板的中和轴处宽度最大，然后沿斜向向两端延伸，呈两端尖、中间大的细长枣核形。腹剪裂缝在薄腹梁中更易发生。

除弯剪和腹剪两类主要斜裂缝外，还可能出现一些次生裂缝，如纵向钢筋与斜裂缝相交处，由于钢筋与混凝土粘结破坏而出现的粘结裂缝；当剪跨比较大时，临破坏前沿纵向钢筋出现的水平撕裂裂缝等。

(二)受弯构件斜截面受剪破坏的主要形态

试验表明，无腹筋梁的斜裂缝可能出现若干条，但当荷载增大到一定程度时，总有一条斜裂缝开展得较宽，并迅速向集中荷载作用点处延伸，这条斜裂缝称为临界斜裂缝。临界斜裂缝的出现预示着斜截面受剪破坏即将发生。大量试验结果表明，无腹筋梁的斜截面受剪破坏，有以下三种主要破坏形态：

（1）斜拉破坏。当剪跨比 λ 较大时（一般 $\lambda>3$），斜裂缝一旦出现就很快形成临界斜裂缝，并迅速上延至梁顶集中荷载作用点处，直至将整个截面裂通，梁被斜拉为两部分而破坏，如图 3-36(a)所示。其特点是整个破坏过程急速而突然，破坏荷载比斜裂缝出现时的荷载增加不多。它的破坏情况与正截面少筋梁的破坏情况相似，这种破坏称为斜拉破坏。

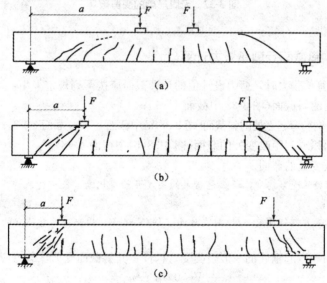

图 3-36 无腹筋梁的受剪破坏形态
(a)斜拉破坏；(b)剪压破坏；(c)斜压破坏

（2）剪压破坏。当剪跨比 λ 适中时（$1<\lambda\leqslant3$），常为剪压破坏，其特点是先出现垂直裂缝和几条微细的斜裂缝，当荷载增大到一定程度时，其中一条形成临界斜裂缝，这条临界斜裂缝虽向斜上方延伸，但仍保留一定的剪压区混凝土截面而不裂通，直到斜裂缝顶端压区的混凝土在剪应力和压应力共同作用下被压碎而破坏，如图 3-36(b)所示。破坏过程比较缓慢，破坏荷载明

显高于斜裂缝出现时的荷载。这种破坏有一定的预兆，但与适筋梁的正截面破坏相比，剪压破坏仍属于脆性破坏。

(3)斜压破坏。当剪跨比 λ 较小时(一般 $\lambda \leqslant 1$)，常为斜压破坏。其破坏过程与特点是：首先在荷载作用点与支座之间的梁腹部出现若干条平行的斜裂缝(即腹剪型斜裂缝)；随着荷载的增加，梁腹被这些斜裂缝分割为若干斜向"短柱"，最后因柱体混凝土被压碎而破坏，如图 3-36(c)所示。这实际上是拱体混凝土被压坏。斜压破坏时的承载力很高，但变形很小，属于脆性破坏。

根据上述三种剪切破坏所测得的梁的荷载与跨中挠度曲线如图 3-37 所示，斜拉破坏斜截面承载力最低，剪压破坏较高，斜压破坏最高；但就其破坏性质而言，由于三种破坏情况达到破坏时梁的跨中挠度都不大，因此，都属于脆性破坏。其中，斜拉破坏的脆性最为明显。

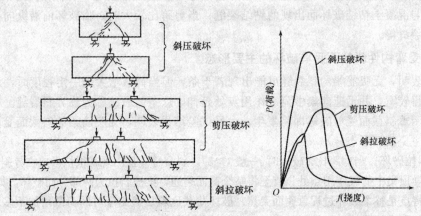

图 3-37　无腹筋梁的受剪破坏

二、受弯构件斜截面受剪承载力计算

计算斜截面受剪承载力时，剪力设计值的计算截面应按下列规定采用：
(1)支座边缘处的斜截面(图 3-38 中截面 1—1)；
(2)受拉区弯起钢筋弯起点处的斜截面[图 3-38(a)中截面 2—2、截面 3—3]；
(3)箍筋截面面积或间距改变处的截面[图 3-38(b)中截面 4—4]；
(4)截面尺寸改变处的截面。

斜截面承载力
计算规定

注：1. 受拉边倾斜的受弯构件，还应包括梁的高度开始变化处、集中荷载作用处和其他不利的截面；

2. 箍筋的间距以及弯起钢筋前一排(对支座而言)的弯起点至后一排的弯终点的距离，应符合梁横向配筋的构造要求。

(1)不配置箍筋和弯起钢筋的一般板类受弯构件，其斜截面受剪承载力应符合下列规定：

$$V \leqslant 0.7\beta_h f_t bh_0 \tag{3-52}$$

$$\beta_h = \left(\frac{800}{h_0}\right)^{1/4} \tag{3-53}$$

式中　β_h——截面高度影响系数：当 $h_0 < 800$ mm 时，取 800 mm；当 $h_0 > 2\,000$ mm 时，取 2 000 mm。

(2)当仅配置箍筋时，矩形、T 形和 I 形截面受弯构件的斜截面受剪承载力应符合下列规定：

$$V_{cs} = \alpha_{cv} f_t bh_0 + f_{yv}\frac{A_{sv}}{s}h_0 \tag{3-54}$$

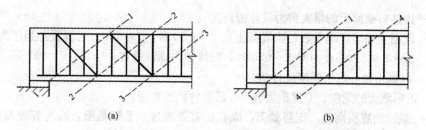

图 3-38 斜截面受剪承载力剪力设计值的计算截面

1—1 为支座边缘处的斜截面；2—2、3—3 为受拉区弯起钢筋弯起点处的斜截面；
4—4 为箍筋截面面积或间距改变处的截面

式中 V_{cs}——构件斜截面上混凝土和箍筋的受剪承载力设计值；

α_{cv}——斜截面混凝土受剪承载力系数，对于一般受弯构件取 0.7；对集中荷载作用下（包括作用有多种荷载，其中集中荷载对支座截面或节点边缘所产生的剪力值占总剪力的 75% 以上的情况）的独立梁，取 $\alpha_{cv}=\dfrac{1.75}{\lambda+1}$，$\lambda$ 为计算截面的剪跨比，可取 $\lambda=a/h_0$，当 $\lambda<1.5$ 时，取 1.5，当 $\lambda>3$ 时，取 3；a 取集中荷载作用点至支座截面或节点边缘的距离；

A_{sv}——配置在同一截面内箍筋各肢的全部截面面积，即 nA_{sv1}（n 为在同一个截面内的箍筋肢数，A_{sv1} 为单肢箍筋的截面面积）；

s——沿构件长度方向的箍筋间距；

f_{yv}——箍筋的抗拉强度设计值。

（3）矩形、T 形和 I 形截面的一般受弯构件，当符合下式要求时，可不进行斜截面的受剪承载力计算而仅按构造要求配置箍筋，但是箍筋配置应满足《设计规范》的有关规定。

$$V\leqslant\alpha_{cv}f_t bh_0 \tag{3-55}$$

（4）当配置箍筋和弯起钢筋时，矩形、T 形和 I 形截面受弯构件的斜截面受剪承载力应符合下列规定：

$$V\leqslant V_{cs}+0.8f_{yv}A_{sb}\sin\alpha_s \tag{3-56}$$

式中 V——配置弯起钢筋处的剪力设计值，应按下列规定取用：当计算第一排（对支座而言）弯起钢筋时，取用支座边缘处的剪力设计值；当计算以后的每一排弯起钢筋时，取用前一排（对支座而言）弯起钢筋弯起点处的剪力设计值；

A_{sb}——弯起普通钢筋的截面面积；

α_s——斜截面上弯起普通钢筋的切线与构件纵向轴线的夹角。

计算弯起钢筋时，截面剪力设计值可按下列规定取用：

1）计算第一排（对支座而言）弯起钢筋时，取支座边缘处的剪力值；

2）计算以后的每一排弯起钢筋时，取前一排（对支座而言）弯起钢筋弯起点处的剪力值。

（5）计算公式的适用条件。

1）上限值——截面最小尺寸的控制。对矩形、T 形和 I 形截面受弯构件：

当 $\dfrac{h_w}{b}\leqslant 4$ 时 $\qquad\qquad V\leqslant 0.25\beta_c f_c bh_0 \tag{3-57}$

当 $\dfrac{h_w}{b}\geqslant 6$ 时 $\qquad\qquad V\leqslant 0.2\beta_c f_c bh_0 \tag{3-58}$

当 $4<\dfrac{h_w}{b}<6$ 时，按线性内插法确定。

式中　V——构件斜截面上的最大剪力设计值；

　　　β_c——混凝土强度影响系数；当混凝土强度≤C50时，$\beta_c=1.0$；当混凝土强度为C80时，
　　　　　　$\beta_c=0.8$；当强度为C50~C80时，按线性内插法确定；

　　　f_c——混凝土轴心抗压强度设计值；

　　　b——矩形截面的宽度，T形截面或I形截面的腹板宽度；

　　　h_w——截面的腹板高度；矩形截面，取截面有效高度；T形截面，取为有效高度减去翼
　　　　　　缘高度；I形截面，取为腹板净高。

对受拉边侧斜的构件，截面尺寸条件也可适当放宽；当有实践经验时，对T形或I形截面
的简支构件，$V=0.3f_cbh_0$。

2)下限值——箍筋的最小配筋率要求：

$$\rho_{sv}=\frac{nA_{sv1}}{bs}\geqslant\rho_{sv,\min}=0.24\frac{f_t}{f_{yv}} \tag{3-59}$$

式中　A_{sv1}——单肢箍筋的截面面积；

　　　n——同一截面内箍筋的肢数。

【例3-7】　图3-39所示的矩形截面简支梁，截面尺寸$b\times h=250\ mm\times600\ mm$，混凝土强度
等级为C25($f_c=11.9\ N/mm^2$，$f_t=1.27\ N/mm^2$)，纵筋为HRB400级钢筋($f_y=360\ N/mm^2$)，
箍筋为HPB300级钢筋($f_{yv}=270\ N/mm^2$)。梁承受均布荷载设计值80 kN/m(包括梁自重)。根
据正截面受弯承载力计算所配置的纵筋为4Φ25。要求确定腹筋数量。

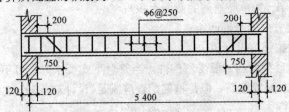

图3-39　矩形截面简支梁

【解】　(1)计算剪力设计值。支座边缘截面的剪力设计值为

$$V=\frac{1}{2}\times80\times(5.4-0.24)=206.4(kN)$$

(2)验算截面尺寸。$h_w=h_0=565\ mm$，$h_w/b=565/250=2.26<4$，应按式(3-57)验算；因为
混凝土强度等级为C25，低于C50，故$\beta_c=1.0$，则

$$0.25\beta_cf_cbh_0=0.25\times1.0\times11.9\times250\times565=420\ 219(N)=420.219\ kN>V$$

可见截面尺寸满足要求。

(3)验算是否按计算配置腹筋。由式(3-52)得

$$0.7f_tbh_0=0.7\times1.27\times250\times565=125\ 571(N)=125.571\ kN<V=206.4\ kN$$

故需按计算配置腹筋。

(4)计算腹筋数量。

1)若只配箍筋，由式(3-54)得

$$\frac{A_{sv}}{s}\geqslant\frac{V-0.7f_tbh_0}{1.25f_{yv}h_0}=\frac{206\ 400-125\ 571}{1.25\times270\times565}=0.424$$

选用双肢Φ8箍筋，$A_{sv}=101\ mm^2$，则

$$s\leqslant\frac{A_{sv}}{0.424}=\frac{101}{0.424}=238(mm)$$

取 $s=200$ mm，相应的箍筋的配筋率为

$$\rho_{sv}=\frac{A_{sv}}{bs}=\frac{101}{250\times200}=0.202\%>\rho_{sv,min}=0.24\frac{f_t}{f_{yv}}=0.24\times\frac{1.27}{270}=0.113\%$$

故所配双肢 $\Phi8@200$ 箍筋满足要求。

2）若既配箍筋又配弯起钢筋，选用双肢 $\Phi6@250$ 箍筋（满足构造要求），由式（3-56）得

$$A_{sb}\geqslant\frac{V-V_{cs}}{0.8f_y\sin\alpha_s}=\frac{206\,400-\left(125\,571+1.25\times270\times\frac{57}{250}\times565\right)}{0.8\times360\times\sin45°}=183(mm^2)$$

将跨中抵抗正弯矩钢筋弯起 $1\Phi25(A_{sb}=491\ mm^2)$。钢筋弯起点至支座边缘的距离为 $200+550=750(mm)$，如图 3-39 所示。

再验算弯起点的斜截面。弯起点处对应的剪力设计值 V_1 和该截面的受剪承载力设计值 V_{cs} 计算如下：

$$V_1=\frac{1}{2}\times80\times(5.4-0.24-1.5)=146.4(kN)$$

$$V_{cs}=125\,571+270\times\frac{57}{250}\times565=169\,048(N)=160.35\ kN>V_1$$

该截面满足受剪承载力要求，所以该梁只需配置一排弯起钢筋。

三、保证斜截面受弯承载力的构造措施

钢筋混凝土受弯构件，在剪力和弯矩共同作用下产生的斜裂缝，除会引起斜截面的受剪破坏外，还会导致与其相交的纵向钢筋拉力增加，引起沿斜截面受弯承载力不足及锚固不足的破坏。因此，在设计中除保证梁的正截面受弯承载力和斜截面受剪承载力外，还应保证梁的斜截面受弯承载力。而斜截面受弯承载力一般不必计算，主要通过满足纵向钢筋的弯起、截断及锚固等构造措施共同保证。

（一）抵抗弯矩图

按构件实际配置的纵向钢筋所绘制的沿梁纵轴各正截面所能承受的弯矩图形称为抵抗弯矩图（M_u 图），也叫作材料图。抵抗弯矩图中 M_u 表示正截面受弯承载力设计值，是构件截面的抗力。

由荷载对梁的各个截面产生的弯矩设计值 M 所绘制的图形，称为弯矩图，即 M 图。

图 3-40 所示为一均布荷载作用下的简支梁，跨度最大弯矩 $M_{max}=1/8ql^2$，其弯矩图为二次抛物线形。该梁根据 M_{max} 计算配置的纵向受拉钢筋为 $2\Phi20$ 和 $2\Phi25$。若梁钢筋的总面积 A'_s 正好等于计算面积 A_s，则 M_{max} 图的外围水平线正好与 M 图上最大弯矩点相切。如果实际配置的全部纵向钢筋沿梁全长布置，既不切断也不弯起，且伸入支座有足够的锚固长度，则沿梁长各正截面的抵抗弯矩相等。如图 3-40 中 $abcd$ 所示为该梁的抵抗弯矩图。该矩形的抵抗弯矩图说明，该梁的任一正截面与斜截面的抗弯能力均可得到保证，且构造简单，只是钢筋强度未能得以充分利用，即除跨中截面外，其余截面的纵筋应力均没有达到其抗拉强度设计值。显然，这是不经济的。

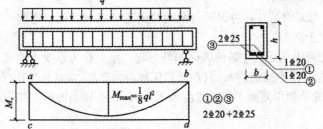

图 3-40　纵筋全部伸入支座时的抵抗弯矩图

在工程设计中，为了既能保证构件受弯承载力要求，又能经济使用钢材，对于跨度较小的构件，可以采用纵筋全部通长布置方式；对于大跨度的构件，可将一部分纵筋在受弯承载力不需要处切断或弯起用作受剪的弯起钢筋。

为了便于准确地确定纵向钢筋的切断和弯起的位置，应详细地绘制出梁各截面实际所需的抵抗弯矩图。抵抗弯矩图绘制的基本方法如下。

首先，按一定的比例绘出梁的设计弯矩图（即 M 图），并设梁截面所配钢筋总截面面积为 A_s，每根钢筋截面面积为 A_{si}。则截面抵抗弯矩 M_u 及第 i 根钢筋的抵抗弯矩 M_{ui} 可分别表示为

$$M_u = A_s f_y \left(h_0 - \frac{f_y A_s}{2\alpha_1 f_c b} \right) \tag{3-60}$$

每根钢筋所能承担的 M_{ui} 可近似按该钢筋的面积 A_{si} 与 A_s 总面积的比，乘以 M_u 求得，即

$$M_{ui} = \frac{A_{si}}{A_s} M_u \tag{3-61}$$

式中　A_s——所有抵抗弯矩钢筋的截面面积之和；

　　　　M_{ui}——第 i 根钢筋的抵抗弯矩；

　　　　A_{si}——第 i 根钢筋的截面面积。

按与设计弯矩图相同的比例，将每根钢筋在各正截面上的抵抗弯矩绘制在设计弯矩图上，便可得到抵抗弯矩图。

（二）纵向受力钢筋弯起时的构造要求

上述的钢筋弯起只是从正截面受弯承载力出发的。为保证斜截面的受弯承载力，应考虑受弯钢筋在其充分利用截面以外多大距离后才能弯起。

1. 点的位置

图 3-41 中，纵向受拉钢筋未弯起前，在充分利用截面 Ⅰ—Ⅰ 处的受弯承载力为

$$M = f_y A_s z \tag{3-62}$$

弯起后，在斜截面 Ⅱ—Ⅱ 处的受弯承载力为

$$M' = f_y A_s z_b \tag{3-63}$$

为了保证斜截面的受弯承载力，应满足 $M' \geqslant M$，即 $z_b \geqslant z$。

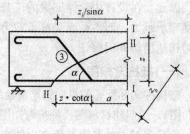

图 3-41　弯起位置

由图中的几何关系可得

$$\frac{z_b}{\sin\alpha} = z \cot\alpha + a \tag{3-64}$$

所以

$$a = \frac{z_b}{\sin\alpha} - z \cot\alpha = \frac{z(1-\cos\alpha)}{\sin\alpha} \tag{3-65}$$

通常，$\alpha = 45°$ 或 $60°$，近似取 $z = 0.9h_0$，有 $a = (0.373 \sim 0.52)h_0$。

《设计规范》取 $a \geqslant 0.5h_0$。

式（3-65）说明，弯起钢筋时，为保证斜截面的受弯承载力，钢筋弯起点到该钢筋的充分利用点之间的距离应大于 $0.5h_0$。

在连续梁中，把跨中承受正弯矩的纵向钢筋弯起，把它作为承受支座负弯矩的钢筋时也应该遵循这一规定。图 3-42 中的钢筋 b，其在受拉区域中的弯起点（对承受正弯矩的纵向钢筋来讲是它的弯终点）离开充分利用截面 4 的距离应大于 $0.5h_0$，否则，此弯起钢筋将不能用作支座截面的负弯矩钢筋。

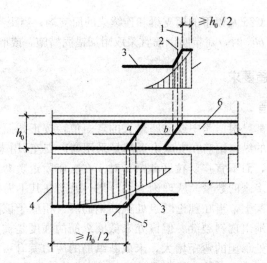

图 3-42 弯起钢筋弯起点与弯矩图形的关系

1—在受拉区域中的弯起截面；2—按计算不需要钢筋 b 的截面；3—正截面受弯承力图；
4—按计算充分利用钢筋 a 或钢筋 b 强度的截面；5—按计算不需要钢筋 a 的截面；6—梁的中心线

2. 弯终点的位置

弯起钢筋的弯终点到支座边或到前一排弯起钢筋弯起点之间的距离，都不应大于箍筋的最大间距。其值见表 3-9 内 $V > 0.7 f_t b h_0$ 一栏的规定。这一要求是为了使每根弯起钢筋都能与斜裂缝相交，以保证斜截面的受剪和受弯承载力。

(三)纵向受力钢筋截断时的锚固

在受力过程中，纵筋可能会产生滑移，甚至从混凝土中拔出而造成锚固破坏。为防止此类现象发生，设计时应将纵向受力钢筋伸过其受力截面一定长度。

简支梁和连续梁简支端的下部纵向受力钢筋，应伸入支座一定的锚固长度。由于支座处存在支承压应力的有利影响，使粘结作用得到改善。另外，简支支座边缘的弯矩较小，纵筋的拉力也较小，一般情况当 $V \leqslant 0.7 f_t b h_0$ 时，简支支座处所需的锚固长度 l_{as} 比受拉钢筋的锚固长度 l_a 小很多。但当剪力较大 ($V \geqslant 0.7 f_t b h_0$) 时，支座附近可能出现斜裂缝，斜裂缝处纵向受拉钢筋应力 σ_s 增大，如果没有足够的锚固，纵筋可能发生粘结锚固破坏。为防止简支支座的锚固破坏，《设计规范》规定，简支支座下部纵向受力钢筋伸入支座的锚固长度 l_{as}，应符合下列要求：

(1)对于板，一般剪力较小，通常能满足 $V \leqslant 0.7 f_t b h_0$ 的条件，板的支座下部纵向受力钢筋的锚固长度均取

$$l_{as} \geqslant 5d$$

(2)对于梁：

当 $V \leqslant 0.7 f_t b h_0$ 时，$l_{as} \geqslant 5d$。

当 $V > 0.7 f_t b h_0$ 时，带肋钢筋 $l_{as} \geqslant 12d$，光圆钢筋 $l_{as} \geqslant 15d$。式中，l_{as} 为钢筋的受拉锚固长度；d 为锚固钢筋直径。

当纵向钢筋伸入梁支座范围内的锚固长度不符合上述要求时，应采取在钢筋上加焊锚固钢板或将钢筋端部焊接在梁端预埋件上等有效锚固措施。

支承在砌体结构上的钢筋混凝土独立梁，在纵向受力钢筋的锚固长度 l_{as} 范围内应配置不少于两道箍筋，其直径不宜小于纵向受力钢筋最大直径的 1/4，间距不宜大于纵向受力钢筋最小直径的 10 倍。当采用机械锚固措施时，箍筋间距不宜大于纵向受力钢筋最小直径的 5 倍。

对混凝土强度等级为 C25 及以下的简支梁和连续梁的简支端，当距支座边 1.5h 范围内作用有集中荷载，且 $V>0.7f_tbh_0$ 时，对带肋钢筋宜采取附加锚固措施，或取锚固长度 $l_{as}\geqslant 5d$。

四、钢筋的其他构造要求

1. 纵向受力钢筋构造

梁的正、负纵向钢筋都是根据跨中或支座最大的弯矩值，按正截面受弯承载力的计算配置的。通常，正弯矩区段内的纵向钢筋在支座附近都是采用弯向支座(用来抗剪或抵抗负弯矩)的方式来减少其多余的数量，而不宜在受拉区截断。对于在支座附近负弯矩区段内的纵筋，则往往采用截断的方式来减少多余的数量。从理论上讲，某一纵筋在其不需要点(称为理论断点)处截断似乎无可非议，但事实上，当在理论断点处截断钢筋后，相应于该处的混凝土拉应力会突增，有可能在截断处过早地出现斜裂缝。但该处未截断纵筋的强度是被充分利用的。斜裂缝的出现，使斜裂缝顶端截面处承担的弯矩增大，未截断纵筋的应力就有可能超过其抗拉强度，造成梁的斜截面受弯破坏。因此，纵筋必须从理论断点以外延伸一定长度后再截断。

另外，有斜裂缝弯剪区段内的纵向钢筋，还有粘结锚固问题。试验表明，当支座负弯矩区出现斜裂缝后，如图 3-43 所示，在斜截面 B 上的纵筋应力必然增大，钢筋的零应力点会从反弯点向截断点 C 移动。这种移动称为拉应力的平移(或称拉应力错位)。随着截面 B 钢筋应力的继续增大，钢筋的销栓作用会将混凝土保护层撕裂，在梁上引起一系列由 B 向 C 发展的针脚状斜向粘结裂缝。若纵筋的粘结锚固长度不够，则这些粘结裂缝将会连通，形成纵向水平劈裂裂缝，梁顶面也会出现纵向裂缝，最终造成构件的粘结破坏。所以，必须自钢筋强度充分利用截面以外，延伸一定长度后再截断钢筋。

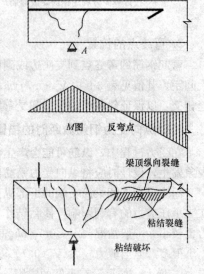

鉴于上述原因，梁支座截面负弯矩纵向受拉钢筋必须截断时，应符合以下规定：

(1)当 $V\leqslant 0.7f_tbh_0$ 时，应延伸至按正截面受弯承载力计算不需要该钢筋的截面以外不小于 $20d$ 处截断，且从该钢筋强度充分利用截面伸出的长度不应小于 $1.2l_a$。

图 3-43　截断钢筋的粘结锚固

(2)当 $V>0.7f_tbh_0$ 时，应延伸至按正截面受弯承载力计算不需要该钢筋的截面以外不小于 h_0 且不小于 $20d$ 处截断，且从该钢筋强度充分利用截面伸出的长度不应小于 $1.2l_a+h_0$。

(3)若按上述规定的截断点仍位于负弯矩受拉区内，则应延伸至正截面受弯承载力计算不需要该钢筋的截面以外不小于 $1.3h_0$ 且不小于 $20d$ 处截断，且从该钢筋强度充分利用截面伸出的延伸长度不应小于 $1.2l_a+1.7h_0$。

在悬臂梁中，应有不小于 2 根的上部钢筋伸至悬臂梁外端，并向下弯折不小于 $12d$；其余钢筋不应在梁的上部截断，而应按规定的弯起点位置向下弯折，并在梁的下边锚固，弯终点外的锚固长度在受压区不应小于 $10d$，在受拉区不应小于 $20d$。

2. 箍筋的构造要求

梁中的箍筋对抑制斜裂缝的开展、连系受拉区与受压区、传递剪力等有重要作用，因此，箍筋的构造要求应得到重视。

(1)箍筋的布置。梁内箍筋宜采用 HPB300 级、HRB335 级、HRB400 级钢筋。对 $V<0.7f_tbh_0$

$\left(或 V < \dfrac{1.75}{\lambda+1} f_t bh_0\right)$ 按计算不需要配置箍筋的梁，当截面高度 $h > 300\ mm$ 时，应沿全梁设置箍筋；当截面高度 $h = 150 \sim 300\ mm$ 时，可仅在构件端部各 1/4 跨度范围内设置箍筋；但当在构件中部 1/2 跨度范围内有集中荷载作用时，则应沿梁全长设置箍筋；当截面高度 $h < 150\ mm$ 时，可不设箍筋。

梁支座处的箍筋应从梁边(或墙边)50 mm 处开始放置。

(2)箍筋的形式和肢数。箍筋形式有封闭式和开口式两种(图 3-4)，对 T 形截面梁，当不承受动荷载和扭矩时，在承受正弯矩的区段内可以采用开口式箍筋，除上述情况外，一般梁中均采用封闭式。箍筋的两个端头应作成 135°弯钩，弯钩端部平直段长度不应小于 $5d$(d 为箍筋直径)和 50 mm。

箍筋的肢数有单肢、双肢和四肢。箍筋一般采用双肢箍筋，当梁宽 $b \geqslant 400\ mm$，且一层内纵向受压钢筋多于 4 根时，宜采用四肢箍筋；当梁的截面宽度特别小时($b < 150\ mm$)，也可采用单肢箍筋。

(3)箍筋的直径和间距。梁中箍筋的直径和间距，在满足计算要求的同时，还应符合表 3-8 和表 3-9 的规定。当梁中配有计算需要的纵向受压钢筋时，箍筋直径还不应小于纵向受压钢筋最大直径的 1/4。为了便于加工，箍筋直径一般不宜大于 12 mm。箍筋的常用直径为 6 mm、8 mm、10 mm。另外，当梁中配有按计算所需要的纵向受压钢筋时，箍筋应做成封闭式。此时，箍筋的间距不应大于 $15d$(d 为纵向受压钢筋的最小直径)，且不应大于 400 mm；当一层内的纵向受压钢筋多于 5 根且直径大于 18 mm 时，箍筋间距不应大于 $10d$。

表 3-8 梁中箍筋最小直径

梁高 h/ mm	箍筋直径 d/ mm	梁高 h/ mm	箍筋直径 d/ mm
$h \leqslant 800$	6	$h > 800$	8

表 3-9 梁中箍筋最大间距

梁高 h/ mm	$V > 0.7 f_t bh_0$	$V \leqslant 0.7 f_t bh_0$	梁高 h/ mm	$V > 0.7 f_t bh_0$	$V \leqslant 0.7 f_t bh_0$
$150 < h \leqslant 300$	150	200	$500 < h \leqslant 800$	250	350
$300 < h \leqslant 500$	200	300	$h > 800$	300	400

本章小结

受弯构件正截面承载力计算和受弯构件斜截面承载力计算是钢筋混凝土构件承载力计算的重要内容，本章主要介绍了钢筋混凝土受弯构件正截面和斜截面的受力特点、破坏形态和影响斜截面承载力的主要因素，在总结大量试验结果的基础上，推导了正截面、斜截面承载力计算的基本计算公式及其适用条件，并介绍了基本计算公式的工程应用。

思考练习题

一、填空题

1. 在设计钢筋混凝土受弯构件时，受弯构件截面一般同时产生弯矩和剪力。一般应满足_____和_____两个方面要求。

2. 梁的截面高度可根据跨度要求按_____来估计。

3. 梁中的钢筋一般有_____、_____、_____和_____。

4. 弯起钢筋一般由纵向受力钢筋弯起而成。其弯起段用来承受_____；弯起后的水平段可承受_____。

5. 板的最小厚度，对于单跨板，不得小于_____；对于多跨连续板，不得小于_____。

二、简答题

1. 梁、板中混凝土保护层的作用是什么？其最小值是多少？

2. 钢筋混凝土适筋梁正截面受弯破坏分为几个阶段？各阶段受力特点是怎样的？

3. 什么是钢筋混凝土适筋梁的塑性破坏？

4. 受弯构件正截面承载力计算有哪些基本假定？

5. 钢筋混凝土梁正截面有哪几种破坏形式？它们各有何特点？

6. 在什么情况下可采用双筋矩形截面梁？

7. 两类 T 形截面梁如何判别？

三、计算题

1. 已知：矩形截面尺寸 $b \times h$ 为 250 mm×500 mm，承受的弯矩组合设计值 M_d = 136 kN·m，结构重要性系数 γ_0 = 1.0；拟采用强度等级为 C25 的混凝土，HRB335 级钢筋。试为钢筋混凝土矩形截面梁进行配筋。

2. 一双筋矩形截面尺寸 $b \cdot h$ 为 200 mm×450 mm，承受的弯矩组合设计值 M_d = 200 kN·m，结构重要性系数 γ_0 = 1.0；拟采用强度等级为 C25 的混凝土，HRB335 级钢筋，受压钢筋为 2Φ16，试进行配筋。

3. T 形梁截面尺寸如图 3-44 所示，梁高 h = 700 mm，有效翼缘宽度 b'_f = 600 mm，梁肋宽 b = 300 mm，翼缘高为 h'_f = 120 mm，所承受的弯矩组合设计值 M_d = 550 kN·m，结构重要性系数 γ_0 = 1.0。拟采用强度等级为 C30 的混凝土，HRB400 级钢筋，f_{cd} = 13.8 MPa，f_{td} = 1.39 MPa，f_{sd} = 330 MPa，ξ_b = 0.53。试选择钢筋，并复核正截面承载能力。

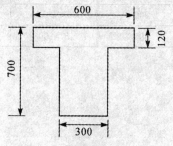

图 3-44 T 形梁截面尺寸

4. 一钢筋混凝土 T 形截面梁，b'_f = 500 mm，h'_f = 100 mm，b = 200 mm，h = 500 mm，混凝土强度等级为 C25（f_{cd} = 11.5 MPa，f_{td} = 1.23 MPa），选用 HRB400 级钢筋（f_{sd} = 330 MPa），ξ_b = 0.53，γ_0 = 1.0，环境类别是 I 类，截面所承受的弯矩设计值 M_d = 240 kN·m。试选择纵向受拉钢筋。

第四章　钢筋混凝土受压构件承载力计算

1. 了解受压构件截面形式及尺寸、材料强度要求、柱中纵向钢筋的配置应符合的规定。
2. 掌握配置普通箍筋的轴心受压构件承载力计算、配置螺旋式或焊接环式间接钢筋的轴心受压构件承载力计算。
3. 熟悉偏心受压构件的受力性能；掌握矩形截面偏心受压构件正截面受压承载力的计算。

具备普通箍筋柱及螺旋箍筋柱的设计计算及复合能力；会进行普通箍筋柱及螺旋箍筋柱的施工预算。

第一节　受压构件的一般构造要求

一、截面形式及尺寸

轴心受压构件截面一般采用方形或矩形，有时也采用圆形或多边形。

偏心受压构件一般采用矩形截面，但为了节约混凝土和减轻柱的自重，较大尺寸的柱或装配式柱常常采用I形截面。采用离心法制造的柱、桩、电杆以及烟囱、水塔支筒等常采用环形截面。

对于矩形柱，其截面尺寸不宜小于 250 mm×250 mm。为了避免构件的长细比过大，常取 $l_0/b \leqslant 30$，$l_0/h \leqslant 25$（l_0 为柱的计算长度，b 为矩形截面的短边边长，h 为长边边长）。

为了施工方便，柱截面尺寸宜采用整数，800 mm 及以下的，宜取 50 mm 的倍数，800 mm 以上的，可取 100 mm 的倍数。

对于I形截面，其翼缘厚度不宜小于 129 mm，因为翼缘太薄，会使构件过早出现裂缝，同时，靠近柱底的混凝土容易在车间生产过程中因碰撞而降低柱的承载力。腹板厚度不宜小于 100 mm。

二、材料强度

混凝土强度对受压构件的承载力影响较大。为节约材料，宜采用较高强度等级的混凝土，一般采用 C30~C40。对于高层建筑的底层柱，必要时可采用高强度等级的混凝土。

柱纵向钢筋应采用 HRB400、HRB500、HRBF400、HRBF500 级钢筋。箍筋宜采用 HRB400 级、HRBF400 级、HPB300 级、HRB500 级、HRBF500 级钢筋，也可采用 HRB335 级、HRBF335 级钢筋。

三、纵向钢筋

柱中纵向钢筋的配置应符合下列规定：

(1)圆柱中纵向钢筋不宜少于 8 根，不应少于 6 根，且宜沿周边均匀布置。受压构件纵向受力钢筋直径不宜小于 12 mm，通常在 16～32 mm 范围内选用，为了减少钢筋施工时能产生的纵向弯曲，宜采用较粗的钢筋；全部纵向钢筋的配筋率不宜大于 5%，因为配筋率过大容易产生粘结裂缝，特别是突然卸载时混凝土易被拉裂。

(2)受压构件纵向钢筋的配筋率应满足最小配筋率的要求，全部纵向钢筋的最小配筋率为 0.5%～0.6%（与钢筋强度等级有关），一侧纵向钢筋的最小配筋率为 0.2%。

(3)柱中纵向钢筋的净间距不应小于 50 mm，且不宜大于 300 mm。

(4)偏心受压柱的截面高度不小于 600 mm 时，在柱的侧面应设置直径不小于 10 mm 的纵向构造钢筋，并相应设置复合箍筋或拉筋。

(5)在偏心受压柱中，垂直于弯矩作用平面的侧面上的纵向受力钢筋以及轴心受压柱中各边的纵向受力钢筋，其中距不宜大于 300 mm。

(6)纵向钢筋的保护层厚度不应小于钢筋的公称直径。

四、箍筋

柱中的箍筋应符合下列规定：

(1)箍筋直径不应小于 $d/4$，且不应小于 6 mm，d 为纵向钢筋的最大直径。

(2)箍筋间距不应大于 400 mm 及构件截面的短边尺寸，且不应大于 $15d$，d 为纵向钢筋的最小直径。

(3)柱及其他受压构件中的周边箍筋应做成封闭式；对圆柱中的箍筋，搭接长度不应小于锚固长度 l_a，且末端应做成 135°弯钩，弯钩末端平直段长度不应小于 $5d$，d 为箍筋直径。

柱配筋构造
基本规定

(4)当柱截面短边尺寸大于 400 mm 且各边纵向钢筋多于 3 根时，或当柱截面短边尺寸不大于 400 mm 但各边纵向钢筋多于 4 根时，应设置复合箍筋。

(5)柱中全部纵向受力钢筋的配筋率大于 3% 时，箍筋直径不应小于 8 mm，间距不应大于 $10d$，且不应大于 200 mm。箍筋末端应做成 135°弯钩，且弯钩末端平直段长度不应小于 $10d$，d 为纵向受力钢筋的最小直径。

(6)在配有螺旋式或焊接环式箍筋的柱中，如在正截面受压承载力计算中考虑间接钢筋的作用，箍筋间距不应大于 80 mm 及 $d_{cor}/5$，且不宜小于 40 mm，d_{cor} 为按箍筋内表面确定的核心截面直径。

(7)受压构件设计使用年限为 50 年，最外层钢筋（箍筋）的保护层厚度：一类环境 20 mm、二 a 类环境 25 mm、二 b 类环境 35 mm、三 a 类环境 40 mm、三 b 类环境 50 mm。设计使用年限为 100 年的最外层钢筋保护层厚度不小于使用年限为 50 年的 1.4 倍。

常见的箍筋形式如图 4-1 所示。

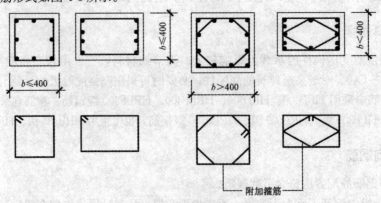

图 4-1 常见的箍筋形式

柱平法施工图表示方式

柱平法施工图表达方式分为列表注写方式和截面注写方式。

(一)列表注写方式

列表注写方式,是在柱平面布置图上(一般只需采用适当比例绘制一张柱平面布置图,包括框架柱、框支柱、梁上柱和剪力墙上柱),分别在同一编号的柱中选择一个(有时需要选择几个)界面标注几何参数代号;在柱表中注写柱编号、柱段起止标高、几何尺寸(含柱截面对轴线的偏心定位尺寸)与配筋的具体数值,并配以各种柱截面形状及其箍筋类型图的方式来表达柱平法施工图(图4-2)。

柱平法施工图
制图规则

(1)柱编号。其由类型代号和序号组成,应符合表4-1的规定。

表4-1 柱编号

柱类型	代号	序号
框架柱	KZ	××
转换柱	ZHZ	××
芯柱	XZ	××
梁上柱	LZ	××
剪力墙上柱	QZ	××

(2)注写各段柱的起止标高,自柱根部往上以变截面位置或截面未变但配筋改变处为界分段注写。框架柱和框支柱的根部标高指基础顶面标高;芯柱的根部标高指根据结构实际需要而定的起止位置标高;梁上柱的根部标高指梁顶面标高;剪力墙上柱的根部标高为墙顶面标高。

(3)对于矩形柱,注写柱截面尺寸 $b \times h$ 及与轴线关系的几何参数代号 b_1、b_2 和 h_1、h_2 的具体数值,需对应于各段柱分别注写。其中 $b=b_1+b_2$,$h=h_1+h_2$。当截面的其一边收缩变化至与轴线重合或偏到轴线的另一侧时,b_1、b_2、h_1、h_2 中的某项为 0 或为负值。

对于圆柱,表中 $b \times h$ 一栏改用在圆柱直径数字前加 d 表示。为表达简单,圆柱截面与轴线的关系也用 b_1、b_2 和 h_1、h_2 表示,并使 $d=b_1+b_2=h_1+h_2$。

对于芯柱,根据结构需要,可以在某些框架柱的一定高度范围内,在其内部的中心位置设置(分别引注其柱编号)。芯柱截面尺寸按构造确定,并按图集标准构造详图施工,设计无须注写(图4-3);当设计者采用与构造详图不同的做法时,应另行注明。芯柱定位随框架柱,不需要注写其与轴线的几何关系。

(4)注写柱纵筋。当柱纵筋直径相同,各边根数也相同时(包括矩形柱、圆柱和芯柱),将纵筋注写在“全部纵筋”一栏中;除此之外,柱纵筋分角筋、截面 b 边中部筋和 h 边中部筋三项分别注写(对于采用对称配筋的矩形截面柱,可仅注写一侧中部筋,对称省略不注)。

(5)柱箍筋。箍筋注写有箍筋类型号及箍筋肢数一列和箍筋级别、直径、间距等信息一列。

1)注写箍筋类型号及箍筋肢数。具体工程所设计的各种箍筋类型图以及箍筋复合的具体方式,需画在表的上部或图中的适当位置,并在其上标注与表中相对应的 b、h 和类型,如图4-1所示。当为抗震设计时,确定箍筋肢数时要满足对柱纵筋“隔一拉一”以及箍筋肢距的要求。

2)箍筋级别、直径、间距等信息。当为抗震设计时,用斜线“/”区分柱端箍筋加密区与柱身非加密区长度范围内箍筋的不同间距。如 Φ10@100/250,表示箍筋为 HPB300 级钢筋,直径为 10 mm,加密区间距为 100 mm,非加密区间距为 250 mm。

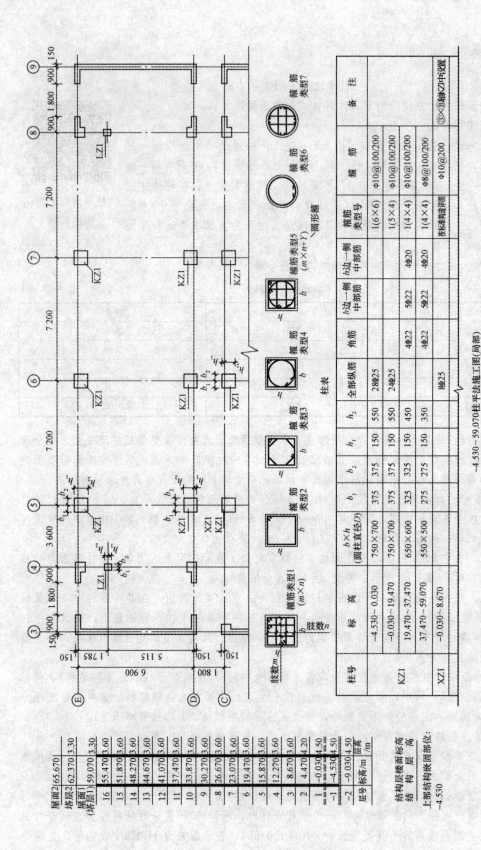

-4.530~59.070柱平法施工图(局部)

柱表

柱号	标高	b×h (圆柱直径D)	b₁	b₂	h₁	h₂	全部纵筋	角筋	b边一侧中部筋	h边一侧中部筋	箍筋类型号	箍筋	备注
KZ1	-4.530~-0.030	750×700	375	375	150	550	28Φ25				1(6×6)	Φ10@100/200	按标准构造详图
	-0.030~19.470	750×700	375	375	150	550	24Φ25	4Φ22	5Φ22	5Φ22	1(5×4)	Φ10@100/200	
	19.470~37.470	650×600	325	325	150	450		4Φ22	4Φ20	4Φ20	1(4×4)	Φ10@100/200	
	37.470~59.070	550×500	275	275	150	350		4Φ22	4Φ20	4Φ20	1(4×4)	Φ8@100/200	
XZ1	-0.030~8.670						8Φ25					Φ10@200	③×Ⓑ轴KZ1中设置

注:1. 如采用非对称配筋,需在柱表中增加相应栏目分别表示各边的中部筋。
2. 箍筋对纵筋至少隔一拉一。
3. 类型1.5的箍筋肢数可有多种组合,右图为5×4的组合,其余类型为固定形式,在表中只须注写类型号即可。
4. 地下一层(-1层)、首层(1层)柱端箍筋加密区长度范围及纵筋连接位置均按嵌固要求设置。

箍筋类型1(5×4)

图4-2 柱平法施工图

结构层	结构层楼面标高/m	结构层高/m
屋面2(塔顶)	65.670	3.30
塔层2	62.370	3.30
屋面1(塔层1)	59.070	3.30
16	55.470	3.60
15	51.870	3.60
14	48.270	3.60
13	44.670	3.60
12	41.070	3.60
11	37.470	3.60
10	33.870	3.60
9	30.270	3.60
8	26.670	3.60
7	23.070	3.60
6	19.470	3.60
5	15.870	3.60
4	12.270	3.60
3	8.670	3.60
2	4.470	4.20
1	-0.030	4.50
-1	-4.530	4.50
-2	-9.030	4.50

上部结构嵌固部位:-4.530

箍筋类型1 (m×n)   箍筋类型2   箍筋类型3   箍筋类型4   箍筋类型5 (m×n-Y)   箍筋类型6 圆形箍   箍筋类型7

肢数m×肢数n

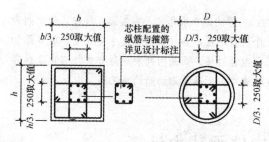

图 4-3 芯柱截面

当箍筋沿全高为一种间距时，则不使用"/"。如 Φ10@100，表示沿柱全高范围内箍筋均为 HPB300 级钢筋，直径为 10 mm，间距为 100 mm。

（二）截面注写方式

截面注写方式，是在柱平面布置图的柱截面上，分别在同一编号的柱中选择一个截面，以直接注写截面尺寸和配筋数值的方式来表达柱平法施工图（图 4-4）。

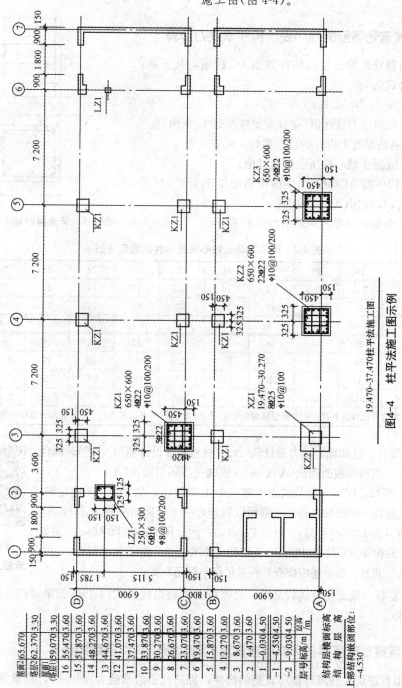

图 4-4　柱平法施工图示例

截面注写方式与列表注写方式注写的内容是相同的，不同的是表现形式。在实际工程中，采用列表注写方式比较多。原因是截面注写方式往往只能表达一个柱标准层，当柱子信息发生变化时，就要添加更多的柱平法施工图，特别是对于高层建筑，结构施工图数量过多。而采用列表注写方式就避免了这种现象的出现，无论柱子的信息如何变化，都可以注写在柱表中，无须再添加新的施工图。

第二节　轴心受压构件承载力计算

一、配置普通箍筋的轴心受压构件承载力计算

配置普通箍筋的轴心受压构件如图 4-5 所示，其正截面承载力计算公式为

$$N \leqslant 0.9\varphi(f_cA + f_y'A_s') \qquad (4-1)$$

式中　N——轴向压力设计值（包含重要性系数 γ_0 在内）；

　　　φ——钢筋混凝土构件的稳定系数，见表 4-2；

　　　f_c——混凝土轴心抗压强度设计值；

　　　A——构件截面面积，当纵向钢筋配筋率大于 3% 时，A 应改用（$A-A_s'$）代替；

　　　A_s'——全部纵向受压钢筋的截面面积。

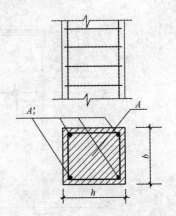

图 4-5　普通箍筋轴心受压构件

表 4-2　钢筋混凝土轴心受压构件的稳定系数 φ

l_0/b	≤8	10	12	14	16	18	20	22	24	26	28
l_0/d	≤7	8.5	10.5	12	14	15.5	17	19	21	22.5	24
l_0/i	≤28	35	42	48	55	62	69	76	83	90	97
φ	1.00	0.98	0.95	0.92	0.87	0.81	0.75	0.70	0.65	0.60	0.56
l_0/b	30	32	34	36	38	40	42	44	46	48	50
l_0/d	26	28	29.5	31	33	34.5	36.5	38	40	41.5	43
l_0/i	104	111	118	125	132	139	146	153	160	167	174
φ	0.52	0.48	0.44	0.40	0.36	0.32	0.29	0.26	0.23	0.21	0.19

注：表中 l_0 为构件的计算长度；b 为矩形截面的短边尺寸；d 为圆形截面的直径；i 为截面的最小回转半径。

（1）截面设计。已知轴心压力设计值（N），材料强度设计值（f_c、f_y'），构件的计算长度 l_0，求构件截面面积（A 或 bh）及纵向受压钢筋面积（A_s'）。

由式（4-1）可知，仅有一个公式需求解三个未知量（φ、A、A_s'），无确定解，故必须增加或假设一些已知条件。一般可以先选定一个合适的配筋率 ρ'（即 A_s'/A），通常可取 ρ' 为 1.0%~1.5%，再假定 $\varphi=0.1$，然后代入式（4-1）求解 A。根据 A 来选定实际的构件截面尺寸（bh）。由长细比 l_0/b 查表 4-2 确定 φ，再代入式（4-1）求实际的 A_s'。当然，最后还应检查是否满足最小配筋率要求。

正截面受压
承载力计算规定

（2）截面复核。截面复核比较简单，只需将有关数据代入式（4-1），如果式（4-1）成立，则满足承载力要求。

二、配置螺旋式或焊接环式间接钢筋的轴心受压构件承载力计算

一般采用有螺旋式筋或焊接环式筋的构件以提高柱子的承载力（图 4-6），其承载能力极限状

态设计表达式为

$$N \leqslant 0.9(f_c A_{cor} + f'_y A'_s + 2\alpha f_{yv} A_{ss0}) \tag{4-2}$$

$$A_{ss0} = \frac{\pi d_{cor} A_{ss1}}{s} \tag{4-3}$$

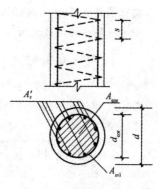

图 4-6 螺旋式筋轴心受压构件

式中　f_{yv}——间接钢筋的抗拉强度设计值；

A_{cor}——构件的核心截面面积，取间接钢筋内表面范围内的混凝土截面面积；

A_{ss0}——螺旋式或焊接环式间接钢筋的换算截面面积；

d_{cor}——构件的核心截面直径，取间接钢筋内表面之间的距离；

A_{ss1}——螺旋式或焊接环式单根间接钢筋的截面面积；

s——间接钢筋沿构件轴线方向的间距；

α——间接钢筋对混凝土约束的折减系数，当混凝土强度等级不超过 C50 时，取 1.0；当为 C80 时，取 0.85；中间值按线性内插法确定。

(1)按式(4-2)算得的构件受压承载力设计值不应大于按式(4-1)算得的构件受压承载力设计值的 1.5 倍。

(2)当遇到下列任意一种情况时，不应计入间接钢筋的影响，而应按式(4-1)进行计算：

1)当 $l_0/d > 12$ 时；

2)当按式(4-2)算得的受压承载力小于按式(4-1)算得的受压承载力时；

3)当间接钢筋的换算截面面积 A_{ss0} 小于纵向钢筋的全部截面面积的 25% 时。

【例 4-1】　某展示厅内一根钢筋混凝土柱，按建筑设计要求截面为圆形，直径不大于 500 mm。该柱承受的轴心压力设计值 $N = 4\,600$ kN，柱的计算长度 $l_0 = 5.25$ m，混凝土强度等级为 C25，纵筋用 HRB335 级钢筋，箍筋用 HPB300 级钢筋。试进行该柱的设计。

【解】　(1)按普通箍筋柱设计。

由 $l_0/d = 5\,250/500 = 10.5$，查表 4-2 得 $\varphi = 0.95$，得

$$A'_s = \frac{1}{f'_y}\left(\frac{N}{0.9\varphi} - f_c A\right) = \frac{1}{300} \times \left(\frac{4\,600 \times 10^3}{0.9 \times 0.95} - 11.9 \times \frac{\pi \times 500^2}{4}\right) = 10\,149\,(\text{mm}^2)$$

$$\rho' = \frac{A'_s}{A} = \frac{10\,149}{\dfrac{\pi \times 500^2}{4}} = 0.051\,7 = 5.17\%$$

由于配筋率太大，且长细比又满足 $l_0/d < 12$ 的要求，故考虑按螺旋箍筋柱设计。

(2)按螺旋箍筋柱设计。

假定纵筋配筋率 $\rho' = 3\%$，则 $A'_s = 0.03 \times \dfrac{\pi}{4} \times 500^2 = 5\,888\,(\text{mm}^2)$，选 12$\Phi$25，$A'_s = 5\,880$ mm^2。取

混凝土保护层为 30 mm，则 $d_{cor} = 500 - 30 \times 2 = 440\,(\text{mm})$，$A_{cor} = \dfrac{\pi d_{cor}^2}{4} = \dfrac{\pi \times 440^2}{4} = 151\,976\,(\text{mm}^2)$。

混凝土 C25 < C50，$\alpha = 1.0$。得

$$A_{ss0} = \frac{\dfrac{N}{0.9} - (f_c A_{cor} + f'_y A'_s)}{2\alpha f_{yv}} = \frac{\dfrac{4\,600 \times 10^3}{0.9} - (11.9 \times 151\,976 + 300 \times 5\,880)}{2 \times 1.0 \times 270}$$

$$= 2\,849.3\,(\text{mm}^2) > 0.25 A'_s = 1\,470\,\text{mm}^2\,(\text{可以})$$

假定螺旋箍筋直径 $d = 10$ mm，则 $A_{ss1} = 78.5$ mm^2，即

$$s = \frac{\pi d_{cor} A_{ss1}}{A_{ss0}} = \frac{3.14 \times 440 \times 78.5}{2\,849.3} = 38\,(\text{mm})$$

实取螺旋箍筋为 φ10@35。

普通箍筋柱的承载力为

$$N_u = 0.9\varphi(fA + f_y'A_s') = 0.9 \times 0.95 \times \left(11.9 \times \frac{\pi \times 500^2}{4} + 300 \times 5\,880\right)$$

$$= 3\,505 \times 10^3 (\text{N})$$

$1.5N_u = 1.5 \times 3\,505 = 5\,257.5(\text{kN}) > 4\,600\ \text{kN}$，可以。

第三节　偏心受压构件承载力计算

一、偏心受压构件的受力性能

(一)试验研究分析

偏心受压构件的正截面受力性能可视为轴心受压构件($M=0$)和受弯构件($N=0$)的中间状态；或者说轴心受压构件和受弯构件是偏心受压构件(同时承受 M 和 N)的两个极端情况。

试验表明，偏心受压构件的最终破坏都是由于混凝土的压碎而造成的。但是，由于引起混凝土压碎的原因不同，其破坏特征也不同，据此可将偏心受压构件的破坏分为大偏心受压破坏和小偏心受压破坏两类。

1. 大偏心受压破坏(受拉破坏)

当偏心距较大且受拉钢筋配置不太多时发生大偏心受压破坏。此种情况的构件具有与适筋受弯构件类似的受力特点：在偏心压力的作用下，截面离压力较远一侧受拉，离压力较近的一侧受压，当压力 N 增加到一定程度时，首先在受拉区出现短的横向裂缝；随着荷载的增加，裂缝发展和加宽，裂缝截面处的拉力完全由钢筋承担。在更大的荷载作用下，受拉钢筋首先达到屈服强度，并形成一条明显的主裂缝，随后主裂缝逐渐加宽并向受压一侧延伸，受压区高度缩小。最后，受压边缘混凝土达到极限压应变 ε_{cu}，该处混凝土出现纵向裂缝，受压混凝土被压碎而导致构件破坏。破坏时，混凝土压碎区较短，受压钢筋一般都能屈服。其典型破坏情形及破坏阶段的应力、应变分布图形如图 4-7 所示。

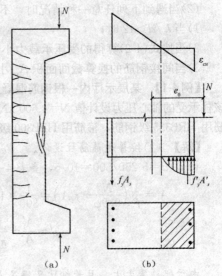

图 4-7　大偏心受压破坏形态

从图 4-7 中可以看出，大偏心受压构件的破坏特征与适筋受弯构件的破坏特征完全相同：受拉钢筋首先达到屈服，然后是受压钢筋达到屈服(用热轧钢筋配筋时)，最后由于受压区混凝土压碎而导致构件破坏。由于破坏是从受拉钢筋屈服开始的，故这种破坏也称为"受拉破坏"。

2. 小偏心受压破坏(受压破坏)

当荷载的偏心距较小，或者虽然偏心距较大但离纵向较远一侧的钢筋配置过多时，构件将发生小偏心受压破坏。

发生小偏心受压破坏的截面应力状态有两种类型。

第一种是当偏心距很小时，构件全截面受压——距离轴向压力较近一侧的混凝土压应力较大，另一侧的压应力较小，构件的破坏由受压较大一侧的混凝土压碎而引起的，该侧的钢筋达到受压屈服强度，只要偏心距不是过小，另一侧的钢筋虽处于受压状态但不会屈服。

第二种是当偏心距较小或偏心距较大但受拉钢筋配置过多时，截面处于大部分受压而小部分受拉的状态。随着荷载的增加，受拉区虽有裂缝发生但开展较为缓慢；构件的破坏也是由于受压区混凝土的压碎而引起的，而且压碎区域较大；破坏时，受压区一侧的纵向钢筋一般能达到屈服强度，但受拉钢筋不会屈服。这种破坏与受弯构件的"超筋破坏"有相似之处。

上述两种小偏心受压破坏的共同特点是，破坏都是由于受压区混凝土压碎引起的，离纵向力较近一侧的钢筋受压屈服，而另一侧的钢筋无论是受压还是受拉，均达不到屈服强度，破坏无明显预兆。混凝土强度越高，破坏越突然。由于破坏是从受压区开始的，故这种破坏也称为"受压破坏"。

小偏心受压构件中离纵向力较远一侧钢筋在构件破坏时的应力 σ_s，可以根据应变保持平面的截面假定求得。《设计规范》为了简化计算起见，允许采用下列近似公式进行计算：

$$\sigma_{si} = \frac{f_y}{\xi_b - \beta_1}\left(\frac{x}{h_{0i}} - \beta_1\right) \tag{4-4}$$

式中　β_1——同受弯构件，当混凝土强度等级不超过 C50 时，取 0.8；当为 C80 时，取 0.74，其间按线性内插法确定；

　　　σ_{si}——第 i 层纵向钢筋的应力，正值代表拉应力、负值代表压应力；

　　　h_{ai}——第 i 层纵向钢筋截面重心至截面受压边缘距离；

　　　x——等效矩形应力图的混凝土受压区高度，同受弯构件。

此时，钢筋应力应符合下列条件：

$$-f_y' \leqslant \sigma_s \leqslant f_y \tag{4-5}$$

当 σ_s 为拉应力且其值大于 f_y 时，取 $\sigma_s = f_y$；当 σ_s 为压应力且其绝对值大于 f_y' 时，取 $\sigma_s = -f_y'$。

小偏心受压构件的破坏情形及破坏时的截面应力、应变状态如图 4-8 所示。

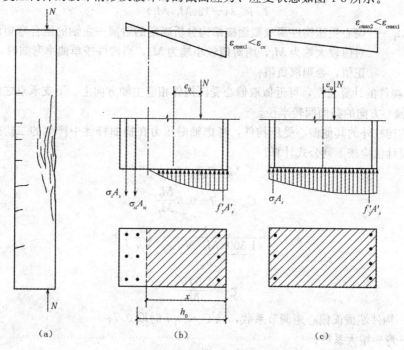

图 4-8　小偏心受压破坏形态

(二)大、小偏心受压界限

从大、小偏心受压的破坏特征可见，两类构件破坏的相同之处是受压区边缘的混凝土都被压碎，都是"材料破坏"；而区别在于破坏时受拉钢筋能否达到屈服。因此，大、小偏心受压破坏的界限是受拉钢筋应力达到屈服强度，同时，受压区混凝土的应变达到极限压应变被压碎。

这与受弯构件适筋与超筋的界限是一致的。从截面的应变分布分析(图 4-9)，要保证受拉钢筋先达到屈服强度，相对受压区高度必须满足 $\xi < \xi_b$ (ξ_b 为界限受压区高度)的条件。

当 $\xi \leqslant \xi_b$ 时，为大偏心受压破坏；

当 $\xi > \xi_b$ 时，为小偏心受压破坏。

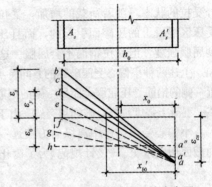

图 4-9　偏压构件破坏时的应变图

(三)附加偏心距

由于荷载作用位置和大小的不定性、混凝土质量的不均匀性及施工误差等因素，都有可能使轴向压力的偏心距大于 e_0。《设计规范》规定，在偏心受压构件的正截面承载力计算中，应计入轴向压力在偏心方向存在的附加偏心距 e_a，其值应取 20 mm 和偏心方向截面尺寸的 1/30 两者中的较大值。初始偏心距 e_i 按 $e_i = e_0 + e_a$ 计算。

(四)二阶效应($P-\delta$ 效应)

构件中的轴向压力在变形后的结构或构件中引起的附加内力和附加变形，称为二阶效应($P-\delta$ 效应)，弯矩作用平面内截面对称的偏心受压构件，当同一主轴方向的杆端弯矩比 M_1/M_2 不大于 0.9 且设计轴压比不大于 0.9 时，同时，构件的长细比满足式(4-6)的要求，可不考虑轴向压力在该方向挠曲杆件中产生的附加弯矩的影响；否则，应按截面的两个主轴方向分别考虑轴向压力在挠曲杆件中产生的附加弯矩影响。

$$l_c/i \leqslant 34 - 12(M_1/M_2) \tag{4-6}$$

式中　M_1，M_2——偏心受压构件两端截面按结构分析确定的对同一主轴的组合弯矩设计值，绝对值较大端为 M_2，绝对值较小端为 M_1，当构件按单曲率弯曲时，M_1/M_2 取正值，否则取负值；

　　　l_c——构件的计算长度，可近似取偏心受压构件相应主轴方向上、下支承点之间的距离；

　　　i——偏心方向的截面回转半径。

除排架结构柱外的其他偏心受压构件，考虑轴向压力在挠曲杆件中产生的二阶效应后，控制截面弯矩设计值应按下列公式计算：

$$M = C_m \eta_{ns} M_2 \tag{4-7}$$

$$C_m = 0.7 + 0.3 \frac{M_1}{M_2} \tag{4-8}$$

$$\eta_{ns} = 1 + \frac{1}{\dfrac{1\ 300(M_2/N + e_a)}{h_0}} \left(\frac{l_c}{h}\right)^2 \zeta_c \tag{4-9}$$

$$\zeta_c = \frac{0.5 f_c A}{N} \tag{4-10}$$

式中　C_m——构件端截面偏心距调节系数，当 $C_m < 0.7$ 时取 0.7；

　　　η_{ns}——弯矩增大系数；

　　　e_a——附加偏心距；

　　　ζ_c——截面曲率修正系数，当计算值大于 1.0 时取 1.0；

　　　h——截面高度，对环形截面，取外直径；对圆形截面，取直径；

　　　h_0——截面有效高度，对环形截面，取 $h_0 = r_2 + r_s$；对圆形截面，取 $h_0 = r + r_s$；此处，r、r_2 和 r_s 按《设计规范》规定计算；

　　　A——构件截面面积。

二、矩形截面偏心受压构件正截面受压承载力计算

(一)正截面受压承载力计算的基本公式

如前所述，大偏心受压和适筋梁的受弯破坏特征相同，且受压边缘极限压应变 ε_{cu} 也与受弯构件的一致，因此，矩形截面大偏心受压正截面承载力公式中的截面应力状态与适筋梁将完全一致；距离纵向力较远一侧的钢筋受拉屈服，受拉钢筋合力为 f_yA_s；采用矩形压应力图的混凝土压应力为 $\alpha_1 f_c$，压应力合力为 $\alpha_1 f_c bx$，受压钢筋一般能受压屈服，其合力为 $f'_yA'_s$。而对于小偏心受压构件，其截面应力状态比较复杂，但距离纵向力较远一侧的钢筋合力总可以表达为 $\sigma_s A_s$；而距离纵向力较远一侧混凝土压碎，边缘压应变可能达不到大偏心受压时的 ε_{cu}，但在引进附加偏心距及截面曲率修正系数 ζ_c、偏心距调整系数 C_m 后，根据试验分析结果，也可采用与大偏心受压相同的受压混凝土应力计算图形，故矩形截面偏心受压构件正截面受压承载力可由图 4-10 的计算图形及静力平衡条件得出：

$$N \leqslant \alpha_1 f_c bx + f'_yA'_s - \sigma_s A_s \qquad (4\text{-}11)$$

$$Ne \leqslant \alpha_1 f_c bx\left(h_0 - \frac{x}{2}\right) + f'_yA'_s(h_0 - a'_s) \qquad (4\text{-}12)$$

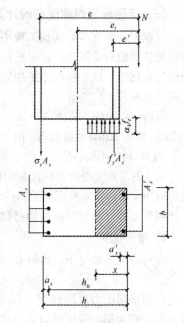

图 4-10 矩形截面偏心受压正截面受压承载力计算图形

式中　e——轴向力作用点至受拉钢筋之间的距离，按下式计算：

$$e = e_i + \frac{h}{2} - a \qquad (4\text{-}13)$$

e_i——初始偏心距，$e_i = e_0 + e_a$；

a'_s——受压钢筋的合力点至截面受压边缘的距离；

a——受拉钢筋的合力点至截面受拉边缘的距离；

α_1——系数，当混凝土强度等级 $\leqslant$ C50 时取 1.0，当为 C80 时取 0.94，其间按线性内插法确定。

将混凝土相对受压区高度 ξ（$\xi = x/h_0$）取代式(4-11)和式(4-12)中的 x，可得：

$$N \leqslant \xi\alpha_1 f_c bh_0 + f'_yA'_s - \sigma_s A_s \qquad (4\text{-}14)$$

$$Ne \leqslant \xi(1 - 0.5\xi)\alpha_1 f_c bh_0^2 + f'_yA'_s(h_0 - a'_s) \qquad (4\text{-}15)$$

受拉边或受压较小边钢筋 A_s 的应力 σ_s 按下列情况计算：当 $\xi \leqslant \xi_b$ 时，取 $\sigma_s = f_y$；当 $\xi > \xi_b$ 时，σ_s 按式(4-4)计算。

当大偏心受压计算中考虑受压钢筋时，则受压区高度应符合 $x \geqslant 2a'_s$ 的条件（或 $\xi \geqslant 2a'_s/h_0$），以保证构件破坏时受压钢筋达到屈服强度。当 $x < 2a'_s$ 时（或 $\xi < 2a'_s/h_0$），受压钢筋 A'_s 不屈服，其应力达不到 f'_y。

(二)垂直于弯矩作用平面的受压承载力验算

当轴向压力设计值 N 较大且弯矩作用平面内的偏心距 e_i 较小时，若垂直于弯矩作用平面的长细比 l_0/b 较大或边长 b 较小，则有可能由垂直于弯矩作用平面的轴心受压承载力起控制作用。因此，《设计规范》规定，偏心受压构件除应计算弯矩作用平面的受压承载力外，还应按轴心受压构

件验算垂直于弯矩作用平面的受压承载力；此时可不考虑弯矩的作用，但应考虑纵向弯曲影响(取稳定系数 φ)。这种验算，无论在进行截面设计和承载力校核时都应进行。一般情况下，小偏心受压构件需要进行此项验算；对于对称配筋的大偏心受压构件，当 $l_0/b \leqslant 24$ 时，可不进行此项验算。

(三)矩形截面对称配筋的计算方法

对称配筋是在实际结构工程中偏心受压柱的最常用配筋形式。例如，单层厂房排架柱、多层框架柱等偏心受压柱，由于其控制截面在不同的荷载组合下可能承受变号弯矩的作用，为便于设计和施工，这些构件常采用对称配筋。又如，为保证吊装时不出现差错，装配式柱一般也采用对称配筋。

所谓对称配筋，是指 $A_s = A_s'$，$a_s = a_s'$，并且采用同一种规格的钢筋。对于常用的 HPB300 级、HRB335 级和 HRB400 级钢筋，由于 $f_y = f_y'$，因此在大偏心受压时，一般有 $f_y A_s = f_y' A_s'$(当 $2a_s'/h_0 \leqslant \xi \leqslant \xi_b$ 时)；对于小偏心受压，由于 A_s 不屈服，故情况稍为复杂一些。

由于对称配筋是非对称配筋的特殊情形，因此，偏心受压构件的基本公式(4-14)、式(4-15)仍可应用。而由于对称配筋的特点，这些公式均可以简化。

对称配筋计算包括截面选择和承载力校核两个方面的内容。

1. 截面选择

在对称配筋情况下，界限破坏荷载为

$$N_b = \xi_b \alpha_1 f_c b h_0 \tag{4-16}$$

因此，当轴向压力设计值 $N > N_b$ 时，截面为小偏心受压；当 $N \leqslant N_b$ 时，截面为大偏心受压。这也表示在大偏心受压时的对称配筋矩形截面在式(4-14)中取用 $\sigma_s A_s = f_y' A_s'$ 后，

$$\xi = \frac{N}{\alpha_1 f_c b h_0} \leqslant \xi_b \tag{4-17}$$

故对称配筋下的偏心受压构件，可用式(4-16)中的 N_b 或式(4-17)中的 ξ 直接判断大、小偏心受压的类型，而不必用经验判别式 $e_i > 0.3h_0$ 或 $e_i \leqslant 0.3h_0$ 进行判断。

在实际设计中，构件截面尺寸的选择往往取决于构件的刚度，因此，有可能出现截面尺寸很大而荷载相对较小及偏心距也小的情形。这时按式(4-16)得出大偏心受压的结论，但又会有 $e_i \leqslant 0.3h_0$ 的情况存在。实际上，这种情况虽因偏心距较小而在概念上属于小偏心受压，但是这种情况无论按大偏心受压计算还是按小偏心受压计算都接近按构造配筋。因此，只要是对称配筋，就可以用 $N \leqslant N_b$ 或 $\xi \leqslant \xi_b$ 作为判断偏心受压类型的唯一依据，这样，也可使上述情况的计算得到简化。

(1)大偏心受压。由式(4-17)、式(4-15)并考虑 $\xi < 2a_s'/h_0$ 的情况，可得出如图 4-11 所示的计算流程图。

(2)小偏心受压。当 $\xi > \xi_b$ 时，应按小偏心受压情形进行计算。

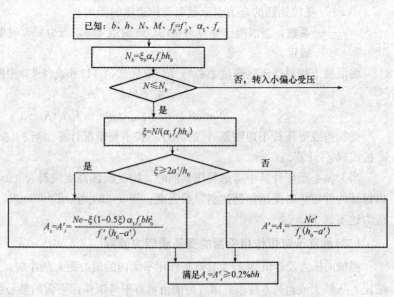

图 4-11　矩形截面对称配筋大偏心受压构件配筋计算流程图

由式(4-14)、式(4-15)，取 $A_s=A_s'$，$f_y=f_y'$，$a_s=a_s'$，可得到 ξ 的三次方程，解此方程算出 ξ 后，即可求得配筋。但解三次方程对一般设计而言过于烦琐，可采用如下方法计算。

将式(4-4)代入式(4-14)并考虑对称配筋的条件，经整理，得

$$\xi=\frac{(\beta_1-\xi_b)N+\xi_b f_y'A_s'}{(\beta_1-\xi_b)\alpha_1 f_c bh_0+f_y'A_s'} \tag{4-18}$$

将式(4-15)写成

$$f_y'A_s'=\frac{Ne-\alpha_1 f_c bh_0^2 \xi(1-0.5\xi)}{h_0-a_s'} \tag{4-19}$$

从式(4-18)、式(4-19)可以发现，ξ 和 $f_y'A_s'$ 是相互依存的，在数学上称为迭代公式。如先假定初值 $[\xi]_0$，即可由式(4-19)求得 $[f_y'A_s']_0$；将此值代入式(4-18)，又可求得 $[\xi]_1$，再将 $[\xi]_1$ 代入式(4-19)又能求得 $[f_y'A_s']_1$……随着次数增加，ξ 和 $f_y'A_s'$ 将越来越接近真实值。

合理地选择初值 $[\xi]_0$，可以减少迭代次数。在小偏心受压情形下，ξ 在 ξ_b 和 h/h_0 之间。当 ξ 在此范围内变化时，计算表明，对于 HRB335 级、HRB400 级钢筋，$\xi(1-0.5\xi)$ 大致在 $0.39\sim0.5$ 变化。因此，迭代法的第一步，可先在 $0.4\sim0.5$ 假定 $\xi(1-0.5\xi)$ 的一个初值，如取 $\xi(1-0.5\xi)=0.43$ 开始进行迭代计算。

对于一般设计计算，在按上述步骤求得 $[\xi]_1$ 后，将其代入式(4-19)算出 A_s' 后就可用于配筋，其计算 A_s' 的流程(即一次迭代)如图 4-12 所示。

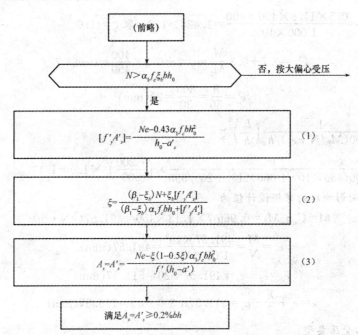

图 4-12 矩形截面对称配筋小偏心受压构件配筋计算流程图

上述计算流程，对于小偏心受压的对称配筋计算，简单而明确。如需要提高精度，可在式(2)和式(3)之间再迭代一次。

《设计规范》给出的求 ξ 的近似公式实际上就是图 4-13 中式(1)代入式(2)后的结果，即

$$\xi=\frac{N-\xi_b \alpha_1 f_c bh_0}{\dfrac{Ne-0.43\alpha_1 f_c bh_0^2}{(\beta_1-\xi_b)(h_0-a_s')}+\alpha_1 f_c bh_0}+\xi_b \tag{4-20}$$

【例 4-2】 某矩形截面钢筋混凝土柱，设计使用年限为 50 年，环境类别为一类。$b=$

$400\ \text{mm}$，$h = 600\ \text{mm}$，柱的计算长度 $l_0 = 7.2\ \text{m}$。承受轴向压力设计值 $N = 1\ 000\ \text{kN}$，柱两端弯矩设计值分别为 $M_1 = 400\ \text{kN} \cdot \text{m}$，$M_2 = 450\ \text{kN} \cdot \text{m}$，单曲率弯曲。该柱采用 HRB400 级钢筋（$f_y = f_y' = 360\ \text{N/mm}^2$），混凝土强度等级为 C25（$f_c = 11.9\ \text{N/mm}^2$，$f_t = 1.27\ \text{N/mm}^2$）。采用对称配筋，试求纵向钢筋截面面积并绘制截面配筋图。

【解】 （1）材料强度和几何参数。

根据题目的已知条件，HRB400 级钢筋，强度等级为 C25 的混凝土，$\xi_b = 0.518$，$\alpha_1 = 1.0$，$\beta_1 = 0.8$。

由构件的环境类别为一类，柱类构件及设计使用年限为 50 年考虑，构件最外层钢筋的保护层厚度为 20 mm，对混凝土强度等级不超过 C25 的构件要多加 5 mm，初步确定受压柱箍筋直径采用 8 mm，柱受力纵筋为 $20 \sim 25\ \text{mm}$，则取 $a_s = a_s' = 20 + 5 + 8 + 12 = 45\,(\text{mm})$。

$$h_0 = h - a_s = 600 - 45 = 555\,(\text{mm})$$

（2）求弯矩设计值（考虑二阶效应后）。

由于 $M_1/M_2 = 400/450 = 0.889$（弯矩同号为单曲率弯曲，否则为非单曲率弯曲）

$$i = \sqrt{\frac{I}{A}} = \sqrt{\frac{1}{12}}h = \sqrt{\frac{1}{12}} \times 600 = 173.2\,(\text{mm})$$

$l_0/i = 7\ 200/173.2 = 41.57\,(\text{mm}) > 34 - 12\dfrac{M_1}{M_2} = 23.33\ \text{mm}$，应考虑附加弯矩的影响。

$$\zeta_c = \frac{0.5 f_c A}{N} = \frac{0.5 \times 11.9 \times 400 \times 600}{1\ 000 \times 10^3} = 1.428 > 1.0，取 \zeta_c = 1.0$$

$$C_m = 0.7 + 0.3\frac{M_1}{M_2} = 0.7 + 0.3 \times \frac{400}{450} = 0.966\ 7$$

$$e_a = \frac{h}{30} = \frac{600}{30} = 20\,(\text{mm})$$

$$\eta_{ns} = 1 + \frac{1}{1\ 300(M_2/N + e_a)/h_0}\left(\frac{l_0}{h}\right)^2 \zeta_c$$

$$= 1 + \frac{1}{1\ 300(450 \times 10^6/1\ 000 \times 10^3 + 20)/555} \times \left(\frac{7\ 200}{600}\right)^2 \times 1.0 = 1.13$$

考虑纵向挠曲影响后的弯矩设计值为

$$M = C_m \eta_{ns} M_2 = 0.966\ 7 \times 1.13 \times 450 = 491.57\,(\text{kN} \cdot \text{m})$$

$$e_0 = \frac{M}{N} = \frac{491.57 \times 10^6}{1\ 000 \times 10^3} = 491.57\,(\text{mm})$$

$$e_i = e_0 + e_a = 491.57 + 20 = 511.57\,(\text{mm})$$

$$e = e_i + \frac{h}{2} - a_s = 511.57 + 300 - 45 = 766.57\,(\text{mm})$$

（3）判别偏心受压类型。

$N_b = \alpha_1 f_c b h_0 \xi_b = 1.0 \times 11.9 \times 400 \times 555 \times 0.518 = 1\ 368.5\,(\text{kN}) > N$，为大偏心受压。

（4）计算 ξ 和配筋。

$$\xi = \frac{N}{\alpha_1 f_c b h_0} = \frac{1\ 000 \times 10^3}{1.0 \times 11.9 \times 400 \times 555} = 0.379 > \frac{2a_s'}{h_0} = \frac{2 \times 45}{555} = 0.162$$

$$A_s = A_s' = \frac{Ne - \alpha_1 f_c b h_0^2 \xi(1 - 0.5\xi)}{f_y'(h_0 - a_s)}$$

$$= \frac{1\ 000 \times 10^3 \times 766.57 - 1.0 \times 11.9 \times 400 \times 555^2 \times 0.379 \times (1 - 0.5 \times 0.379)}{360 \times (555 - 45)}$$

$$= 1\ 722.1\,(\text{mm}^2) > 0.002bh = 480\ \text{mm}^2$$

每边选用纵筋 3Φ22+2Φ20 对称配置（$A_s=A'_s=1\,769$ mm²），按构造要求箍筋选用 Φ8@250。

【例 4-3】 一截面尺寸 $b\times h=400$ mm×500 mm 的钢筋混凝土柱，设计使用年限为 50 年，环境类别为一类，承受轴向压力设计值 $N=2\,500$ kN，两端弯矩设计值分别为 $M_1=120$ kN·m，$M_2=167.5$ kN·m，单曲率弯曲。该柱计算长度 $l_0=7.5$ m，该柱采用 HRB400 级钢筋（$f_y=f'_y=360$ N/mm²，$\xi_b=0.518$），混凝土强度等级为 C30（$f_c=14.3$ N/mm²，$f_t=1.43$ N/mm²，$\alpha_1=1.0$，$\beta_1=0.8$）。采用对称配筋，试求该柱纵向钢筋截面面积并绘制截面配筋图。

【解】 (1)材料强度和几何参数。

假定箍筋直径为 8 mm，纵筋直径为 20mm，则 $a_s=20+8+10=38$(mm)，取 $a_s=a'_s=40$ mm，$h_0=h-a_s=500-40=460$(mm)。

(2)求弯矩设计值 M(考虑二阶效应后)。

由于 $M_1/M_2=120/167.5=0.716$(弯矩同号为单曲率弯曲，否则为非单曲率弯曲)

$$i=\sqrt{\frac{I}{A}}=\sqrt{\frac{1}{12}}h=\sqrt{\frac{1}{12}}\times500=144.34(\text{mm})$$

$l_0/i=7\,500/144.34=51.96(mm)>34-12\dfrac{M_1}{M_2}=25.4$ mm，应考虑附加弯矩的影响。

$$\zeta_c=\frac{0.5f_cA}{N}=\frac{0.5\times14.3\times400\times500}{2\,500\times10^3}=0.572$$

$$C_m=0.7+0.3\frac{M_1}{M_2}=0.7+0.3\times\frac{120}{167.5}=0.915$$

$$e_a=\frac{h}{30}=\frac{500}{30}=16.67(\text{mm})，\text{取}\ e_a=20\ \text{mm}。$$

$$\eta_{ns}=1+\frac{1}{1\,300(M_2/N+e_a)/h_0}\left(\frac{l_0}{h}\right)^2\zeta_c$$

$$=1+\frac{1}{1\,300[167.5\times10^6/(2\,500\times10^3)+20]/400}\times\left(\frac{7\,500}{500}\right)^2\times0.572=1.46$$

考虑纵向挠曲影响后的弯矩设计值为

$$M=C_m\eta_{ns}M_2=0.915\times1.46\times167.5=223.76(\text{kN}\cdot\text{m})$$

$$e_0=\frac{M}{N}=\frac{223.76\times10^6}{2\,500\times10^3}=89.51(\text{mm})$$

$$e_i=e_0+e_a=89.51+20=109.51(\text{mm})$$

$e_i<0.3h_0=0.3\times460=138$(mm)，可先按小偏心受压计算。

$$e=e_i+\frac{h}{2}-a_s=109.51+250-40=319.51(\text{mm})$$

(3)判别偏心受压类型。

$N_b=\alpha_1f_cbh_0\xi_b=1.0\times14.3\times400\times460\times0.518=1\,362.96(kN)<N$，故为小偏心受压。

(4)计算 ξ。

$$[f'_yA'_s]=\frac{Ne-0.43\alpha_1f_cbh_0^2}{h_0-a'_s}$$

$$=\frac{2\,500\times10^3\times319.51-0.43\times1.0\times14.3\times400\times460^2}{460-40}=662\,675.3$$

$$\xi=\frac{(\beta_1-\xi_b)N+\xi_b[f'_yA'_s]}{(\beta_1-\xi_b)\alpha_1f_cbh_0+[f'_yA'_s]}$$

$$=\frac{(0.8-0.518)\times2\,500\times10^3+0.518\times662\,675.3}{(0.8-0.518)\times1.0\times14.3\times400\times460+662\,675.3}=0.746$$

(5)计算 A_s 及 A'_s。

$$A_s = A'_s = \frac{Ne - \alpha_1 f_c b h_0^2 \xi(1-0.5\xi)}{f'_y(h_0 - a'_s)}$$

$$= \frac{2\,500 \times 10^3 \times 319.51 - 1.0 \times 14.3 \times 400 \times 460^2 \times 0.746(1-0.5 \times 0.746)}{360 \times (460-40)}$$

$$= 1\,538.64(\text{mm}^2) > 0.002bh = 400\ \text{mm}^2$$

每边选用纵筋 2Φ25+2Φ22 对称配置（$A_s = A'_s = 1\,742\ \text{mm}^2$），按构造要求箍筋选用 Φ8@250。

2. 承载力校核

首先应按偏心距的大小 e_i 初步确定偏心受压的类型，再利用基本公式（注意在偏心受压时，取 $f_y A_s = f'_y A'_s$）求出 ξ，以确定究竟是哪一类偏心受压，然后计算承载力。

三、矩形截面偏心受压构件斜截面受剪承载力计算

在偏心受压构件中一般都有剪力的作用，在剪压复合应力状态下，当压应力不超过一定范围时，混凝土的抗剪强度随压应力的增加而提高（当 $N/f_c b h = 0.3 \sim 0.5$ 时，其有利影响达到峰值）。

（一）截面应符合的条件

为避免斜压破坏，限制正常使用时的斜裂缝宽度，以及防止过多的配箍不能充分发挥作用，《设计规范》规定矩形截面的钢筋混凝土偏心受压构件的受剪截面应符合下列条件：

当 $h_w/b \leqslant 4$ 时 $\qquad\qquad\qquad V \leqslant 0.25\beta_c f_c b h_0$ $\qquad$ (4-21a)

当 $h_w/b \geqslant 6$ 时 $\qquad\qquad\qquad V \leqslant 0.2\beta_c f_c b h_0$ $\qquad$ (4-21b)

式中 V——剪力设计值；

$\quad$ β_c——混凝土强度影响系数，当混凝土强度等级不超过 C50 时，β_c 取 1.0；当混凝土强度等级不超过 C80 时，β_c 取 0.8；其间按线性内插法确定。

（二）斜截面受剪承载力计算公式

对矩形、T 形和 I 形截面的钢筋混凝土偏心受压构件，斜截面受剪承载力计算公式为

$$V \leqslant \frac{1.75}{\lambda+1}f_t b h_0 + f_{yv}\frac{A_{sv}}{s}h_0 + 0.07N \qquad (4-22)$$

式中 λ——偏心受压构件计算截面的剪跨比，取 $M/(Vh_0)$（M 为计算截面上与剪力设计值 V 相应的弯矩设计值）；

$\quad$ N——与剪力设计值 V 相应的轴向压力设计值，当大于 $0.3f_c A$ 时，取 $0.3f_c A$（A 为构件的截面面积）。

计算截面的剪跨比 λ 应按下列规定取用：

(1)对框架结构中的框架柱，当其反弯点在层高范围内时，可取为 $H_n/(2h_0)$（H_n 为柱净高）。当 $\lambda < 1$ 时，取 $\lambda = 1$；当 $\lambda > 3$ 时，取 $\lambda = 3$。

(2)其他偏心受压构件，当承受均布荷载时，取 $\lambda = 1.5$；当承受集中荷载时（包括作用有多种荷载且集中荷载对支座截面或节点边缘所产生的剪力值占总剪力值的 75% 以上的情况），取 $\lambda = a/h_0$（a 为集中荷载至支座或节点边缘的距离），当 $\lambda < 1.5$ 时取 $\lambda = 1.5$；当 $\lambda > 3$ 时取 $\lambda = 3$。

当剪力设计值较小且符合下式的要求时：

$$V \leqslant \frac{1.75}{\lambda+1}f_t b h_0 + f_{yv}\frac{A_{sv}}{s}h_0 - 0.2N \qquad (4-23)$$

可不进行斜截面受剪承载力的计算，而仅需根据受压构件配箍的构造要求配置箍筋。

【例 4-4】 已知一钢筋混凝土框架结构中的框架柱，设计使用年限为 50 年，环境类别为一类。截面尺寸及柱高度如图 4-13 所示。混凝土强度等级为 C30($f_c = 14.3 \text{ N/mm}^2$，$f_t = 1.43 \text{ N/mm}^2$)，箍筋用 HPB300 级钢筋($f_{yv} = 270 \text{ N/mm}^2$)，柱端作用轴向压力设计值 $N = 715 \text{ kN}$，剪力设计值 $V = 175 \text{ kN}$，试求所需箍筋数量($h_0 = 360 \text{ mm}$)。

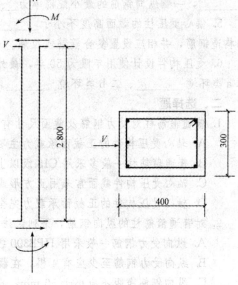

图 4-13 例 4-4 附图

【解】 (1)截面验算。

$\beta_c = 1.0$，$h_w/b = 360/300 = 1.2 < 4$

$0.25\beta_c f_c b h_0 = 0.25 \times 1.0 \times 14.3 \times 300 \times 360 = 386.1(\text{kN}) > V = 175 \text{ kN}$，截面尺寸满足要求。

(2)判别是否可按构造配箍。

$\lambda = \dfrac{H_n}{2h_0} = \dfrac{2\,800}{2 \times 360} = 3.89 > 3$，取 $\lambda = 3$。

$0.3 f_c A = 0.3 \times 14.3 \times 300 \times 400 = 514.8(\text{kN}) < N = 715 \text{ kN}$，取 $N = 514.8 \text{ kN}$。

由式(4-22)可得

$\dfrac{1.75}{\lambda+1} f_t b h_0 + 0.07N = \dfrac{1.75}{3+1} \times 1.43 \times 300 \times 360 + 0.07 \times 514\,800 = 103\,603.5(\text{N}) < V$

故箍筋由计算确定。

(3)箍筋计算。

由式(5-21)可得

$\dfrac{A_{sv}}{s} = \dfrac{V - \left(\dfrac{1.75}{\lambda+1} f_t b h_0 + 0.07N\right)}{f_{yv} h_0} = \dfrac{175\,000 - 103\,603.5}{270 \times 360} = 0.735$

选 $\phi 8$ 双肢箍，则 $s = \dfrac{2 \times 50.3}{0.735} = 136.9(\text{mm})$，取 $s = 130 \text{ mm}$。

本章小结

本章主要介绍轴心受压构件及偏心受压构件的设计方法。工程中轴心受压构件用得不多，其计算方法比较容易掌握。通过本章的学习掌握偏心受压构件正截面破坏的两种形态——大偏心受压和小偏心受压构件的承载力计算方法。

思考练习题

一、填空题

1. 钢筋混凝土轴心受压构件按照箍筋的功能和配置方式的不同，可分为＿＿＿＿、＿＿＿＿两种。

2. 偏心受压构件的最终破坏都是由于＿＿＿＿而造成的。

3. 构件中的轴向压力在变形后的结构或构件中引起的附加内力和附加变形，称为＿＿＿＿。

4. 受压构件纵向钢筋的配筋率应满足最小配筋率的要求，全部纵向钢筋的最小配筋率为

_____，一侧纵向钢筋的最小配筋率为_____。

5. 偏心受压柱的截面高度不小于_____时，在柱的侧面应设置直径不小于_____的纵向构造钢筋，并相应设置复合箍筋或拉筋。

6. 受压构件设计使用年限为 50 年，最外层钢筋（箍筋）的保护层厚度：一类环境_____、二 a 类环境_____、二 b 类环境_____、三 a 类环境_____、三 b 类环境_____。

二、选择题

1. 普通箍筋柱对受力钢筋及截面尺寸有（　　）的规定。

    A. 轴心受压构件的正截面承载力主要由普通箍筋来提供

    B. 普通箍筋柱一般多采用 C15 级以上的混凝土

    C. 轴心受压构件截面常采用正方形或长方形，构件截面尺寸不宜小于 250 mm

    D. 轴心受压构件的正截面承载力完全由纵向主筋来提供

2. 对普通箍筋柱的纵向钢筋，下列说法错误的是（　　）。

    A. 纵向受力钢筋一般采用 HPB300 级、HRB335 级和 HRB400 级热轧钢筋

    B. 纵向受力钢筋至少应有 4 根，在截面每一角隅处必须布置一根

    C. 纵向钢筋净距不应小于 50 mm，也不应大于 350 mm

    D. 纵向钢筋的直径不应小于 10 mm

3. 全截面配筋率为（　　）。

    A. $\rho = \dfrac{A}{bh}$ B. $\rho = \dfrac{A'_s}{bh}$ C. $\rho = \dfrac{A_s + A'_s}{bh}$ D. $\rho = \dfrac{A_s + A'_s}{bh_0}$

4. 大偏心受压构件，其正截面承载力主要由（　　）控制。

    A. 受拉钢筋   B. 受压钢筋

    C. 受压区混凝土强度   D. 箍筋强度

5. 小偏心受压构件，其正截面承载力主要取决于（　　）。

    A. 受拉钢筋   B. 受压钢筋

    C. 受压区混凝土强度   D. 箍筋强度

三、简答题

1. 偏心受压构件可分为哪几种？

2. 大偏心受压和小偏心受压的破坏特征有何区别？截面应力状态有何不同？

3. 简述大偏心受压构件的破坏过程。

4. 简述偏心受压构件强度复核的内容。

四、计算题

1. 偏心受压柱的截面尺寸为 350 mm×450 mm，计算长度 $l_0 = 5$ m，采用强度等级为 C30 的混凝土，$f_{cd} = 13.8$ MPa 和 HRB335 级钢筋，$f_{sd} = 280$ MPa，结构重要性系数 $\gamma_0 = 1$，$\xi_b = 0.56$。计算纵向力 $N_d = 200$ kN，计算弯矩 $M_d = 129$ kN·m，试对截面进行配筋并进行截面复核。

2. 某一矩形截面偏心受压柱，截面尺寸 $b \cdot h = 400$ mm×600 mm，计算长度 $l_0 = 5$ m，采用强度等级为 C30 的混凝土，HRB335 级纵向钢筋，$N_d = 260$ kN，$M_d = 120$ kN·m，试对截面进行配筋并进行截面校核。

3. 已知某矩形截面偏心受压柱，截面尺寸 $b \cdot h = 400$ mm×600 mm，计算长度 $l_0 = 5$ m，承受计算纵向力 $N_d = 1\,500$ kN，计算弯矩 $M_d = 195$ kN·m，采用强度等级为 C25 的混凝土，HRB335 级钢筋，对称配筋，求所需纵向钢筋截面面积。

第五章 钢筋混凝土受扭构件承载力计算

第一节 纯扭构件承载力计算

一、受扭构件

在工程结构中，处于纯扭矩作用的情况还是很少见的，绝大多数构件都是处于弯矩、剪力、扭矩共同作用下的复合受扭情况。图 5-1 所示的吊车梁、雨篷梁及现浇框架边梁就是常见的受扭构件。

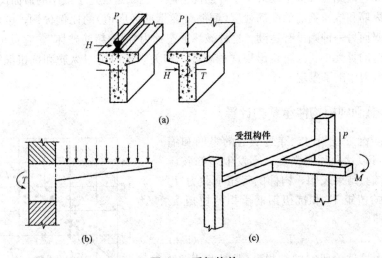

图 5-1 受扭构件

(a)吊车梁；(b)雨篷梁；(c)现浇框架边梁

钢筋混凝土构件的扭转可以分为两类，即平衡扭转和协调扭转(也称约束扭转)。若构件中的扭矩由荷载直接引起，其值可由平衡条件直接求出，则此类扭转称为平衡扭转，如图 5-1 中所示的吊车梁和雨篷梁；若扭矩是由相邻构件的位移受到该构件的约束而引起的，扭矩值需结合变形协调条件才能求得，则此类扭转称为协调扭转，如图 5-1(c)所示的现浇框架边梁，由于次梁梁端的弯曲转动变形而使边梁产生扭转，截面承受扭矩。对于平衡扭转，构件必须提供足够的受扭承载力，否则便不能与外荷载产生的扭矩平衡而引起破坏。对于协调扭转，由于在受力过程中因混凝土的开裂构件的抗扭刚度迅速降低，截面承受的扭矩也会随之减小，引起内力重分布。因此，扭矩的大小与各受力阶段构件的刚度比有关。

二、钢筋混凝土矩形截面受扭构件的破坏形态

试验表明，对于钢筋混凝土矩形截面受扭构件，其破坏形态与配置钢筋的数量多少有关，可以分为以下三类：

(1)少筋破坏。当配筋（垂直纵轴的箍筋和沿周边的纵向钢筋）过少或配筋间距过大时，在扭矩作用下，先在构件截面的长边最薄弱处产生一条与纵轴成45°左右的斜裂缝，构件一旦开裂，钢筋不足以承担由混凝土开裂后转移给钢筋承担的拉力，裂缝就会迅速向相邻两侧面呈螺旋形延伸，形成三面开裂、一面受压的空间扭曲裂面，构件随即破坏。若破坏过程急速而突然，则属于脆性破坏。其破坏扭矩 T_u 基本上等于开裂扭矩 T_{cr}。这种破坏形态称为"少筋破坏"。为防止发生这类脆性破坏，《设计规范》对受扭构件提出了抗扭箍筋和抗扭纵筋的下限（最小配筋率），并对箍筋最大间距等作出了严格的规定。

(2)适筋破坏。配筋适量时，在扭矩作用下，首条斜裂缝出现后并不立即破坏。随着扭矩的增加，将陆续出现多条大体平行的连续的螺旋形裂缝。与斜裂缝相交的纵筋和箍筋先后达到屈服，斜裂缝进一步展开，最后受压面上的混凝土也被压碎，构件随之破坏。这种破坏称为"适筋破坏"，属于具有一定延性的破坏。下面列出的受扭承载力公式所计算的也就是这一类破坏形态。

(3)超筋破坏。若配筋量过大，则在纵筋和箍筋尚未达到屈服时，混凝土就因受压而被压碎，构件立告破坏。这种破坏称为"超筋破坏"，属于无预兆的脆性破坏。在设计中，应力求避免发生超筋破坏，因此在规范中就规定了配筋的上限，也就是规定了最小的截面尺寸条件。

如果抗扭纵筋和抗扭箍筋的配筋强度（配筋量及钢筋强度值）的比例失调，破坏时会发生一种钢筋达到屈服而另一种则没有达到，这种破坏形态称为"部分超筋破坏"。它虽也有一定延性，但比适筋破坏时的延性小。为防止出现这种破坏，相关规范对抗扭纵筋和抗扭箍筋的配筋强度比值 ζ 的适合范围作出了限定。

三、矩形截面纯扭构件承载力计算

当抗扭钢筋配置适当时，穿过裂缝的纵筋和箍筋在破坏时都可以达到屈服强度，不发生超筋破坏和少筋破坏。试验结果表明，构件的受扭承载力 T_u 由混凝土承担的扭矩 T_c 和抗扭钢筋承担的扭矩 T_s 两部分组成，即

$$T_u = T_c + T_s \tag{5-1}$$

根据国内大量试验研究的结果，《设计规范》建议钢筋混凝土矩形截面纯扭构件的受扭承载力按下列公式计算（图 5-2）：

$$T \leqslant 0.35 f_t W_t + 1.2 \sqrt{\zeta} f_{yv} \frac{A_{st1} A_{cor}}{s} \tag{5-2}$$

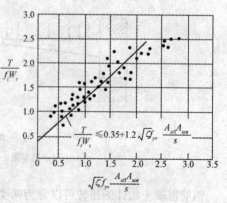

图 5-2　纯扭构件的强度试验结果

$$\zeta = \frac{f_y A_{sl} s}{f_{yv} A_{st1} u_{cor}}$$ (5-3)

式中 T——扭矩设计值；

W_t——截面受扭塑性抵抗矩；

f_t——混凝土抗拉强度设计值；

ζ——受扭构件纵向钢筋与箍筋的配筋强度比值；

f_{yv}——受扭箍筋抗拉强度设计值；

A_{st1}——受扭构件中沿截面周边所配置箍筋的单肢截面面积；

A_{cor}——截面核心部分的面积，$A_{cor}=b_{cor}h_{cor}$，此处 b_{cor} 和 h_{cor} 分别为从箍筋内表面计算的截面核心部分的短边和长边边长；

s——抗扭箍筋的间距；

f_y——抗扭纵筋抗拉强度设计值；

A_{stl}——受扭计算中取对称布置的全部纵向钢筋的截面面积；

u_{cor}——截面核心部分的周长，$u_{cor}=2(b_{cor}+h_{cor})$。

四、T形和I形截面纯扭构件承载力计算

试验研究表明，对于 T 形和 I 形截面纯扭构件，第一条斜裂缝首先出现在腹板侧面中部，其破坏形态和矩形截面纯扭构件相似。如果将其悬挑翼缘部分去掉，可以见到腹板裂缝与其顶面的裂缝基本相连，形成了大致相互贯通的螺旋形斜裂缝。这说明腹板裂缝的形成有其自身的独立性，受翼缘影响不大，可将腹板和翼缘分别进行抗扭计算。

在计算 T 形和 I 形截面纯扭构件的承载力时，可像计算开裂扭矩一样，将截面划分为几个矩形截面，并将扭矩 T 按照各矩形分块的截面受扭塑性抵抗矩分配给几个矩形，以求得各矩形分块所应承担的扭矩。各矩形分块所承担的扭矩设计值可按下列规定计算：

(1)腹板

$$T_w = \frac{W_{tw}}{W_t} T$$ (5-4)

(2)受压翼缘

$$T_f' = \frac{W_{tf}'}{W_t} T$$ (5-5)

(3)受拉翼缘

$$T_f = \frac{W_{tf}}{W_t} T$$ (5-6)

式中 T——T 形和 I 形截面所承受的扭矩设计值；

T_w、T_f'、T_f——腹板、受压翼缘和受拉翼缘所承受的扭矩设计值；

W_{tw}、W_{tf}'、W_{tf}——腹板、受压翼缘和受拉翼缘的截面受扭塑性抵抗矩。

由式(5-4)～式(5-6)，各矩形分块抗扭钢筋所承担的扭矩设计值可按下列公式计算：

$$T_{us} = T_w - 0.35 f_t W_{tw}$$ (5-7)

$$T_{fs}' = T_f' - 0.35 f_t W_{tf}'$$ (5-8)

$$T_{fs} = T_f - 0.35 f_t W_{tf}$$ (5-9)

式中 T_{us}、T_{fs}'、T_{fs}——腹板、受压翼缘和受拉翼缘抗扭钢筋所承担的扭矩设计值。

根据各部分抗扭钢筋所承担的扭矩设计值，就可分别计算决定各部分抗扭钢筋的数量和布置。

第二节　剪扭构件承载力计算

一、轴向压力和扭矩共同作用下承载力计算

在轴向压力和扭矩共同作用下的矩形截面钢筋混凝土构件，其受扭承载力按下列公式计算：

$$T \leqslant 0.35 f_t W_t + 1.2\sqrt{\zeta} f_{yv} \frac{A_{st1}A_{cor}}{s} + 0.07 \frac{N}{A} W_t \tag{5-10}$$

式中　N——与扭矩设计值 T 相应的轴向压力设计值，当 $N > 0.3 f_c A$ 时，取 $N = 0.3 f_c A$；

　　　A——构件截面面积。

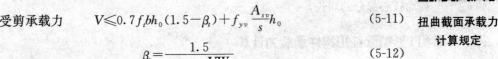

扭曲截面承载力
计算规定

二、剪力和扭矩共同作用下承载力计算

(1)矩形截面一般剪扭构件的承载力应按下列公式计算：

受剪承载力　　$V \leqslant 0.7 f_t b h_0 (1.5 - \beta_t) + f_{yv} \dfrac{A_{sv}}{s} h_0$ 　　(5-11)

$$\beta_t = \frac{1.5}{1 + 0.5 \dfrac{V W_t}{T b h_0}} \tag{5-12}$$

受扭承载力　　$T \leqslant 0.35 f_t \beta_t W_t + 1.2\sqrt{\zeta} f_{yv} \dfrac{A_{st1}A_{cor}}{s}$ 　　(5-13)

式中　A_{sv}——受剪承载力所需的箍筋截面面积；

　　　β_t——一般剪扭构件混凝土受扭承载力降低系数，当 $\beta_t < 0.5$ 时，取 $\beta_t = 0.5$；当 $\beta_t > 1$ 时，取 $\beta_t = 1$。

式中其他符号意义同前。

(2)矩形截面集中荷载作用下的独立剪扭构件的承载力应按下列公式计算：

受剪承载力　　$V \leqslant (1.5 - \beta_t) \dfrac{1.75}{\lambda + 1} f_t b h_0 + f_{yv} \dfrac{A_{sv}}{s} h_0$ 　　(5-14)

$$\beta_t = \frac{1.5}{1 + 0.2(\lambda + 1) \dfrac{V W_t}{T b h_0}} \tag{5-15}$$

受扭承载力仍按式(5-13)计算，但式中的 β_t 应按式(5-14)计算。

式中　λ——计算截面的剪跨比；

　　　β_t——集中荷载作用下剪扭构件混凝土受扭承载力降低系数，当 $\beta_t < 0.5$ 时，取 $\beta_t = 0.5$；当 $\beta_t > 1$ 时，取 $\beta_t = 1$。

T 形和 I 形截面剪扭构件的受剪扭承载力同矩形截面，可将 T 和 W_t 分别以 T_w 和 W_{tw} 代替时；受压翼缘及受拉翼缘可按纯扭构件的规定进行计算，但计算时应将 T 和 W_t 分别以 T'_f 和 W'_{tf} 或 T_f 和 W_{tf} 代替。

三、轴向压力、弯矩、剪力和扭矩共同作用下承载力计算

(1)在轴向压力、弯矩、剪力和扭矩共同作用下的钢筋混凝土矩形截面框架柱，其受剪扭承载力应符合下列规定：

受剪承载力　　$V \leqslant (1.5 - \beta_t) \left(\dfrac{1.75}{\lambda + 1} f_t b h_0 + 0.07 N \right) + f_{yv} \dfrac{A_{sv}}{s} h_0$ 　　(5-16)

受扭承载力 $$T \leqslant \beta_t \left(0.35 f_t + 0.07 \frac{N}{A} \right) W_t + 1.2 \sqrt{\zeta} f_{yv} \frac{A_{st1} A_{cor}}{s} \tag{5-17}$$

式中，受扭承载力降低系数 β_t 应按集中荷载作用下的独立剪扭构件的相关规定计算[式(5-15)]。

(2)在轴向压力、弯矩、剪力和扭矩共同作用下的钢筋混凝土矩形截面框架柱，当 $T \leqslant (0.175 f_t + 0.035 N/A) W_t$ 时，可仅按偏心受压构件的正截面受压承载力和框架柱斜截面受剪承载力分别进行计算。

(3)在轴向压力、弯矩、剪力和扭矩共同作用下的钢筋混凝土矩形截面框架柱，其纵向钢筋截面面积应分别按偏心受压构件的正截面受压承载力和剪扭构件的受扭承载力计算确定，并应配置在相应的位置；箍筋截面面积应分别按剪扭构件的受剪承载力和受扭承载力计算确定，并应配置在相应的位置。

四、弯矩、剪力和扭矩共同作用下承载力计算

在弯矩、剪力和扭矩共同作用下的矩形截面构件，可按下列规定进行承载力计算：

(1)当 $V \leqslant 0.35 f_t bh_0$ 或 $V \leqslant 0.875 f_t bh_0/(\lambda + 1)$ 时，可仅按受弯构件的正截面受弯承载力和纯扭构件的受扭承载力分别进行计算；

(2)当 $V \leqslant 0.175 f_t W_t$ 或 $T \leqslant 0.175 \alpha_h f_t W_t$ 时，可仅按受弯构件的正截面受弯承载力和斜截面受剪承载力分别进行计算。

第三节　受扭构件的构造要求

对于弯矩、剪力、扭矩共同作用下的复合受扭构件，为保证构件具有一定的延性，防止发生少筋破坏和钢筋屈服前混凝土先被压碎的超筋破坏，《设计规范》规定，受扭构件应满足纵向受扭钢筋的最小配筋率、受剪扭的箍筋最小配筋率和构件的截面尺寸等构造要求。

一、配筋的下限

(1)受扭纵向受力钢筋的最小配筋率。弯剪扭构件受扭纵向受力钢筋的最小配筋率应取为

$$\rho_{stl} = \frac{A_{stl}}{bh} \geqslant 0.6 \sqrt{\frac{T}{Vb}} \times \frac{f_t}{f_y} \tag{5-18}$$

式中，当 $\frac{T}{Vb} > 2$ 时，取 $\frac{T}{Vb} = 2$。受扭纵向受力钢筋的间距不应大于 200 mm 和梁的截面宽度；在截面四角必须设置受扭纵向受力钢筋，其余纵向钢筋沿截面周边均匀对称布置。当支座边作用较大扭矩时，受扭纵向钢筋应按受拉钢筋锚固在支座内。

在弯剪扭构件中，弯曲受拉边纵向受拉钢筋的最小配筋量，不应小于按弯曲受拉钢筋最小配筋率计算出的钢筋截面面积与按受扭纵向受力钢筋最小配筋率计算并分配到弯曲受拉边钢筋截面面积之和。

(2)受扭箍筋的最小配筋率。在弯剪扭构件中，受剪扭箍筋的最小配筋率应取为

$$\rho_{sv} = \frac{n A_{sv}}{bs} \geqslant 0.28 \frac{f_t}{f_{yv}} \tag{5-19}$$

箍筋必须做成封闭状，且应沿截面周边布置；当采用复合箍筋时，位于截面内部的箍筋不应计入受扭所需的箍筋面积；受扭箍筋的末端应做成 135° 的弯钩，弯钩端头平直段不应小于 $10d$ (d 为箍筋直径)。

对于箱形截面构件，式(5-18)和式(5-19)中的 b 均应取截面的总宽度。

二、配筋的上限

为防止配筋过多而发生超筋脆性破坏，《设计规范》规定，对 $\dfrac{h_w}{b} \leqslant 6$ 的矩形截面、T 形、I 形

截面和 $\dfrac{h_w}{t_w} \leqslant 6$ 的箱形截面混凝土构件，其截面尺寸应符合下列要求：

当 $\dfrac{h_w}{b} \leqslant 4$ 或 $\dfrac{h_w}{t_w} \leqslant 4$ 时，满足 $\dfrac{V}{bh_0} + \dfrac{T}{0.8W_t} \leqslant 0.25\beta_c f_c$

当 $\dfrac{h_w}{b} = 6$ 或 $\dfrac{h_w}{t_w} = 6$ 时，满足 $\dfrac{V}{bh_0} + \dfrac{T}{0.8W_t} \leqslant 0.2\beta_c f_c$

当 $4 < \dfrac{h_w}{b} < 6$ 或 $4 < \dfrac{h_w}{t_w} < 6$ 时，按线性内插法取用。

式中　b——矩形截面的宽度(T 形或 I 形截面的腹板宽度 b_w；箱形截面的侧壁总厚度 $2t_w$)；

　　　h_w——截面的腹板高度，对矩形截面，取有效高度(T 形截面取有效高度减去翼缘高度；I 形和箱形截面取腹板净高)；

　　　β_c——混凝土强度影响系数(当混凝土强度等级不大于 C50 时，取 $\beta_c = 1.0$；当混凝土强度等级为 C80 时，取 $\beta_c = 0.8$，其间按线性内插法确定)。

另外，当截面尺寸满足下列条件时，可不进行构件截面受剪扭承载力计算，但应按上述构造要求配置纵向钢筋和箍筋：

$$\frac{V}{bh_0} + \frac{T}{W_t} \leqslant 0.7f_t$$

$$\frac{V}{bh_0} + \frac{T}{W_t} \leqslant 0.7f_t + 0.07\frac{N}{bh_0}$$

【例 5-1】 已知一均布荷载作用下钢筋混凝土 T 形截面弯剪扭构件，设计使用年限为 50 年，环境类别为一类，截面尺寸 $b \times h = 200\text{ mm} \times 400\text{ mm}$，$b_f' = 400\text{ mm}$，$h_f' = 80\text{ mm}$，$a_s = 35\text{ mm}$。构件所承受弯矩设计值 $M = 50\text{ kN·m}$，剪力设计值 $V = 60\text{ kN}$，扭矩设计值 $T = 15\text{ kN·m}$。混凝土强度等级为 C30($f_c = 14.3\text{ N/mm}^2$，$f_t = 1.43\text{ N/mm}^2$)，纵筋采用 HRB400 级钢筋($f_y = 360\text{ N/mm}^2$)，箍筋采用 HPB300 级钢筋($f_{yv} = 270\text{ N/mm}^2$)。试计算其配筋，并绘制截面配筋图。

【解】　(1)受弯纵筋计算。

$$h_0 = 400 - 35 = 365\text{(mm)}$$

首先按第一类 T 形截面试算：

$$\alpha_s = \frac{M}{\alpha_1 b_f' h_0^2 f_c} = \frac{50 \times 10^6}{1 \times 400 \times 365^2 \times 14.3} = 0.006\,56$$

$$\xi = 1 - \sqrt{1 - 2\alpha_s} = 1 - \sqrt{1 - 2 \times 0.065\,6} = 0.068 < \frac{h_f'}{h_0} = \frac{80}{365} = 0.22$$

确定为第一类截面，则

$$A_s = \alpha_1 \xi b_f' h_0 \frac{f_c}{f_y} = 1 \times 0.068 \times 400 \times 365 \times \frac{14.3}{360} = 393.78\text{(mm}^2)$$

(2)受剪及受扭钢筋计算。

1)截面限制条件验算。

$$b_f' < b + 6h_f' = 200 + 6 \times 80 = 680\text{(mm)}$$

$$W_{tw} = \frac{200^2}{6} \times (3 \times 400 - 200) = 66.7 \times 10^5\text{(mm}^3)$$

$$W'_{tf} = \frac{80^2}{2} \times (400 - 200) = 6.4 \times 10^5 (\text{mm}^3)$$

$$W_t = (66.7 + 6.4) \times 10^5 = 73.1 \times 10^5 (\text{mm}^3)$$

当混凝土强度等级小于 C50 时，$\beta_c = 1.0$，由于

$$\frac{h_w}{b} = \frac{365 - 80}{200} = 1.43 < 4$$

故

$$\frac{V}{bh_0} + \frac{T}{0.8W_t} = \frac{6 \times 10^4}{200 \times 365} + \frac{1.5 \times 10^7}{0.8 \times 73.1 \times 10^5}$$

$$= 3.39 (\text{N/mm}^2) < 0.25 \times 1.0 \times 14.3 = 3.58 (\text{N/mm}^2)$$

截面尺寸符合要求。又

$$\frac{V}{bh_0} + \frac{T}{W_t} = 2.87 (\text{N/mm}^2) > 0.7 \times 1.43\ \text{N/mm}^2 = 1.0\ \text{N/mm}^2$$

需要按计算配置受扭钢筋。

2)扭矩分配。

腹板扭矩为

$$T_w = \frac{W_{tw}}{W_t} T = \frac{66.7 \times 10^5}{73.1 \times 10^5} \times 15 = 13.68 (\text{kN} \cdot \text{m})$$

受压翼缘扭矩为

$$T'_f = \frac{W'_{tf}}{W_t} T = \frac{6.4 \times 10^5}{73.1 \times 10^5} \times 15 = 1.32 (\text{kN} \cdot \text{m})$$

3)腹板配筋。

$$A_{cor} = b_{cor} \times h_{cor} = 150 \times 350 = 5.25 \times 10^4 (\text{mm}^2)$$

$$u_{cor} = 2(b_{cor} + h_{cor}) = 2 \times (150 + 350) = 1\ 000 (\text{mm})$$

$$\beta_t = \frac{1.5}{1 + 0.5 \dfrac{VW_{tw}}{T_w bh_0}} = \frac{1.5}{1 + 0.5 \dfrac{60 \times 10^3 \times 66.7 \times 10^5}{13.68 \times 10^6 \times 200 \times 365}} = 1.25$$

取 $\zeta = 1.3$，受扭箍筋由式(5-18)可得

$$\frac{A_{st1}}{s_t} = \frac{13.68 \times 10^6 - 0.35 \times 1.25 \times 1.43 \times 66.7 \times 10^5}{1.2 \times \sqrt{1.3} \times 270 \times 5.25 \times 10^4} = 0.49 (\text{mm})$$

受剪箍筋由式(5-16)可得

$$\frac{A_{sv}}{s} = \frac{60 \times 10^3 - 0.7 \times (1.5 - 1.25) \times 1.43 \times 200 \times 365}{270 \times 365} = 0.42 (\text{mm})$$

采用双肢箍，腹板单肢箍筋总的需求量为

$$\frac{A_{st1}}{s_t} + \frac{A_{sv1}}{s_v} = 0.49 + \frac{0.42}{2} = 0.7 (\text{mm})$$

取箍筋直径为 $\Phi 10 (A_{st1} = 78.5\ \text{mm}^2)$，得箍筋间距为 $s = \dfrac{78.5}{0.7} = 112 (\text{mm})$，取 $s = 100\ \text{mm}$。

$$\rho_{sv} = \frac{A_{sv}}{bs} = \frac{2 \times 78.5}{200 \times 100} = 0.79 > \rho_{sv,min} = 0.28 \frac{f_t}{f_{yv}} = 0.28 \times \frac{1.43}{270} = 0.15\%$$

满足最小配箍率的要求。

由式(5-3)得受扭纵筋

$$A_{stl} = \frac{\zeta f_{yv} A_{st1} u_{cor}}{f_y \cdot s} = \frac{1.3 \times 270 \times 78.5 \times 1\ 000}{360 \times 100} = 765.4 (\text{mm}^2)$$

因为梁高度不大，腹板内可以不配受扭纵筋，只将受扭纵筋在受压区和受拉区平均分配。

弯曲受压区受扭纵筋面积为 $A_s' = \dfrac{765.4}{2} = 382.7(\text{mm}^2)$，选用 $2\Phi16(A_s' = 402\ \text{mm}^2)$。

弯曲受拉区纵筋总面积为 $A_s = 393.78 + \dfrac{765.4}{2} = 776.5(\text{mm}^2)$

选用 $3\Phi20(A_s' = 942\ \text{mm}^2)$。

由式(5-18)得

$$\rho_{tl,\min} = 0.6\frac{f_t}{f_y}\sqrt{\frac{T_w}{Vb}} = 0.6 \times \frac{1.43}{360}\sqrt{\frac{13.68 \times 10^6}{60 \times 10^3 \times 200}} = 0.25\%$$

$$\rho_{s,\min} = 0.45\frac{f_t}{f_y} = 0.45 \times \frac{1.43}{360} = 0.178\% < 0.2\%$$

弯曲受拉区纵筋配筋率为

$$\rho_d = \frac{A_{sl}}{bh} = \frac{942}{200 \times 400} = 1.18\% > \rho_{tl,\min} + \rho_{s,\min} = 0.25\% + 0.2\% = 0.45\%$$

4)弯曲受压翼缘配筋，按纯扭构件计算。

$$A_{\text{cor}}' = b_{f,\text{cor}}' \times h_{f,\text{cor}}' = 150 \times 30 = 4\,500(\text{mm}^2)$$
$$u_5' = 2(b_{f,\text{cor}}' + h_{f,\text{cor}}') = 2 \times (150 + 30) = 360(\text{mm})$$

取 $\zeta = 1.5$，受扭箍筋由式(5-2)可得

$$\frac{A_{s1}}{s} = \frac{1.32 \times 10^6 - 0.35 \times 1.43 \times 6.4 \times 10^5}{1.2\sqrt{1.5} \times 270 \times 4\,500} = 0.56(\text{mm})$$

取箍筋直径为 $\phi10(A_{s1} = 78.5\ \text{mm}^2)$，得到箍筋间距为

$s = \dfrac{78.5}{0.56} = 140(\text{mm})$，取 $s = 100\ \text{mm}$。

受扭纵筋为

$$A_{sl} = 1.5 \times \frac{78.5 \times 270 \times 360}{360 \times 100} = 318(\text{mm}^2)$$

翼缘纵筋按构造要求配置，选 $A_{sl} = 452\ \text{mm}^2 > 318(\text{mm}^2)$。

截面钢筋布置如图5-3所示。

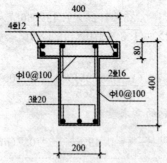

图5-3　例5-1截面配筋图

![本章小结图标] 本章小结

　　本章主要介绍纯扭构件承载力计算、剪扭构件承载力计算、受扭构件的构造要求，通过本

章的学习能掌握钢筋混凝土构件在弯矩、剪力和扭矩共同作用下的受力性能和承载力计算的原则。

📁 ➤ **思考练习题**

一、填空题

1. 钢筋混凝土构件的扭转可以分为两类，即_____和_____。

2. 当抗扭钢筋配置适当时，穿过裂缝的纵筋和箍筋在破坏时都可以达到屈服强度，不发生_____和_____。

3. 受扭纵向受力钢筋的间距不应大于_____和_____。

4. 受扭箍筋的末端应做成_____的弯钩，弯钩端头平直段不应小于_____。

二、简答题

1. 工程中常见的受扭构件有哪些？

2. 钢筋混凝土矩形截面受扭构件的破坏形态有哪几类？

3. 如何计算 T 形和 I 形截面纯扭构件的承载力？

4. 弯剪扭构件截面限制条件有哪些？

三、计算题

已知矩形截面构件 $b \times h = 250 \text{ mm} \times 500 \text{ mm}$，承受扭矩设计值 $T = 12 \text{ kN·m}$，弯矩设计值 $M = 90 \text{ kN·m}$，均布荷载产生的剪力设计值 $V = 100 \text{ kN}$，采用强度等级为 C30 的混凝土（$f_c = 14.3 \text{ N/mm}^2$，$f_t = 1.43 \text{ N/mm}^2$），HRB335 级钢筋（$f_y = 300 \text{ N/mm}^2$），试计算其配筋。

第六章 钢筋混凝土受拉构件承载力计算

知识目标

1. 了解轴心受拉构件的受力特点；掌握轴心受拉构件承载力计算。
2. 了解偏心受拉构件的分类；掌握大偏心受拉构件正截面承载力计算、小偏心受拉构件正截面承载力计算。

能力目标

1. 能进行轴心受拉构件正截面受拉承载力计算。
2. 能进行偏心受拉构件正截面受拉承载力计算。

钢筋混凝土受拉构件按纵向拉力作用位置的不同，可分为轴心受拉和偏心受拉两种类型。当纵向拉力 N 作用在截面形心时，称为轴心受拉构件，如钢筋混凝土屋架下弦杆、高压圆形水管及圆形水池等；当纵向拉力 N 作用在偏离截面形心时，或截面上既作用有纵向拉力 N，又作用有弯矩 M 的构件，称为偏心受拉构件，如钢筋混凝土矩形水池、工业厂房中双肢柱的肢杆等。

第一节 轴心受拉构件正截面受拉承载力计算

一、轴心受拉构件的受力特点

承受节点荷载的桁架或屋架的受拉弦杆和腹杆、刚架和拱的拉杆、受内压力作用的圆形储液池的环向池壁、承受内压力作用的环形截面管道的管壁等通常按轴心受拉构件计算。钢筋混凝土轴心受拉构件，开裂前混凝土与钢筋共同负担拉力；开裂后，开裂截面混凝土退出工作，全部拉力由钢筋承受。当钢筋应力达到其抗拉强度时，截面到达受拉承载力极限状态。

二、轴心受拉构件承载力计算

对于钢筋混凝土轴心受拉构件，开裂以前，混凝土与钢筋共同承担拉力；开裂以后，开裂截面混凝土退出工作，全部拉力由钢筋承担；破坏时，整个截面全部裂通，钢筋全部屈服。轴心受拉构件破坏时的受力分析如图 6-1 所示。所以，轴心受拉构件的正截面承载力按下列公式计算：

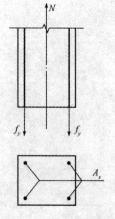

图 6-1 轴心受拉构件破坏时的受力分析图

$$N \leqslant f_y A_s \tag{6-1}$$

式中　N——轴向拉力设计值；

　　　f_y——钢筋抗拉强度设计值。

应该注意，轴心受拉构件的钢筋用量并不总由强度要求决定，在许多情况下，裂缝宽度验算对纵筋用量起决定作用。另外，还要注意进行最小配筋率的验算，以防止受拉钢筋太少不能发挥作用，ρ_{min} 的取定同受弯构件，取 0.2% 和 $0.45f_t/f_y$ 中较大者，详见附表5。

【例 6-1】　某钢筋混凝土屋架的下弦，按轴心受拉构件设计。其拉力设计值为 $N=245$ kN。若截面为矩形且尺寸为 $b\times h=200$ mm$\times$140 mm，混凝土强度等级为 C20 级，钢筋为 HRB335 级，试按正截面承载力要求计算所需纵向受力钢筋的面积。

【解】　由附表 2 查得 HRB335 级钢筋 $f_y=300$ N/mm^2，由式(6-2)得

$$A_s=\frac{N}{f_y}=\frac{245\,000}{300}=817(\text{mm}^2)$$

查表得 $f_t=1.1$ N/mm^2。

$0.45f_t/f_y=0.45\times1.1/300=0.165\%<0.2\%$，取 $\rho_{min}=0.2\%$。

$A_s=817$ mm$^2>A_{s,min}=\rho_{min}bh=0.2\%\times200\times140=56(\text{mm}^2)$，满足。

第二节　偏心受拉构件正截面受拉承载力计算

一、偏心受拉构件的分类

我们可以把偏心受拉构件正截面的受力性能看作是介于受弯($N=0$)和轴心受拉($M=0$)之间的一种过渡状态。因此，根据截面中作用的弯矩和轴向拉力的比值不同，也就是轴向拉力偏心距 $e_0=M/N$ 的不同，截面的受力情况将出现明显的差异。偏心受拉构件按照轴向力 N 作用在截面上位置(偏心距 e_0)的不同，有两种破坏形态。

设矩形截面上距轴向力 N 较近一侧的纵向钢筋为 A_s，较远一侧为 A_s'(图 6-2)。

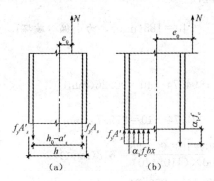

图 6-2　两种偏心受拉构件
(a)小偏心受拉；(b)大偏心受拉

正截面受拉承载力
计算规定

当轴力 N 作用于 A_s 与 A_s' 之间时，混凝土开裂后，纵向钢筋 A_s 及 A_s' 均受拉，中和轴在截面以外[图 6-2(a)]，这种情况称为小偏心受拉。

当轴力 N 的偏心距较大，从而 N 作用于 A_s 与 A_s' 以外时，截面部分受压、部分受拉。混凝土开裂以后，由力矩平衡关系可知，截面必定保留有受压区，不会形成贯通整个截面的通缝，距轴力较远一侧钢筋 A_s' 及混凝土受压[图 6-2(b)]。这种情况称为大偏心受拉。受拉构件计算时，无须考虑二次弯矩的影响，也无须考虑初始偏心距，可直接按偏心距 e_0 计算。

二、小偏心受拉构件正截面承载力计算

在小偏心拉力作用下，临破坏之前截面全部裂通，拉力完全由钢筋承受，如图 6-3 所示。在这种情况下构件破坏时，钢筋 A_s 及 A'_s 的应力都达到屈服强度。根据平衡条件，可写出小偏心受拉构件的计算公式：

$$Ne \leqslant f'_y A'_s (h_0 - a'_s) \tag{6-2}$$

$$Ne' \leqslant f_y A_s (h'_0 - a_s) \tag{6-3}$$

式中　$e = \dfrac{h}{2} - e_0 - a_s$；

$\quad\quad e' = \dfrac{h}{2} + e_0 - a'_s$。

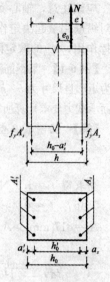

另外，还要注意最小配筋率的验算，对于小偏心受拉构件，应对一侧受拉钢筋配筋率按全截面计算，ρ_{min} 同受弯构件，取 0.2% 和 $0.45 f_t / f_y$ 中较大者。

若小偏心受拉选用对称配筋截面，则每侧都只能按由式(6-2)、式(6-3)算得的偏大的钢筋截面面积配置钢筋，有

$$A_s = A'_s = \frac{Ne'}{f_y(h_0 - a'_s)} \tag{6-4}$$

图 6-3　小偏心受拉构件计算图形

复核截面时，将已知条件直接代入式(6-4)、式(6-5)检查是否满足即可。

【例 6-2】 偏心受拉构件的截面尺寸为 $b \times h = 300\ \text{mm} \times 450\ \text{mm}$，$a_s = a'_s = 40\ \text{mm}$；构件承受轴向拉力设计值为 $N = 760\ \text{kN}$，弯矩设计值为 72 kN·m，混凝土强度等级为 C30 级，钢筋为 HRB335 级，试计算钢筋截面面积 A_s 和 A'_s。

【解】 查表得 $f_t = 1.43\ \text{N/mm}^2$，$f_y = f'_y = 300\ \text{N/mm}^2$。

(1)判别破坏类型。$h_0 = 450 - 40 = 410 (\text{mm})$

$$e_0 = \frac{72 \times 10^6}{760 \times 10^3} = 94.74 (\text{mm}) < \frac{h}{2} - a_s = \frac{450}{2} - 40 = 185 (\text{mm})，\text{为小偏心破坏。}$$

(2)求 A_s 和 A'_s。

$$e = \frac{h}{2} - e_0 - a_s = \frac{450}{2} - 94.74 - 40 = 90.26 (\text{mm})$$

$$e' = \frac{h}{2} + e_0 - a'_s = \frac{450}{2} + 94.74 - 40 = 279.74 (\text{mm})$$

$$A'_s = \frac{Ne}{f'_y(h_0 - a'_s)} = \frac{760 \times 10^3 \times 90.26}{300 \times (410 - 40)} = 618 (\text{mm}^2)$$

$$A_s = \frac{Ne'}{f_y(h_0 - a'_s)} = \frac{760 \times 10^3 \times 279.74}{300 \times (410 - 40)} = 1915 (\text{mm}^2)$$

(3)验算最小配筋率。

$$\rho_{min} = \rho'_{min} = 45 \frac{f_t}{f_y} = 45 \times \frac{1.43}{300} = 0.215 > 0.2，\text{取} \ \rho_{min} = \rho'_{min} = 0.215\%。$$

$$\rho' = \frac{A'_s}{bh} = \frac{618}{300 \times 450} = 0.458\% > \rho'_{min} = 0.215\%$$

$$\rho = \frac{A_s}{bh} = \frac{1\ 915}{300 \times 450} = 1.42\% > \rho_{min} = 0.215\%$$

(4)选择钢筋的直径和根数。

离轴向力较远侧钢筋选用 $2\Phi20(A_s'=628\ \text{mm}^2)$；

离轴向力较近侧钢筋选用 $4\Phi25(A_s=1\,964\ \text{mm}^2)$。

三、大偏心受拉构件正截面承载力计算

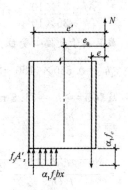

在大偏心拉力作用下，构件临破坏之前截面虽然开裂，但没有裂通，仍然有混凝土受压区存在。距离偏心力较近一侧的钢筋受拉屈服；另一侧钢筋受压，在一般情况下屈服，特殊情况下也可能不屈服。截面上的受力情况如图 6-4 所示。

构件破坏时，如果钢筋 A_s 和 A_s' 的应力都达到屈服强度，那么，根据平衡条件得到基本计算公式为

$$N\leqslant f_yA_s-f_y'A_s'-\alpha_1f_cbx \tag{6-5}$$

$$Ne\leqslant\alpha_1f_cbx\left(h_0-\frac{x}{2}\right)+f_y'A_s'(h_0-a_s') \tag{6-6}$$

式中，$e=e_0-\dfrac{h}{2}+a_2$，a_1 取值与受弯构件相同。

基本公式的适用条件为

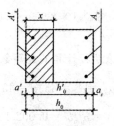

**图 6-4 大偏心受拉
构件计算图形**

$$2a_s'\leqslant x\leqslant\xi_bh_0 \tag{6-7}$$

如果 $x>\xi_bh_0$，则受压区混凝土将可能先于受拉钢筋屈服而被压碎。这与超筋受弯构件的破坏形式类似。由于这种破坏是无法预告和脆性的，而且受拉钢筋的强度也没有得到充分利用，这种情况在设计中应当避免。

如果 $x<2a_s'$，截面破坏时，受压钢筋不能屈服，此时可以取 $x=2a_s'$，即假定受压区混凝土的压力与受压钢筋承担的压力的作用点相重合。于是，利用对受压钢筋形心的力矩平衡条件即可写出

$$Ne'=A_sf_y(h_0-a_s') \tag{6-8}$$

或直接计算 A_s 的公式

$$A_s=\frac{Ne'}{f_y(h_0-a_s')} \tag{6-9}$$

式中，$e'=e_0+\dfrac{h}{2}-a_s'$。

在截面设计时，如果 A_s 及 A_s' 均未知，还需补充一个条件。为使 A_s+A_s' 最小，同偏心受压构件一样，应取 $\xi=\xi_b$。如果已知 A_s' 求 A_s，那么先求出 ξ，再检查是否满足使用条件式(6-7)，如发现 $\xi>\xi_b$，说明原配置 A_s' 过小，应加大 A_s' 后重新计算；如果发现 $x<2a_s$，说明受压钢筋不屈服，应按式(6-8)计算 A_s。

复核截面时，可对偏心力作用点取矩求出 x，再用式(6-5)的平衡条件求出承载力 N_u，将 N_u 与截面内力 N 相比较即可。如果计算过程中发现 $x>\xi_bh_0$，说明 A_s 配置过多，不能屈服。此时应计算钢筋应力 σ_s，所用方法和公式同受压构件，然后对偏心力作用点取矩求出 x，再利用式(6-5)求出 N_u。

【例 6-3】 某矩形钢筋混凝土贮仓的仓壁如图 6-5 所示，厚度 $h=150\ \text{mm}$，混凝土强度等级为 C30，钢筋为 HRB335 级。在某个 1 m 高的仓壁范围内，仓壁垂直截面内作用有水平轴心拉力 $N=35\ \text{kN}$，弯矩 $M=25\ \text{kN}\cdot\text{m}$(该弯矩使仓壁外侧受拉，内侧受压)。试按照正截面承载力确定在这段 1 m 高的垂直截面中沿内壁和外壁需要配置的水平受力钢筋。

【解】 仓壁 $a_s = a_s' = 20$ mm。查表得 $\xi_b = 0.55$，$f_c = 14.3$ N/mm^2，$f_y = f_y' = 300$ N/mm^2，$f_t = 1.43$ N/mm^2。

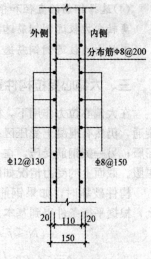

图 6-5　贮仓壁配筋图

$$e_0 = \frac{M}{N} = \frac{25 \times 10^6}{35 \times 10^3} = 714(\text{mm}) > \frac{h}{2} - a_s = \frac{150}{2} - 20 = 55(\text{mm})$$

截面属于大偏心受拉。由于 A_s' 和 A_s 均为未知，故取 $\xi = \xi_b$，

$$\xi_b h_0 = 0.550 \times (150 - 20) = 71.5(\text{mm}) < \frac{h}{2} = 75 \text{ mm}$$

故取 $x = \xi_b h_0 = 71.5$ mm

$$e = e_0 - \frac{h}{2} + a_s = 714 - 75 + 20 = 659(\text{mm})$$

$$A_s' = \frac{Ne - \alpha_1 f_c b x \left(h_0 - \dfrac{x}{2}\right)}{f_y'(h_0 - a_s')}$$

$$= \frac{35 \times 10^3 \times 659 - 1.0 \times 14.3 \times 1\,000 \times 71.5 \times \left(130 - \dfrac{71.5}{2}\right)}{300 \times (130 - 20)} < 0$$

表明按计算不需要受压钢筋，按构造配置受压钢筋。

$$\rho_{\min} = \rho_{\min}' = 45 \frac{f_t}{f_y} = 45 \times \frac{1.43}{300} = 0.215 > 0.2，取 \rho_{\min} = \rho_{\min}' = 0.215\%。$$

$A_s' = \rho_{\min}' bh = 0.002\,15 \times 1\,000 \times 150 = 322.5(\text{mm}^2)$，选 $\Phi 8@150(A_s' = 335 \text{ mm}^2)$，置于仓壁内侧。

然后按已知 A_s'，求 A_s，需重新求 ξ。

$$\alpha_s = \frac{Ne - f_y'A_s'(h_0 - a_s')}{\alpha_1 f_c b h_0^2} = \frac{35 \times 10^3 \times 659 - 300 \times 335 \times (130 - 20)}{1.0 \times 14.3 \times 1\,000 \times 130^2}$$

$$= 0.049\,7$$

$$\xi = 1 - \sqrt{1 - 2\alpha_s} = 1 - \sqrt{1 - 2 \times 0.049\,7} = 0.051 < \xi_b = 0.550$$

[上面两步，也可以解式(6-8)所示方程，直接得到 x]

$x = \xi h_0 = 0.051 \times 130 = 6.63 < 2a_s = 2 \times 20 = 40(\text{mm})$，所以受压钢筋不屈服。

$$e' = e_0 + \frac{h}{2} - a_s' = 714 + 75 - 20 = 769(\text{mm})$$

$$A_s = \frac{Ne'}{f_y(h_0 - a_s')} = \frac{35 \times 10^3 \times 769}{300 \times (130 - 20)} = 815.6(\text{mm}^2)$$

$$\rho = \frac{A_s}{bh} = \frac{815.6}{1\,000 \times 150} = 0.544\% > \rho_{\min} = 0.215\%$$

实选 $\Phi 12@130(A_s = 335 \text{ mm}^2)$，置于仓壁外侧。截面配筋如图 6-5 所示。

本章小结

本章内容为轴心受拉构件和偏心受拉构件的正截面承载力计算，以及偏心受拉构件的斜截面承载力计算。难点是大偏心受拉构件正截面的承载力计算。学习时应与双筋受弯和偏心受压构件的知识相联系，总结异同，便于理解和记忆。

一、填空题

1. 轴心受拉构件的钢筋用量并不总由强度要求决定,在许多情况下,_____对纵筋用量起决定作用。

2. 偏心受拉构件按照轴向力 N 作用在截面上位置(偏心距 e_0)的不同,有两种破坏形态,即_____和_____。

3. 在小偏心拉力作用下,临破坏之前截面全部裂通,拉力完全由_____承受。

4. 对于小偏心受拉构件,应对一侧受拉钢筋配筋率按全截面计算,ρ_{min} 同受弯构件,取_____和_____中较大者。

二、简答题

1. 简述轴心受拉构件的受力特点。

2. 简述小偏心受拉和大偏心受拉的受力特点。

三、计算题

1. 某偏心受拉构件,处于一类环境,截面尺寸 $b \times h = 300 \text{ mm} \times 450 \text{ mm}$,承受轴向拉力设计值 $N = 672 \text{ kN}$,弯矩设计值 $M = 60.5 \text{ kN} \cdot \text{m}$,采用强度等级为 C30 的混凝土和 HRB335 级钢筋。试进行配筋计算。

2. 钢筋混凝土偏心受拉构件,处于一类环境,截面尺寸 $b \times h = 300 \text{ mm} \times 400 \text{ mm}$。承受轴心拉力设计值 $N = 450 \text{ kN}$,弯矩设计值 $M = 90 \text{ kN} \cdot \text{m}$,采用强度等级为 C30 的混凝土和 HRB335 级钢筋。试进行配筋计算。

第七章　钢筋混凝土构件裂缝和变形计算

1. 熟悉裂缝和变形的计算要求、受弯构件的刚度和挠度计算一般要求；掌握短期荷载和长期荷载作用下的刚度计算。
2. 掌握受弯构件挠度计算。
3. 了解钢筋混凝土构件的裂缝宽度验算的一般要求；熟悉裂缝的出现与分布规律；掌握平均裂缝间距、平均裂缝宽度、最大裂缝宽度的确定。

1. 能进行受弯构件的刚度和挠度计算。
2. 能进行钢筋混凝土构件的裂缝宽度验算。

第一节　裂缝和变形的计算要求

钢筋混凝土构件除因承受过大的作用而达到承载能力极限状态外，还可能由于裂缝宽度和变形过大，超过了允许限值，使结构不能正常使用，达到正常使用极限状态。对于所有结构构件，都应进行承载力计算，另外，对某些构件，还应根据使用条件，进行裂缝宽度和变形验算。例如，裂缝宽度过大会影响结构物的观瞻，引起使用者的不安；还可能使钢筋产生锈蚀，影响结构的耐久性。又如，楼盖梁、板变形过大会影响支承在其上面的仪器，尤其是精密仪器的正常使用和引起非结构构件(如粉刷、吊顶和隔墙)的破坏；吊车梁的挠度过大，会妨碍吊车正常运行。钢筋混凝土和预应力混凝土构件，应按下列规定进行混凝土受拉边缘应力或正截面裂缝宽度验算：

(1)一级裂缝控制等级(严格要求不出现裂缝)构件，在荷载标准组合下，受拉边缘混凝土的应力应符合下列规定：

$$\sigma_{ck} - \sigma_{pc} \leqslant 0 \tag{7-1}$$

(2)二级裂缝控制等级(一般要求不出现裂缝)构件，在荷载标准组合下，受拉边缘混凝土的应力应符合下列规定：

$$\sigma_{ck} - \sigma_{pc} \leqslant f_{tk} \tag{7-2}$$

(3)三级裂缝控制等级(允许出现裂缝)时，钢筋混凝土构件的最大裂缝宽度可按荷载准永久组合并考虑长期作用影响的效应计算，预应力混凝土构件的最大裂缝宽度可按荷载标准组合并考虑长期作用影响的效应计算。最大裂缝宽度应符合下列规定：

$$w_{max} \leqslant w_{lim} \tag{7-3}$$

对环境类别为二 a 类的预应力混凝土构件，在荷载准永久组合下，受拉边缘混凝土的应力还应符合下列规定：

$$\sigma_{cq} - \sigma_{pc} \leqslant f_{tk} \qquad (7\text{-}4)$$

式中　σ_{ck}，σ_{cq}——荷载标准组合、准永久组合下抗裂验算边缘的混凝土法向应力；

　　　σ_{pc}——扣除全部预应力损失后在抗裂验算边缘混凝土的预压应力；

　　　f_{tk}——混凝土轴心抗拉强度标准值；

　　　w_{max}——按荷载的标准组合或准永久组合并考虑长期作用影响计算的最大裂缝宽度；

　　　w_{lim}——最大裂缝宽度限值。

有必要指出，按概率统计的观点，符合式(7-2)的情况下，并不意味着构件绝对不会出现裂缝；同样，符合式(7-3)的情况下，构件由荷载作用而产生的最大裂缝宽度大于最大裂缝限值大致会有 5% 的可能性。

挠度和裂缝
宽度限值

$\Delta \leqslant \Delta_{lim}$混凝土构件的变形验算应按照如下规定进行：对于钢筋混凝土受弯构件，按荷载效应标准组合，并考虑长期作用的影响，计算的最大挠度 Δ 不应超过规定的挠度限值 Δ_{lim}，即

$$\Delta \leqslant \Delta_{lim}$$

📝 **知识链接**

混凝土施工缝的类型、留设

随着钢筋混凝土结构的普遍运用，在现浇混凝土施工过程中由于技术或施工组织上的原因不能连续浇筑，且停留时间超过混凝土的初凝时间，前后浇筑混凝土之间的接缝处便形成了混凝土施工缝。施工缝是结构受力薄弱部位，一旦设置和处理不当就会影响整个结构的性能与安全。因此，施工缝不能随意设置，必须严格按照规定预先选定合适的部位设置施工缝。

1. 施工缝的类型

混凝土施工缝的设置一般可分为水平施工缝和竖直施工缝两种。水平施工缝一般设置在竖向结构中，如墙、柱或厚大基础等结构中；竖直施工缝一般设置在平面结构中，如在梁、板等构件中。

2. 水平施工缝的留设

水平施工缝的留设位置应符合下列规定：

(1)柱、墙施工缝可留设在基础、楼层结构顶面，柱施工缝宜距结构上表面 0～100 mm，墙施工缝宜距结构上表面 0～300 mm。基础、楼层结构顶面的水平施工缝留设如图 7-1 所示。

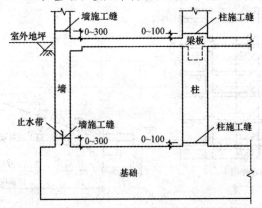

图 7-1　基础、楼层结构顶面留设水平施工缝

(2)柱、墙施工缝也可留设在楼层结构底面，施工缝宜距离结构下表面 0～50 mm。当板下有梁托时，可留设在梁托下 0～20 mm。柱在楼层结构地面的水平施工缝留设如图 7-2 所示，墙

在楼层结构底面的水平施工缝留设如图7-3所示。

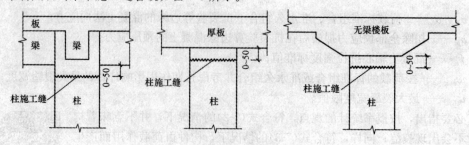

图7-2 柱在楼层结构底面留设施工缝

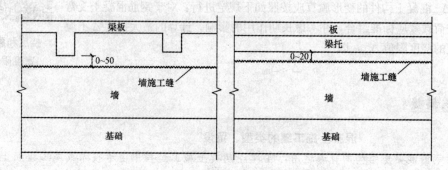

图7-3 墙在楼层结构底面留设水平施工缝

(3)高度较大的柱、墙、梁以及厚度较大的基础可根据施工需要在其中部留设水平施工缝；必要时，可对配筋进行调整，并应征得设计单位认可。

(4)特殊结构部位留设水平施工缝应征得设计单位同意。

3. 垂直施工缝与后浇带的留设

(1)垂直施工缝和后浇带的留设位置应符合下列规定：

1)有主次梁的楼板施工缝应留设在次梁跨度中间的1/3范围内，有主次梁的楼板施工缝留设位置如图7-4、图7-5所示；

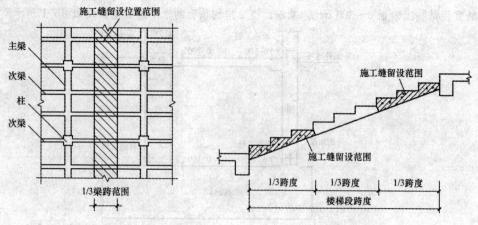

图7-4 主次梁结构垂直施工缝留设位置范例　　**图7-5 楼梯垂直施工缝**

2)墙的施工缝宜设置在门洞口过梁跨中1/3范围内，也可留设在纵、横交接处；

3)后浇带留设位置应符合设计要求；

4)特殊结构部位留设垂直施工缝应征得设计单位同意。

(2)施工缝、后浇带留设界面应垂直于结构构件和纵向受力钢筋。当结构构件厚度或高度较大时，施工缝或后浇带界面宜采用专用材料封挡。

(3)混凝土浇筑过程中，因特殊原因需临时设置施工缝时，施工缝留设应规整，并宜垂直于构件表面，必要时可采取增加插筋、事后修凿等技术措施。

(4)后浇带的宽度应考虑便于施工及避免集中应力，并按结构构造要求而定，一般宽度以700~1 000 mm为宜。

(5)后浇带处的钢筋必须贯通，不许断开。如果跨度不大，可一次配足钢筋；如果跨度较大，可按规定断开，在浇筑混凝土前按要求焊接断开钢筋。

(6)后浇带在未浇筑混凝土前不能将部分模板、支柱拆除，否则会导致梁板形成悬臂造成变形。

(7)为使后浇带处的混凝土浇筑后连接牢固，一般应避免留直缝。对于板，可留设斜缝；对于梁及基础，可留企口缝，而企口缝又有多种形式，可根据结构断面情况确定。后浇带构造如图7-6所示。

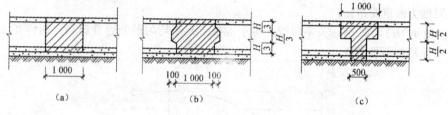

（a）　　　　　　　　（b）　　　　　　　　（c）

图7-6　后浇带构造

4. 设备基础施工缝的留设

设备基础施工缝留设位置应符合下列规定：

(1)水平施工缝应低于地脚螺栓底端，与地脚螺栓底端的距离应大于150 mm。当地脚螺栓直径大于30 mm时，水平施工缝可留在深度不小于地脚螺栓埋入混凝土部分总长度的3/4处。

(2)垂直施工缝与地脚螺栓中心线的距离不应小于250 mm，且不应小于螺栓直径的5倍。

第二节　受弯构件的刚度和挠度计算

一、一般要求

对建筑结构中的屋盖、楼盖及楼梯等受弯构件，由于使用上的要求并保证人们的感觉在可接受程度之内，需要对其挠度进行控制。对于吊车梁或门机轨道梁等构件，变形过大时会妨碍吊车或门机的正常运行，也需要进行变形控制验算。但对于受压构件，其轴向变形一般可以忽略，不需要对其变形进行计算。

钢筋混凝土受弯构件的变形计算是指对其挠度进行验算，按荷载标准组合并考虑长期作用影响计算的挠度最大值 f_{max} 应满足下式：

$$f_{max} \leqslant [f] \tag{7-5}$$

式中　$[f]$——受弯构件的挠度限值。

二、短期荷载作用下的刚度计算

由式(7-5)可见，钢筋混凝土受弯构件的挠度验算主要是计算 f_{max}。钢筋混凝土受弯构件在荷载作用下其截面应变符合平截面假定，其挠度计算可直接应用材料力学公式。

在材料力学中，受弯构件的挠度一般可用虚功原理等方法求得。对于常见的匀质弹性受弯构件，材料力学直接给出了下面的挠度计算公式：

$$f=S\frac{Ml_0^2}{EI} \text{ 或 } f=S\varphi l_0^2 \tag{7-6}$$

式中 S——与荷载形式、支承条件有关的挠度系数，例如，承受均布荷载的简支梁，$S=\frac{5}{8}$；

l_0——梁的计算跨度；

EI——梁的截面弯曲刚度；

φ——截面曲率，$\varphi=\frac{M}{EI}$。

由 $\varphi=\frac{M}{EI}$ 可知，截面弯曲刚度就是使截面产生单位转角需要施加的弯矩，它是度量截面抵抗弯曲变形能力的重要指标。

图 7-7 所示为适筋梁 M-φ 关系曲线。由于混凝土是不均匀的非弹性材料，构件在受弯过程中，截面弯曲刚度不是常数。

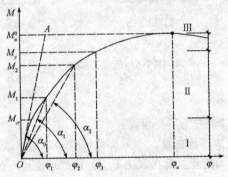

图 7-7　适筋梁 M-φ 关系

理论上，混凝土受弯构件的截面弯曲刚度为 M-φ 关系曲线上相应点处切线的斜率 $\frac{\mathrm{d}M}{\mathrm{d}\varphi}$。在实际工程设计中，获得此精确值有一定的困难，经常采用简化方法：对于要求不出现裂缝的构件，可近似把混凝土开裂前的 M-φ 曲线视为直线，斜率取为 $0.85E_cI_0$，I_0 是换算截面惯性矩（将钢筋面积乘以钢筋与混凝土弹性模量的比值换算成混凝土面积后，保持截面重心位置不变与混凝土面积一起计算的截面惯性矩）。

验算正常使用阶段构件挠度时，《设计规范》定义在 M-φ 曲线上 $0.5M_u^0\sim0.7M_u^0$ 区段内，任一点与坐标原点 O 相连的割线斜率 $\tan\alpha$ 为截面弯曲刚度，记为 B。由图 7-7 可知，α 值随着弯矩值的增大而减小，故截面弯曲刚度随弯矩的增大而减小。

试验表明，截面弯曲刚度不仅随着荷载增大而减小，而且还随荷载作用时间的增长而减小。

下面先处理荷载效应的标准组合下，受弯构件的短期刚度，记作 B_s。

钢筋混凝土梁的纯弯段，在弯矩作用下出现裂缝，进入裂缝稳定发展阶段，裂缝的间距大致均匀。中和轴的位置受裂缝的影响成为波浪形（图 7-8）。各截面的实际应变分布不再符合平截面假定。若测量的范围较大，则各水平纤维的平均应变沿截面高度的变化依旧符合平截面假定，可得平均曲率

$$\varphi=\frac{\varepsilon_{sm}+\varepsilon_{cm}}{h_0} \tag{7-7}$$

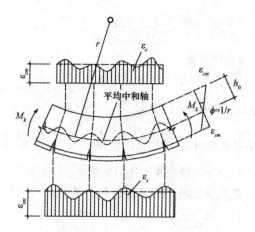

图 7-8　梁纯弯段内各截面应变及裂缝分布

式中　ε_{sm}，ε_{cm}——纵向受拉钢筋重心处钢筋的平均拉应变和受压区边缘混凝土的平均压应变；

　　　h_0——截面的有效高度。

因此可得

$$B_s = \frac{M_k}{\varphi} = \frac{M_k h_0}{\varepsilon_{sm} + \varepsilon_{cm}} \tag{7-8}$$

式中　M_k——按荷载标准组合计算的弯矩值。

在计算 $\varepsilon_{sm} + \varepsilon_{cm}$ 之前，让我们先计算裂缝截面处的应变 ε_{sk} 和 ε_{ck}。

$$\varepsilon_{sk} = \frac{\sigma_{sk}}{E_s}$$

$$\varepsilon_{ck} = \frac{\sigma_{ck}}{E_c'} = \frac{\sigma_{ck}}{\nu E_c}$$

式中　σ_{sk}，σ_{ck}——按荷载效应的标准组合计算的裂缝截面处纵向受拉钢筋的拉应力和受压区边缘混凝土的压应力；

　　　E_c'，E_c——混凝土的变形模量和弹性模量，$E_c' = \nu E_c$；

　　　ν——混凝土的弹性特征值。

由图 7-9 所示的裂缝出现后的裂缝截面应力图，对受压区合力点取矩，得

$$\sigma_{sk} = \frac{M_k}{A_s \eta h_0} \tag{7-9}$$

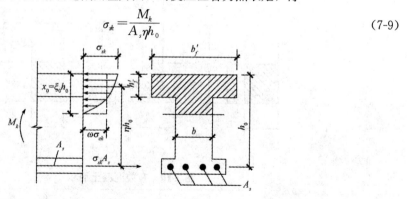

图 7-9　第 II 阶段裂缝截面应力图

受压区面积为 $(b_f' - b)h_f' + bx_0 = (\gamma_f' + \xi_0)bh_0$，将曲线分布的压应力换算成平均压应力 $\omega\sigma_{ck}$，对受拉钢筋的重心取矩，得

$$\sigma_{sk} = \frac{M_k}{\omega(\gamma_f' + \xi_0)\eta bh_0^2} \tag{7-10}$$

式中 ω——压应力图形丰满程度系数；

  η——裂缝截面处内力臂长度系数，一般近似取 0.87；

  ξ_0——裂缝截面处受压区高度系数，$\xi_0 = \dfrac{x_0}{h_0}$；

  γ_f'——受压翼缘的加强系数（相对于肋部的面积），$\gamma_f' = \dfrac{(b_f' - b)h_f'}{bh}$。

设裂缝间纵向受拉钢筋重心处的拉应变不均匀系数为 ψ，受压区边缘混凝土压应变不均匀系数为 ψ_c，则平均应变可用裂缝界面处的相应应变 ε_{sk} 和 ε_{ck} 表达。

$$\varepsilon_{sm} = \psi\varepsilon_{sk} = \psi\frac{\sigma_{sk}}{E_s} = \psi\frac{M_k}{A_s\eta h_0 E_s} \tag{7-11}$$

$$\varepsilon_{cm} = \psi_c\varepsilon_{ck} = \psi_c\frac{\sigma_{ck}}{\nu E_c} = \psi_c\frac{M_k}{\omega(\gamma_f' + \xi_0)\eta bh_0^2 \nu E_c} \tag{7-12a}$$

为了简化，取 $\zeta = \omega\nu(\gamma_f' + \xi_0)\eta/\psi_c$，则式(7-12a)改写成：

$$\varepsilon_{cm} = \frac{M_k}{\zeta bh_0^2 E_c} \tag{7-12b}$$

式中，ζ 称为受压区边缘混凝土平均应变综合系数。它将多个物理量综合，可按式(7-12b)通过试验直接得到试验值。

试验研究表明，ψ 可近似表达为

$$\psi = 1.1 - 0.65\frac{f_{tk}}{\rho_{te}\sigma_{sk}} \tag{7-13}$$

当 $\psi < 0.2$ 时，取 $\psi = 0.2$；当 $\psi > 1$ 时，取 $\psi = 1$；对直接承受重复荷载的构件，取 $\psi = 1$。式中，ρ_{te} 为按照有效受拉混凝土截面面积计算的纵向受拉钢筋配筋率：

$$\rho_{te} = \frac{A_s}{A_{te}}$$

对轴心受拉构件，有效受拉混凝土截面面积即为构件的截面面积；对受弯（及偏心受压和偏心受拉）构件，按图 7-10 采取，并近似取

$$A_{te} = 0.5bh + (b_f - b)b_f \tag{7-14}$$

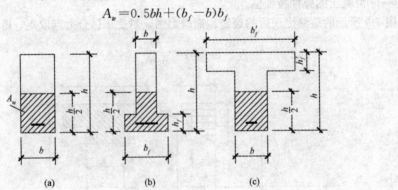

图 7-10   有效混凝土面积

将式(7-11)和式(7-12b)代入式(7-8)，得到

$$B_s = \frac{1}{\dfrac{\psi}{A_s\eta h_0^2 E_s} + \dfrac{1}{\zeta bh_0^3 E_c}}$$

分子分母同时乘以 $E_s A_s h_0^2$，并取 $\alpha_E = \dfrac{E_s}{E_c}$，即得

$$B_s = \frac{E_s A_s h_0^2}{\dfrac{\psi}{\eta} + \dfrac{E_s A_s h_0^2}{\zeta E_c b h_0^2}} = \frac{E_s A_s h_0^2}{\dfrac{\psi}{\eta} + \dfrac{\alpha_E \rho}{\zeta}} \tag{7-15}$$

通过常见截面受弯构件实测结果的分析，可取

$$\frac{\alpha_E \rho}{\zeta} = 0.2 + \frac{6\alpha_E \rho}{1 + 3.5\gamma_f'}$$

取 $\eta = 0.87$，将上式代入式(7-15)，进一步得：

$$B_s = \frac{E_s A_s h_0^2}{1.15\psi + 0.2 + \dfrac{6\alpha_E \rho}{1 + 3.5\gamma_f'}} \tag{7-16}$$

式中，ψ 按式(7-13)计算；ρ 为纵向受拉钢筋配筋率；γ_f' 为 T 形、I 形截面受压翼缘面积与腹板有效面积之比，计算公式为

$$\gamma_f' = \frac{(b_f' - b)h_f'}{bh_0}$$

其中，b_f'、h_f' 分别为截面受压翼缘的宽度和高度，当 $h_f' > 0.2h_0$ 时，取 $h_f' = 0.2h_0$。

三、长期荷载作用下的刚度计算

钢筋混凝土受弯构件在荷载持续作用下，由于受压区混凝土的徐变、受拉混凝土的应力松弛以及受拉钢筋和混凝土之间的滑移徐变，导致挠度将随时间而不断缓慢增长，也就是构件的抗弯刚度将随时间而不断缓慢降低，这一过程往往持续数年之久。《设计规范》根据长期试验的结果，把荷载长期作用下的挠度增大系数用钢筋混凝土构件长期挠度 f_l 与短期挠度 f_s 的比值 θ 表示，即

$$\theta = \frac{f_l}{f_s} = 2.0 - 0.4\frac{\rho'}{\rho} \tag{7-17}$$

式中 ρ，ρ'——纵向受拉和受压钢筋的配筋率。当 $\rho'/\rho > 1$ 时，取 $\rho'/\rho = 1$。对于翼缘在受拉区的 T 形截面 θ 值应比式(7-17)的计算值增大 20%。

结构构件上的短期荷载有一部分要长期作用于结构上，如自重。只有长期作用的那部分荷载才需要考虑长期作用的变形增加。因此，为分析方便，将标准组合 M_k 分成 M_q 和 $M_k - M_q$ 两部分。在 M_q 和 $M_k - M_q$ 先后作用于构件时的弯矩-曲率关系可用图 7-11 表示。图中，M_k 按荷载标准组合算得，M_q 按荷载准永久组合算得。

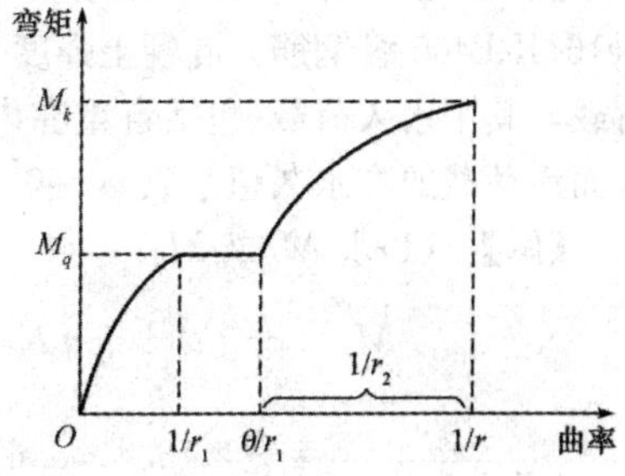

由图 7-11 及弯矩、曲率和刚度关系可得

图 7-11 弯矩-曲率关系

$$\frac{1}{r_1} = \frac{M_q}{B_s} \quad \frac{1}{r_2} = \frac{M_k - M_q}{B_s} \quad \frac{1}{r} = \frac{M_k}{B} \tag{7-18}$$

则

$$\frac{1}{r} = \frac{\theta}{r_1} + \frac{1}{r_2} = \frac{\theta M_q}{B_s} + \frac{M_k - M_q}{B_s} = \frac{M_q(\theta - 1) + M_k}{B_s}$$

从而

$$B = \frac{M_k}{M_q(\theta - 1) + M_k} B_s \tag{7-19}$$

从式(7-16)及式(7-19)的刚度计算公式分析可知，提高截面刚度最有效的措施是增加截面高

度；增加受拉或受压翼缘可使刚度有所增加；当设计上构件截面尺寸不能加大时，可考虑增加纵向受拉钢筋截面面积或提高混凝土强度等级来提高截面刚度，但其作用不明显；对某些构件还可以充分利用纵向受压钢筋对长期刚度的有利影响，在构件受压区配置一定数量的受压钢筋来提高截面刚度。

四、受弯构件挠度计算

由式(7-19)可知，钢筋混凝土受弯构件截面的抗弯刚度随弯矩的增大而减小。即使对于图 7-12(a)所示的承受均布荷载作用的等截面梁，由于梁各截面的弯矩不同，故各截面的抗弯刚度都不相等。图 7-12(b)的实线为该梁抗弯刚度的实际分布，按照这样的变刚度来计算梁的挠度显然是十分烦琐的，也是不可能的。考虑到支座附近弯矩较小区段虽然刚度较大，但它对全梁变形的影响不大，故《设计规范》中规定了钢筋混凝土受弯构件的挠度计算的"最小刚度原则"，即对于等截面构件，可假定各同号弯矩区段内的刚度相等，并取用该区段内最大弯矩处的刚度。由"最小刚度原则"可得图 7-12(a)所示梁的抗弯刚度分布如图 7-12(b)的虚线所示。可见，"最小刚度原则"使钢筋混凝土受弯构件的挠度计算变得简便可行。

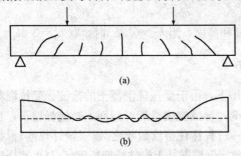

(a)

(b)

图 7-12　沿梁长的刚度分布

受弯构件挠度
验算规定

有了刚度的计算公式及"最小刚度原则"后，即可用力学的方法来计算钢筋混凝土受弯构件的最大挠度 f_{max}。

【例 9-1】 已知在教学楼楼盖中一矩形截面简支梁，截面尺寸为 $200 \text{ mm} \times 500 \text{ mm}$，配置 4$\Phi$16 HRB400 级钢筋，混凝土强度等级为 C20，保护层厚度为 $c=25 \text{ mm}$，$l_0=5.6 \text{ m}$；承受均布荷载，其中永久荷载(包括自重在内)标准值 $g_k=12.4 \text{ kN/m}$，楼面活荷载标准值 $q_k=8 \text{ kN/m}$，楼面活荷载的准永久值系数 $\varphi_q=0.5$，试验算其挠度值。

【解】 (1)求 M_k 及 M_q。

$$M_k = \frac{1}{8} g_k l_0^2 + \frac{1}{8} q_k l_0^2$$

$$= \frac{1}{8} \times 12.4 \times 5.6^2 + \frac{1}{8} \times 8 \times 5.6^2 = 79.97 (\text{kN} \cdot \text{m})$$

$$M_q = \frac{1}{8} g_k l_0^2 + \frac{1}{8} \psi_q q_k l_0^2$$

$$= 48.61 + 0.5 \times 31.36 = 64.29 (\text{kN} \cdot \text{m})$$

(2)计算有关参数。

$$\alpha_E \rho = \frac{E_s}{E_c} \cdot \frac{A_s}{b h_0} = \frac{200}{25.5} \cdot \frac{804}{200 \times 465} = 0.068$$

$$\rho_{te} = \frac{A_s}{A_{te}} = \frac{804}{0.5 \times 200 \times 500} = 0.016$$

$$\sigma_{sk}=\frac{M_k}{\eta h_0 A_s}=\frac{79.97\times10^6}{0.87\times465\times804}=246(\mathrm{N/mm^2})$$

$$\psi=1.1-0.65\frac{f_{tk}}{\rho_{te}\sigma_{sk}}=1.1-0.65\times\frac{1.54}{0.016\times246}=0.86$$

（3）计算 B_s。

$$B_s=\frac{E_sA_sh_0^2}{1.15\psi+0.2+\dfrac{6\alpha_E\rho}{1+3.5\gamma_f'}}=\frac{200\times10^3\times804\times465^2}{1.15\times0.86+0.2+6\times0.068}$$

$$=2.18\times10^{13}(\mathrm{N\cdot mm^2})$$

（4）计算 B。

$$B=\frac{M_k}{M_q(\theta-1)+M_k}B_s=\frac{79.97}{64.29\times(2-1)+79.97}\times2.18\times10^{13}$$

$$=1.21\times10^{13}(\mathrm{N\cdot mm^2})$$

（5）变形验算。

$$f=\frac{5}{48}\cdot\frac{M_kl_0^2}{B}=\frac{5}{48}\times\frac{79.97\times10^6\times5\ 600^2}{1.21\times10^{13}}=21.59(\mathrm{mm})$$

查附表 8 可知，$f_{\lim}/l_0=1/200$，故

$$\frac{f}{l_0}=\frac{21.59}{5\ 600}=\frac{1}{259}<1/200，\text{变形满足要求。}$$

【例 9-2】 已知如图 7-13 所示的八孔空心板，混凝土强度等级为 C20，配 9Φ6HPB300 级受力钢筋，保护层厚度 $c=10$ mm，计算跨度 $l_0=3.04$ m；承受荷载标准组合 $M_k=4.47$ kN·m，荷载准永久组合 $M_q=2.91$ kN·m；$f_{\lim}=\dfrac{l_0}{200}$。试验算挠度是否满足要求。

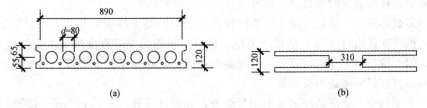

图 7-13 多孔板及其换算截面面积

【解】 按截面形心位置、面积和对形心轴惯性矩不变的条件，将圆孔换算成 $b_h\times h_h$ 的矩形孔，即

$$\frac{\pi d^2}{4}=b_h\times h_h，\quad\frac{\pi d^4}{64}=\frac{b_h\times h_h^4}{12}$$

求得：$b_h=72.6$ mm，$h_h=69.2$ mm，则换算后的 I 形截面 [图 7-13(b)] 的尺寸为：$b=890-8\times72.6=310(\mathrm{mm})$；$h_f'=65-\dfrac{69.2}{2}=30.5(\mathrm{mm})>0.2h_0=21.4$ mm，取 21.4 mm；$h_f=55-\dfrac{69.2}{2}=20.4(\mathrm{mm})$。

$$\alpha_E\rho=\frac{210}{25.5}\times\frac{9\times28.3}{310\times107}=0.063$$

$$\rho_{te}=\frac{A_s}{0.5bh+(b_f-b)h_f}=\frac{9\times28.3}{0.5\times310\times120+(890-310)\times20.4}$$

$$=0.008\ 4，\text{取}\ \rho_{te}=0.01。$$

$$\gamma'_f = \frac{(b'_f - b)h'_f}{bh_0} = \frac{(890-310)\times 21.4}{310\times 107} = 0.374$$

$$\sigma_{sk} = \frac{M_k}{\eta h_0 A_s} = \frac{4.47\times 10^6}{0.87\times 107\times 9\times 28.3} = 189(\text{N/mm}^2)$$

$$\psi = 1.1 - \frac{0.65 f_{tk}}{\rho_{te}\sigma_{sk}} = 1.1 - \frac{0.65\times 1.54}{0.01\times 189} = 0.570$$

$$B_s = \frac{E_s A_s h_0^2}{1.15\psi + 0.2 + \dfrac{6\alpha_E\rho}{1+3.5\gamma'_f}} = \frac{210\times 10^3\times 9\times 28.3\times 107^2}{1.15\times 0.570 + 0.2 + \dfrac{6\times 0.063}{1+3.5\times 0.374}}$$

$$= 6.01\times 10^{11}(\text{N}\cdot\text{mm}^2)$$

$$B = \frac{M_k}{M_q(\theta-1)+M_k}B_s = \frac{4.47}{2.91\times(1.2\times 2.0-1)+4.47}\times 6.01\times 10^{11}$$

$$= 3.14\times 10^{11}(\text{N}\cdot\text{mm}^2)(\text{注：}\theta\text{值增加}20\%)$$

则　　$f = \dfrac{5}{48}\times\dfrac{4.47\times 10^6\times 3\,040^2}{3.14\times 10^{11}} = 13.7(\text{mm}) < f_{\lim} = \dfrac{l_0}{200} = \dfrac{3\,040}{200} = 15.2(\text{mm})$，满足要求。

第三节　钢筋混凝土构件的裂缝宽度验算

一、一般要求

混凝土的抗拉强度很低，因此很容易出现裂缝。引起混凝土结构上出现裂缝的原因很多，归纳起来有荷载作用引起的裂缝或非荷载因素引起的裂缝两大类。

在使用荷载作用下，钢筋混凝土结构构件截面上的混凝土拉应变常常大于混凝土极限拉伸值，因此，构件在使用时实际上是带缝工作。目前，所指的裂缝宽度验算主要是针对由弯矩、轴向拉力、偏心拉（压）力等荷载效应引起的垂直裂缝，或称为正截面裂缝。对于剪力或扭矩引起的斜裂缝，目前研究得还不够充分。

在混凝土结构中，除荷载作用会引起裂缝外，还有许多非荷载因素如温度变化、混凝土收缩、基础不均匀沉降、混凝土塑性坍落等，也可能引起裂缝。对此类裂缝应采取相应的构造措施，尽量减小或避免其产生和发展。

对于使用上要求限制裂缝宽度的钢筋混凝土构件，按荷载效应的标准组合并考虑长期作用影响计算的最大裂缝宽度 w_{max}，应满足下列要求：

$$w_{max} \leqslant w_{\lim} \tag{7-20}$$

裂缝控制
验算规定

式中　$w_{\lim}$——最大裂缝宽度限值，由附表 6 查得。

二、裂缝的出现与分布规律

由于混凝土的抗拉强度低，随着荷载的增加，在构件的受拉区将出现裂缝。图 7-14(a)所示为一轴心受拉构件，混凝土截面积为 A，纵向钢筋截面面积为 A_s，在两端轴向拉力作用下，钢筋和混凝土受到的拉应力分别为 σ_s 和 σ_a。如果拉力很小，构件处于弹性阶段，钢筋的拉应力等于混凝土拉应力的 α_E 倍，即 $\sigma_s = \alpha_E\sigma_a$，其中 $\alpha_E = E_s/E_c$。沿构件的纵向，各截面的受力均相同，所以 σ_s 和 σ_a 沿构件纵向都相等，如图 7-14(b)和图 7-14(c)所示。

由于混凝土为非匀质材料，沿构件的纵向各截面，混凝土的实际抗拉强度是变化的[图 7-14(c)]，假定其中 a—a 截面处的抗拉强度最小，即为最弱的截面。随着构件所受的拉力逐渐增加，混凝土进入弹塑性阶段，拉应力逐渐接近抗拉强度。当$a—a$截面处混凝土应力超过其抗拉强度时，首先在此出现第一条裂缝，如图 7-15(a)所示。在裂缝出现截面，钢筋和混凝土所受的拉应力将发生突然变化，开裂的混凝土不再承受拉力，拉应力降低到零，原来由混凝土承受的拉应力转由钢筋承担，所以，裂缝截面的钢筋应力就会突然增大(图 7-15)。在开裂前，混凝土有一定弹性；开裂后，受拉张紧的混凝土向裂缝截面两边回缩，混凝土和钢筋就会产生相对滑移的趋势。由于钢筋与混凝土之间存在粘结作用，混凝土的回缩受到钢筋的约束，因而随着离裂缝截面距离的加大，回缩逐渐减小，也即混凝土仍处于一定的张紧状态。当达到某一距离处，混凝土和钢筋的拉应变相同，两者的应力又恢复到未裂前的状态。

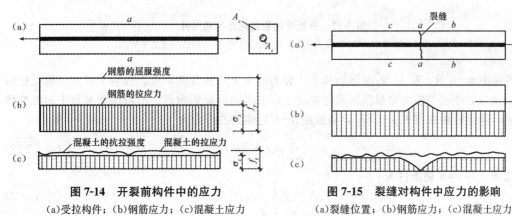

图 7-14 开裂前构件中的应力

(a)受拉构件；(b)钢筋应力；(c)混凝土应力

图 7-15 裂缝对构件中应力的影响

(a)裂缝位置；(b)钢筋应力；(c)混凝土应力

当拉力稍增加时，在混凝土拉应力大于抗拉强度的截面又将出现第二条裂缝。第二条裂缝总在离首批裂缝截面外一定距离的截面出现，这是因为靠近裂缝两边混凝土的拉应力较小，总是小于混凝土的抗拉强度，故靠近裂缝两边的混凝土不会开裂。

图 7-16 表示第二条裂缝以及后续裂缝相继出现后的应力分布，钢筋和混凝土的应力是随着裂缝的位置而变化，呈波浪形起伏。各裂缝之间的间距大体相等，各裂缝先后出现，最后趋于稳定，不再出现新裂缝。此后再继续增加

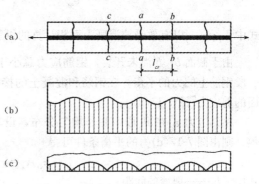

图 7-16 有多条裂缝时构件中的应力

(a)裂缝位置；(b)钢筋应力；(c)混凝土应力

拉力时，只是使原有的裂缝延伸与开展，拉力越大，裂缝越宽。如果混凝土的材料性能(抗拉强度)很不均匀，则裂缝的间距就会有疏有密，裂缝的出现也会有先有后。当两条裂缝的间距较大时，随着拉力的增加，在两条裂缝之间还有可能出现新的裂缝。

工程实践中大量实践证明：混凝土具有一定的不均匀性，但其不是很不均匀的材料，裂缝相当于图 7-16 的情况。也就是说，混凝土的裂缝基本是均匀的。

三、平均裂缝间距

为了确定轴心受拉构件中裂缝的间距，可隔离出第一条裂缝出现以后而第二条裂缝即将出现时的一段构件加以分析，即将图 7-15 中截面 $a—a$ 与 $b—b$ 之间的一段构件隔离，如图 7-17 所示，其中截面 $a—a'$ 出现裂缝，截面 $b—b'$ 即将出现但尚未出现裂缝。

在截面 $a—a'$ 处，拉力 N_{cr} 完全由钢筋承担，钢筋拉应力 σ_{sr} 为

$$\sigma_{xr} = \frac{N_\sigma}{A_s} \tag{7-21}$$

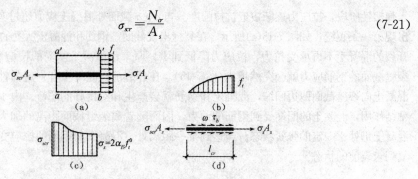

图 7-17 分析平均裂缝间距的隔离体

(a)隔离体；(b)混凝土应力；(c)钢筋应力；(d)钢筋的受力平衡

在截面 b—b' 处，拉力 N_σ 由钢筋和未开裂的混凝土两者共同承受。混凝土应力达到受拉时抗拉强度 f_t，钢筋的应力可根据钢筋与混凝土应变等向的原则求得，但考虑到混凝土塑性变形的发展，弹性模量取用 $E'_c = 0.5E_c$，则截面 b—b' 处钢筋的应力为

$$\sigma_s = \frac{E_s}{0.5E_c} f_t = 2\alpha_E f_t \tag{7-22}$$

由图 7-17 得平衡条件为

$$\sigma_{xr} A_s = f_t A + 2\alpha_E f_t A_s \tag{7-23}$$

$$\sigma_{xr} = \frac{f_t A + 2\alpha_E f_t A_s}{A_s} = \frac{f_t}{\rho_{te}} + 2\alpha_E f_t \tag{7-24}$$

式中 ρ_{te}——以有效受拉混凝土面积计算的纵筋配筋率，对于轴心受拉构件，$\rho_{te} = \dfrac{A_s}{A}$。

由于截面 b—b' 尚未开裂，钢筋应力总小于截面 a—a' 的钢筋应力，所以为了保持作用在这一段钢筋上的力的平衡，在钢筋和混凝土的接触面上必须存在粘结力，即平行并作用于钢筋表面的剪应力[图 7-17(d)]。

粘结应力 τ_b 在 ab 段中并非均匀分布，设其平均值为 $w\tau b$，w 为粘结应力图形丰满程度系数，则由图 7-17(d)力的平衡条件可得

$$\sigma_{xr} A_s = \sigma_s A_s + w\tau_b u l_\sigma \tag{7-25}$$

式中 l_σ——裂缝的间距；

u——钢筋截面的周长。

将式(7-22)和式(7-24)代入式(7-25)，得

$$l_\sigma = \frac{f_t}{w\tau_b} \rho_{te} \frac{A_s}{u} \tag{7-26}$$

如钢筋直径为 d，则式(7-26)可化为

$$l_\sigma = \frac{f_t}{Aw\tau_b} \frac{d}{\rho_{te}} \tag{7-27}$$

由试验证明，混凝土的粘结强度大致与其抗拉强度成正比关系，$\dfrac{f_t}{Aw\tau_b}$ 为一常数，则式(7-27)可表达为

$$l_\sigma = \zeta_1 \frac{d}{\rho_{te}} \tag{7-28}$$

式中 ζ_1——经验系数。

式(7-28)表明，裂缝间距 l_σ 与 d/ρ_{te} 成正比，这与试验结果不能很好地符合，因此，必须对

式(7-28)予以修正。

在推导式(7-28)时，在假设即将出现裂缝的截面处，整个截面中拉应力是均匀分布的。然而，实际的拉应力分布可能并不均匀。另外，由于钢筋和混凝土的粘结作用，钢筋对受拉张紧的混凝土的回缩起着约束作用，而这种约束作用有一定影响范围，距离钢筋表面越远，混凝土所受的约束作用将越小。因此，裂缝间距与混凝土保护层厚度有一定的关系，在确定裂缝平均裂缝间距时，应适当考虑混凝土保护层厚度的影响。

考虑混凝土保护层厚度的影响，改用两项表达式

$$l_{cr} = \zeta_2 c_s + \zeta_1 \frac{d}{\rho_{te}} \qquad (7-29)$$

式中　c_s——纵向受拉钢筋保护层厚度；

　　　ζ_2——经验系数。

受弯、偏心受拉和偏心受压构件裂缝分布规律和公式推导过程与轴心受拉构件类似，它们的平均裂缝间距比轴心受拉构件小一些。根据试验资料的分析，并考虑纵向受拉钢筋表面形状的影响，平均裂缝间距的计算公式为

$$l_{cr} = \beta \left(1.9 c_s + 0.08 \frac{d_{eq}}{\rho_{te}} \right) \qquad (7-30)$$

$$d_{eq} = \frac{\sum n_i d_i^2}{\sum n_i \upsilon_i d_i} \qquad (7-31)$$

$$\rho_{te} = \frac{A_s}{A_{te}} \qquad (7-32)$$

式中　β——系数，对轴心受拉构件，取 $\beta = 1.1$；对其他受力构件，取 $\beta = 1.0$；

　　　c_s——最外层纵向受拉钢筋外边缘至受拉区底边的距离(mm)：当 $c_s < 20$ 时，取 $c_s = 20$；当 $c_s > 65$ 时，取 $c_s = 65$；

　　　ρ_{te}——按有效受拉混凝土截面面积计算的纵向受拉钢筋配筋率；在最大裂缝宽度计算中，当 $\rho_{te} < 0.01$ 时，取 $\rho_{te} = 0.01$；

　　　A_{te}——有效受拉混凝土截面面积：对轴心受拉构件，取构件截面面积；对受弯、偏心受压和偏心受拉构件，取 $A_{te} = 0.5bh + (b_f - b)h_f$，此处，$b_f$、$h_f$ 为受拉翼缘的宽度、高度；

　　　A_s——受拉区纵向钢筋截面面积；

　　　d_{eq}——受拉区纵向钢筋的等效直径(mm)；

　　　d_i——受拉区第 i 种纵向钢筋的公称直径；

　　　n_i——受拉区第 i 种纵向钢筋的根数；

　　　υ_i——受拉区第 i 种纵向钢筋的相对粘结特性系数，按表7-1采用。

表 7-1　钢筋的相对粘结特性系数

钢筋类别	钢筋		先张法预应力筋			后张法预应力钢筋		
	光圆钢筋	带肋钢筋	带肋钢筋	螺旋肋钢筋	钢绞线	带肋钢筋	钢绞线	光圆钢丝
υ_i	0.7	1.0	1.0	0.8	0.6	0.8	0.5	0.4

四、平均裂缝宽度

平均裂缝宽度等于平均裂缝间距内钢筋和混凝土的平均受拉伸长之差(图7-18)，即

$$w_m = \varepsilon_{sm} l_{cr} - \varepsilon_{cm} l_{cr} = \left(1 - \frac{\varepsilon_{cm}}{\varepsilon_{sm}}\right)\varepsilon_{sm} l_{cr} \tag{7-33}$$

式中　w_m——平均裂缝宽度;

　　　ε_{sm}——纵向受拉钢筋的平均拉应变;

　　　ε_{cm}——与纵向受拉钢筋相同水平处受拉混凝土的平均应变。

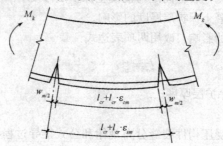

图 7-18　平均裂缝宽度计算图

根据式(7-30)和式(7-33),且令 $\alpha_c = 1 - \varepsilon_{cm}/\varepsilon_{sm} = 0.85$,并引入裂缝间钢筋应变不均匀系数 $\psi = \varepsilon_{sm}/\varepsilon_s$,则式(7-33)可改写为

$$w_m = \alpha_c \psi \frac{\sigma_{sk}}{E_s} l_{cr} \tag{7-34}$$

式中　α_c——裂缝间混凝土伸长对裂缝宽度的影响系数。根据近年来国内多家单位完成的配置 400 MPa、500 MPa 带肋钢筋的钢筋混凝土及预应力混凝土梁的裂缝宽度试验结果,经分析统计,《设计规范》中对受弯、偏心受压构件统一取 $\alpha_c = 0.77$,其他情况取 0.85。

五、最大裂缝宽度

由于混凝土质量的不均质性,裂缝宽度有很大的离散性,裂缝宽度验算应该采用最大裂缝宽度。短期荷载作用下的最大裂缝宽度可以采用平均裂缝宽度 w_m 乘以扩大系数 α_s 得到。根据可靠概率为 95% 的要求,该系数可由实测裂缝宽度分布直方图(图 7-19)的统计分析求得:对于轴心受拉和偏心受拉构件,$\alpha_s = 1.90$;对于受弯和偏心受压构件,$\alpha_s = 1.66$。

同时,在荷载长期作用下,由于钢筋与混凝土的粘结滑移徐变、拉应力松弛和受拉混凝土的收缩影响,导致裂缝间混凝土不断退出工作,钢筋平均应变增大,裂缝宽度随时间推移逐渐增大。

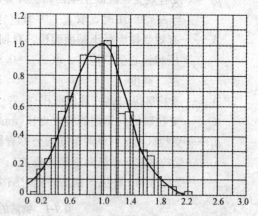

图 7-19　实测裂缝宽度分布直方图

此外,荷载的变动、环境温度的变化,都会使钢筋与混凝土之间的粘结受到削弱,也将导致裂缝宽度的不断增大。因此,短期荷载最大裂缝宽度还需乘以荷载长期效应的裂缝扩大系数 α_l。

因此,考虑荷载长期影响在内的最大裂缝宽度公式为

$$w_{max} = \alpha_s \alpha_l \alpha_c \psi \frac{\sigma_{sk}}{E_s} l_{cr} \tag{7-35}$$

在上述理论分析和试验研究基础上,对于矩形、T 形、倒 T 形及 I 形截面的钢筋混凝土受

拉、受弯和偏心受压构件，按荷载效应的标准组合并考虑长期作用影响的最大裂缝宽度 $w_{\max}$ 按下列公式计算：

$$w_{\max}=\alpha_{cr}\psi\frac{\sigma_{sk}}{E_s}\left(1.9c+0.08\frac{d_{eq}}{\rho_{te}}\right) \qquad (7\text{-}36)$$

式中 $\quad\alpha_{cr}$ ——构件受力特征系数，为前述各系数 a、a_c、a_s、a_l 的乘积，具体见表 7-2。

表 7-2　构件受力特征系数

类型	α_{cr}	
	钢筋混凝土构件	预应力混凝土构件
受弯、偏心受压	1.9	1.5
偏心受拉	2.4	—
轴心受拉	2.7	2.2

根据试验，偏心受压构件 $e_0/h_0\leqslant0.55$ 时，正常使用阶段裂缝宽度较小，均能满足要求，故可不进行验算。对于直接承受重复荷载作用的吊车梁，卸载后裂缝可部分闭合，同时，由于吊车满载的概率很小，吊车最大荷载作用时间很短暂，可将计算所得的最大裂缝宽度乘以系数 0.85。

如果 $w_{\max}$ 超过允许值，则应采取相应措施，如适当减小钢筋直径，使钢筋在混凝土中均匀分布；采用与混凝土粘结较好的变形钢筋；适当增加配筋量（不够经济合理），以降低使用阶段的钢筋应力。这些方法都能一定程度减小正常使用条件下的裂缝宽度。但对限制裂缝宽度而言，最根本的方法也是采用预应力混凝土结构。

【例 7-1】 已知一矩形截面简支梁的截面尺寸 $b\times h=200\text{ mm}\times500\text{ mm}$，混凝土强度等级采用 C30 级，纵向受拉钢筋为 4 根直径 16 mm 的 HRB335 级，最外层纵向受拉钢筋外边缘至受拉区底边的距离 $c_s=30\text{ mm}$，按荷载准永久组合计算的跨中弯矩值 $M_q=80\text{ kN·m}$，梁处于室内正常环境。试验算裂缝最大宽度是否满足要求。

【解】 查表确定各类参数与系数：

$A_s=804\text{ mm}^2$，$E_s=2\times10^5\text{ N/mm}^2$，$f_{tk}=2.01\text{ N/mm}^2$，变形钢筋 $v=1.0$，$\alpha_{cr}=1.9$，最大裂缝宽度允许值 $w_{\lim}=0.3\text{ mm}$。

计算有关参数：

$$h_0=h-40=500-40=460\text{(mm)}$$

$$\rho_{te}=\frac{A_s}{0.5bh}=\frac{804}{0.5\times200\times500}=0.016\ 1$$

$$\sigma_{sq}=\frac{M_q}{0.87h_0A_s}=\frac{80\times10^6}{0.87\times460\times804}=248.6\text{(N/mm}^2)$$

$$\psi=1.1-\frac{0.65f_{tk}}{\rho_{te}\sigma_{sq}}=1.1-\frac{0.65\times2.01}{0.016\ 1\times248.6}=0.774$$

计算裂缝最大宽度：

$$w_{\max}=\alpha_{cr}\psi\frac{\sigma_{sq}}{E_s}\left(1.9c_s+0.08\frac{d}{v\rho_{te}}\right)$$

$$=1.9\times0.774\times\frac{248.6}{2\times10^5}\times\left(1.9\times30+0.08\times\frac{16}{1.0\times0.016\ 1}\right)$$

$$=0.250\text{(mm)}$$

验算裂缝：

$w_{max}=0.250$ mm$<w_{lim}=0.3$ mm，满足要求。

【例 7-2】 有一矩形截面的对称配筋偏心受压柱，截面尺寸 $b\times h=350$ mm$\times600$ mm。计算长度 $l_0=5$ m，受拉钢筋和受压钢筋均为 4 根直径为 20 mm 的 HRB335 级钢筋（$A_s=A_s'=1\ 256$ mm^2），采用混凝土强度等级为 C30 级，最外层纵向受拉钢筋外边缘至受拉区底边的距离 $c_s=35$ mm；荷载短期效应的准永久组合值 $N_q=350$ kN，$M_q=160$ kN·m。试验算该柱是否满足露天环境中使用的裂缝宽度要求。

【解】 查表确定各类参数与系数：

$A_s=804$ mm^2，$E_s=2\times10^5$ N/mm^2，$f_{tk}=2.01$ N/mm^2，变形钢筋 $v=1.0$，$\alpha_{cr}=1.9$。最大裂缝宽度允许值 $w_{lim}=0.2$ mm。

计算有关参数：

$h_0=h-45=600-45=555$(mm)

$\dfrac{l_0}{h}=\dfrac{5\ 000}{600}=8.3<14$，取 $\eta_s=1.0$

$\rho_{te}=\dfrac{A_s}{0.5bh}=\dfrac{1\ 256}{0.5\times350\times600}=0.012$

$e_0=\dfrac{M_q}{N_q}=\dfrac{160\times10^6}{350\times10^3}=457(mm)>0.55h_0=0.55\times555=305.3$(mm)

$\gamma_f'=0$

$y_s=300-45=255$(mm)

$e=\eta_s e_0+y_s=1.0\times457+255=712$(mm)

$z=\left[0.87-0.12(1-\gamma_f')\left(\dfrac{h_0}{e}\right)^2\right]h_0=\left[0.87-0.12\times(1-0)\times\left(\dfrac{555}{712}\right)^2\right]\times555=442$(mm)

$\sigma_{sq}=\dfrac{N_q(e-z)}{A_s z}=\dfrac{350\times10^3\times(712-442)}{1\ 256\times442}=170.2$(N/mm^2)

$\psi=1.1-\dfrac{0.65f_{tk}}{\rho_{te}\sigma_{sq}}=1.1-\dfrac{0.65\times2.01}{0.012\times170.2}=0.46$

计算裂缝最大宽度：

$$w_{max}=\alpha_{cr}\psi\dfrac{\sigma_{sq}}{E_s}\left(1.9c_s+0.08\dfrac{d}{v\rho_{te}}\right)$$

$$=1.9\times0.46\times\dfrac{170.2}{2\times10^5}\times\left(1.9\times35+0.08\times\dfrac{20}{1.0\times0.012}\right)=0.149$$(mm)

验算裂缝：

$w_{max}=0.149$ mm$<w_{lim}=0.2$ mm，满足要求。

知识链接

混凝土裂缝控制的方法

一、混凝土材料控制

1. 一般规定

为了控制混凝土的有害裂缝，应妥善选定组成材料和配合比，以使所制备的混凝土除符合设计和施工所要求的性能外，还应具有抵抗开裂所需要的功能。

2. 材料

水泥宜用硅酸盐水泥、普通硅酸盐水泥或矿渣硅酸盐水泥。对大体积混凝土，宜采用中热硅酸盐水泥、低热硅酸盐水泥、低热矿渣硅酸盐水泥。对防裂抗渗要求较高的混凝土，所用水泥的铝酸三钙含量不宜大于8%。使用时水泥的温度不宜超过60℃。其他材料如集料、矿物掺和料、外加剂、水、钢筋应符合现行有关标准的规定，选用外加剂时必须根据工程具体情况先做水泥适应性及实际效果试验。

3. 配合比

(1)干缩率。混凝土90d的干缩率宜小于0.06%。

(2)坍落度。在满足施工要求的条件下，尽量采用较小的混凝土坍落度。

(3)用水量。不宜大于180 kg/m³。

(4)水泥用量。普通强度等级的混凝土宜为270~450 kg/m³，高强混凝土不宜大于550 kg/m³。

(5)水胶比。应尽量采用较小的水胶比。混凝土水胶比不宜大于0.60。

(6)砂率。在满足工作性要求的前提下，应采用较小的砂率。

(7)泌水量。宜小于0.3 mL/m²。

(8)宜采用引气剂或引气减水剂。

4. 其他特殊措施

(1)用于有外部侵入氯化物的环境时，钢筋混凝土结构或部件所用的混凝土应采取下列措施之一：

1)水胶比应控制在0.55以下；

2)混凝土表面宜采用密实、防渗措施；

3)必要时可在混凝土表面涂刷防护涂料等以阻隔氯盐对钢筋混凝土的腐蚀。

(2)对因水泥水化热产生的裂缝的控制措施：

1)尽量采用水化热低的水泥；

2)优化混凝土配合比，提高集料含量；

3)尽量减少单方混凝土的水泥用量；

4)延长评定混凝土强度等级的龄期；

5)掺矿物拌和料替代部分水泥。

(3)对因冻融产生的裂缝的控制措施：

1)采用引气剂或引气减水剂；

2)混凝土含气量宜控制在5%左右；

3)水胶比不宜大于0.5。

二、混凝土养护控制

(1)养护是防止混凝土产生裂缝的重要措施，必须充分重视，并制定养护方案，派专人负责养护工作。

(2)混凝土浇筑完毕，在混凝土凝结后即须进行妥善的保温、保湿养护。

(3)浇筑后采用覆盖、洒水、喷雾或用薄膜保湿等养护措施。保温、保湿养护时间，对硅酸盐水泥、普通硅酸盐水泥或矿渣硅酸盐水泥拌制的混凝土，不得少于7 d；对掺用缓凝型外加剂或有抗渗要求的混凝土，不得少于14 d。

(4)底板和楼板等平面结构构件，混凝土浇筑收浆和抹压后，用塑料薄膜覆盖，防止表面水分蒸发，混凝土硬化至可上人时，揭去塑料薄膜，铺上麻袋或草帘，用水浇透，有条件时尽量蓄水养护。

(5)截面较大的柱子，宜用湿麻袋围裹喷水养护，或用塑料薄膜围裹自生养护，也可涂刷养护液。

(6)墙体混凝土浇筑完毕，混凝土达到一定强度(1~3 d)后，必要时应及时松动两侧模板，离缝为 3~5 mm，在墙体顶部架设淋水管，喷淋养护。拆除模板后，应在墙两侧覆挂麻袋或草帘等覆盖物，避免阳光直照墙面，地下室外墙宜尽早回填土。

(7)冬期施工不能向裸露部位的混凝土直接浇水养护，应用塑料薄膜和保温材料进行保温、保湿养护。保温材料的厚度应经热工计算确定。

(8)当混凝土外加剂对养护有特殊要求时，应严格按其要求进行养护。

三、大体积混凝土裂缝控制

(1)大体积混凝土施工配合比设计应符合本手册的规定，并应加强混凝土养护工作。

(2)结构构造设计：

1)合理的平面和立面设计，避免截面的突出，从而减小约束应力；

2)合理布置分布钢筋，尽量采用小直径、密间距，变截面处加强分布筋；

3)大体积混凝土宜采用后期强度作为配合比设计、强度评定及验收的依据。基础混凝土龄期可取为 60 d(56 d)或 90 d；柱、墙混凝土强度等级不低于 C80 时，龄期可取为 60 d(56 d)。采用混凝土后期强度时，龄期应经设计单位确认。

4)采用滑动层来减小基础的约束。

(3)施工技术措施：

1)用保温隔热法对大体积混凝土进行养护。

2)大体积混凝土施工时，应对混凝土进行温度控制，并应符合下列规定：

①混凝土入模温度不宜大于 30 ℃；混凝土浇筑体最大温升值不宜大于 50 ℃。

②在覆盖养护阶段，混凝土浇筑体表面以内 40~80 mm 位置处的温度与混凝土浇筑体表面温度差值不宜大于 25 ℃；结束覆盖养护后，混凝土浇筑体表面以内 40~80 mm 位置处的温度差值不宜大于 25 ℃。

③混凝土浇筑体内部相邻两测点的温度差值不宜大于 25 ℃。

④混凝土降温速率不宜大于 2.0 ℃/d；当有可靠经验时，降温速率要求可适当放宽。

3)用草袋和塑料薄膜进行保温和保湿。

4)用跳仓法和企口缝。

5)用后浇带减少混凝土收缩。

6)应按基础、柱、墙大体积混凝土的特点采取针对性裂缝控制技术措施，并编制施工方案。大体积混凝土施工方案应包括以下内容：

①原材料的技术要求，配合比的选择；

②混凝土内部温升计算，混凝土内外温差估算；

③混凝土运输方法；

④混凝土浇筑、振捣、养护措施；

⑤混凝土测温方案；

⑥裂缝控制技术措施。

7)结构内部测温点的测温应与混凝土浇筑、养护过程同步进行。

8)基础大体积混凝土环境温度测点应距离基础边一定位置，柱、墙大体积混凝土环境温度测点应距离结构边一定位置，测温应与混凝土养护过程同步进行。

本章小结

前面讲述的构件受弯、受剪、受压、受拉、受扭的承载力计算都属于承载能力极限状态计算；对于所有的结构构件，都应满足结构构件抗力大于等于荷载效应设计值。除此之外，对钢筋混凝土结构构件，还应按荷载的准永久组合并考虑长期作用的影响或标准组合并考虑长期作用的影响进行正常使用极限状态的验算，以满足结构构件的使用要求。本章主要介绍了钢筋混凝土结构构件在正常使用情况下的裂缝宽度和变形验算的方法。

思考练习题

一、填空题

1. 混凝土施工缝的设置一般可分为＿＿＿＿和＿＿＿＿两种。

2. 施工缝、后浇带留设界面应垂直于＿＿＿＿和＿＿＿＿。

3. 后浇带在未浇筑混凝土前不能将部分模板、支柱拆除，否则会导致＿＿＿＿造成变形。

4. 后浇带的宽度应考虑便于施工及避免集中应力，并按结构构造要求而定，一般宽度以＿＿＿＿为宜。

5. 试验表明，截面弯曲刚度不仅随着荷载增大而减小，而且还随荷载作用时间的增长而＿＿＿＿。

6. ＿＿＿＿等于平均裂缝间距内钢筋和混凝土的平均受拉伸长之差。

7. 土入模温度不宜大于＿＿＿＿；混凝土浇筑体最大温升值不宜大于＿＿＿＿。

二、简答题

1. 钢筋混凝土和预应力混凝土构件，进行混凝土受拉边缘应力或正截面裂缝宽度验算时应满足哪些规定？

2. 水平施工缝的留设位置应符合哪些规定？

3. 设备基础施工缝留设位置应符合哪些规定？

三、计算题

1. 钢筋混凝土矩形截面梁，$b \times h = 200 \text{ mm} \times 450 \text{ mm}$，计算跨度 $l_0 = 6 \text{ m}$，采用强度等级为 C20 的混凝土，配有 3Φ18（$A_s = 763 \text{ mm}^2$）HRB400 级纵向受力钢筋。承受均布永久荷载标准值为 $g_k = 6.0 \text{ kN/m}$，均布活荷载标准值 $q_k = 10 \text{ kN/m}$，活荷载准永久值系数 $\psi_q = 0.5$。如果该构件的挠度限值为 $l_0/250$，试验算该梁的跨中最大变形是否满足要求。

2. 计算题 1 中的矩形梁，采用强度等级为 C25 的混凝土，其他条件不变，试验算该梁的跨中最大变形是否满足要求。

第八章　预应力混凝土构件

    1. 了解预应力的基本原理、预应力混凝土的特点；熟悉预应力混凝土的材料及锚具；掌握预应力损失值的计算。

    2. 熟悉预应力混凝土轴心受拉构件的应力分析；掌握预应力混凝土轴心受拉构件的计算和验算。

    3. 熟悉预应力受弯构件各阶段的应力分析；掌握受弯构件使用阶段的计算和验算。

    4. 熟悉先张法构件和后张法构件的构造要求。

    1. 能进行预应力混凝土轴线受拉构件的设计计算。

    2. 能进行预应力混凝土受弯构件的设计计算。

第一节　预应力混凝土构件概述

一、预应力的基本原理

    普通钢筋混凝土结构由于有效利用了钢筋和混凝土两种材料的不同受力性能，因此被广泛应用于土木工程当中，但普通钢筋混凝土结构或构件在使用中仍面临以下两个主要问题：

    (1)由于混凝土的极限拉应变很小，在正常使用条件下，构件受拉区裂缝的存在不仅导致了受拉区混凝土强度的浪费，还使得构件刚度降低，变形较大。

    (2)考虑到结构的耐久性与适用性，必须控制构件的裂缝宽度和变形。如果采用增加截面尺寸和用钢量的方法，一般来讲不经济，特别是荷载或跨度较大时；如果提高混凝土的强度等级，由于其抗拉强度提高得很少，对提高构件抗裂性和刚度的效果也不明显；而若利用钢筋来抵抗裂缝，则当混凝土达到极限拉应变时，受拉钢筋的应力只有 30 N/mm^2 左右。因此，在普通钢筋混凝土结构中，高强度混凝土和高强度钢筋的强度不能得到充分利用。

    为了充分发挥高强度混凝土及高强度钢筋的力学性能，可以在混凝土构件正常受力前，对使用时的受拉区混凝土预先施加压力，使之产生预压应力。当构件在荷载作用下产生拉应力时，首先要抵消混凝土构件内的预压应力，然后随荷载的增加，混凝土构件才会受拉、出现裂缝。因此，可推迟裂缝的出现，减小裂缝的宽度，满足使用要求。这种在正常受荷前预先对混凝土受拉区施加一定的压应力以改善其在使用荷载作用下混凝土抗拉性能的结构称为"预应力混凝土结构"。

    预应力的作用可用图 8-1 的梁来说明。在外荷载作用下，梁下边缘产生拉应力 σ_3，如图 8-1(a)所示。如果在施加荷载作用以前，给梁先施加一偏心压力 N，使得梁下边缘产生预

压应力 σ_1，如图 8-1(b)所示，那么在外荷载作用后，截面的应力分布将是两者的叠加，如图 8-1(c)所示。梁的下边缘应力可为压应力(如 $\sigma_1-\sigma_3>0$)或数值很小的拉应力(如 $\sigma_1-\sigma_3<0$)。可见叠加后，梁的下边缘应力可能是数值很小的拉应力，也可能是压应力。也就是说，由于预加偏心荷载 N 的作用，可部分抵消或全部抵消外荷载所引起的拉应力，因而延缓甚至避免了混凝土构件的开裂。

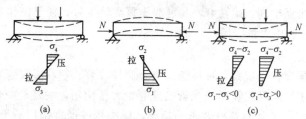

图 8-1 预应力混凝土简支梁的受力情况

(a)荷载作用；(b)预压力作用；(c)预压力与荷载共同作用

预应力混凝土
结构构件一般规定

二、预应力混凝土的特点

预应力混凝土的应用和发展，克服了普通钢筋混凝土的缺陷，不仅为充分利用高强度材料创造了条件，而且使结构构件在使用上更加趋于完善、合理。预应力混凝土大致具有以下几个方面的特点：

(1)提高构件的抗裂性、耐久性，增加构件的刚度。预应力可以全部或部分地抵消构件在荷载作用下产生的拉应力，使构件不出现裂缝或减小裂缝宽度，故其抗裂性能比普通钢筋混凝土构件高，从而提高了构件的耐久性和刚度。

(2)节约材料、减轻自重。高强材料的应用，可以相对减小构件的截面尺寸，一般可比普通钢筋混凝土节约钢筋 20%～50%，节约混凝土 20%～30%。

(3)构件标准化、工厂化生产程度高。生产预应力混凝土构件需要一套专门的制作设备，对于需求量大的工业与民用建筑构件不便于现场制作，可在工厂定型生产，减小现场湿作业，缩短施工周期，加快施工进度。

预应力混凝土的缺点是构件制作复杂、施工工序多，对材料的质量和制作技术水平要求高，需要有复杂的张拉和锚固设备，构件制作周期长，计算复杂等。这是今后发展和应用中有待于进一步改进的。

三、预应力混凝土的材料及锚具

1. 混凝土

预应力混凝土结构构件所用的混凝土，一般强度等级较高。这是因为采用高强度混凝土并配合采用高强度钢筋，可以有效地减小构件的截面尺寸和减轻自重。《设计规范》规定预应力混凝土结构的混凝土强度等级不宜低于 C40，且不应低于 C30。《设计规范》同时规定一类环境中，设计使用年限为 100 年的预应力混凝土结构最低强度等级为 C40。对于预应力混凝土还要求低收缩、低徐变、快硬、早强，以便早施加预应力，加快施工进度。

2. 钢筋

预应力混凝土结构构件应采用高强度、低松弛的钢筋。这是因为混凝土预压应力的大小，取决于预应力筋张拉应力的大小。考虑到构件在制作过程中会出现各种预应力损失，因此，必须采用高强度、低松弛的钢筋，才可以建立较高的预应力值，以达到预期的效果。同时为了避免预应力混凝土构件发生脆性破坏，要求预应力筋在拉断时，具有一定的伸长率。当构件处于低温或受到冲击荷载作用时，更应注意对钢筋塑性和抗冲击韧性的要求。预应力筋还要求具有良好的可焊性，同时要求钢筋"镦粗"后并不影响其原来的物理力学性能。另外，预应力筋还应具有耐腐蚀和良好的粘结性能等。

我国目前用于预应力混凝土结构构件中的钢材有中强度预应力钢丝、预应力螺纹钢筋、消除应力钢丝和钢绞线。由于钢绞线强度高、柔性好、与混凝土握裹性能好，便于制作各类预应力筋，且便于施工，因此目前在工程中大量应用。

3. 成孔材料

一般后张法预应力孔道采用预埋管法成孔。预埋管道有金属波纹管、塑料波纹管和薄壁钢管等，最为普遍使用的是金属波纹管，目前塑料波纹管已经开始大量使用，主要是配合真空辅助灌浆工艺。薄壁钢管仅用于竖向孔道和有特殊要求的情况。梁类构件通常采用圆形波纹管，板类构件宜采用扁形波纹管；波纹管截面面积一般为预应力筋截面面积的 3.0～4.0 倍，同时，其内径应大于预应力筋(束)轮廓直径 6～15 mm，还要考虑先穿束或后穿束以及是否采用穿束机等情况；波纹管要有足够的刚度和良好的抗渗性能。

4. 水泥浆

水泥浆由水泥、外加剂和水混合搅拌而成，水泥浆性能应满足《混凝土结构工程施工规范》(GB 50666—2011)、《混凝土结构工程施工质量验收规范》(GB 50204—2015)的有关规定。

5. 锚具和夹具

为了阻止被张拉的钢筋发生回缩，必须将钢筋端部进行锚固。锚固预应力钢筋和钢丝的工具有锚具和夹具两种类型。永久锚固在构件端部，与构件一起承受荷载，不能重复使用的，称为锚具；在构件制作完成后能重复使用的，称为夹具。

锚、夹具的种类很多，图 8-2 所示为几种常用的锚具、夹具。其中，图 8-2(a)所示为锚固钢丝用的套筒式夹具；图 8-2(b)所示为锚固粗钢筋用的螺栓端杆锚具；图 8-2(c)所示为锚固直径 12 mm 的钢筋或钢绞线束的 JM12 夹片式锚具。

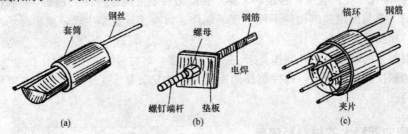

图 8-2　几种常用的锚、夹具

(a)套筒式夹具；(b)螺栓端杆锚具；(c)JM12 夹片式锚具

四、张拉控制应力

张拉钢筋时，张拉设备(如千斤顶)上的测力计所指示的总拉力除以预应力钢筋面积所得的应力值称为张拉控制应力，用 σ_{con} 表示。张拉控制应力的大小与预应力钢筋的强度标准值 f_{pyk}(软钢)或 f_{ptk}(硬钢)有关。

张拉控制应力的确定应遵循以下原则：

(1)张拉控制应力应尽量定得高一些。σ_{con} 定得越高，在预应力混凝土构件配筋相同的情况下产生的预应力就越大，构件的抗裂性就越好。

(2)张拉控制应力又不能定得过高。当σ_{con}过高时，在张拉过程中可能发生将钢筋拉断的现象；同时，构件抗裂能力过高时，开裂荷载将接近破坏荷载，使构件破坏前缺乏预兆。

(3)根据钢筋种类及张拉方法确定适当的张拉控制应力。软钢可定得高一些，硬钢可定得低一些；先张法构件的张拉控制应力可定得高一些，后张法构件可定得低一些。

张拉控制应力允许值见表8-1。

表8-1 张拉控制应力允许值

钢　种	张　拉　控　制　应　力
消除应力钢丝、钢绞线	$\leqslant 0.75 f_{ptk}$
中强度预应力钢丝	$\leqslant 0.70 f_{ptk}$
预应力螺纹钢筋	$\leqslant 0.85 f_{pyk}$

五、预应力损失

按照某一控制应力值张拉的预应力钢筋，其初始的张拉应力会由于各种原因而降低，这种预应力降低的现象称为预应力损失，用σ_n表示。预应力损失值包括以下几种：

(1)σ_{l1}。锚具变形和预应力筋内缩引起的预应力损失。主要由张拉端锚具变形和预应力筋内缩引起。

1)先张法构件。直线预应力筋由锚具变形和预应力筋内缩引起的预应力损失σ_{l1}应按下式计算：

$$\sigma_{l1} = \frac{a}{l} E_s \qquad (8-1)$$

式中　a——张拉端锚具变形和预应力筋内缩值(mm)，可按表8-2采用；

l——张拉端至锚固端之间的距离(mm)；

E_s——预应力钢筋的弹性模量。

预应力损失值
计算规定

表8-2 锚具变形和预应力筋内缩值a　　　　　　　　mm

锚　具　类　别		a
支承式锚具(钢丝束镦头锚具等)	螺帽缝隙	1
	每块后加垫板的缝隙	1
夹片式锚具	有顶压时	5
	无顶压时	6~8
注：1. 表中的锚具变形和预应力筋内缩值也可根据实测数据确定； 　　2. 其他类型的锚具变形和预应力筋内缩值应根据实测数据确定。		

块体拼成的结构，其预应力损失还应考虑块体间填缝的预压变形。当采用混凝土或砂浆为填缝材料时，每条填缝的预压变形值可取为1 mm。

2)后张法构件。后张法构件预应力筋或折线形预应力筋由于锚具变形和预应力筋内缩引起的预应力损失值σ_{l1}，应根据曲线预应力筋或折线预应力筋与孔道之间反向摩擦影响长度l_f范围内的预应力筋变形值等于锚具变形和预应力筋内缩值的条件确定，反向摩擦系数可按表8-3的规定采用。

表 8-3　预应力钢筋与孔道壁之间的摩擦系数

孔道成型方式	κ	μ	
		钢绞线、钢丝束	预应力螺纹钢筋
预埋金属波纹管	0.001 5	0.25	0.50
预埋塑料波纹管	0.001 5	0.15	—
预埋钢管	0.001 0	0.30	—
抽芯成型	0.001 4	0.55	0.60
无粘结预应力筋	0.004 0	0.09	—

注：1. 表中系数也可根据实测数据确定；

　　2. 当采用钢丝束的钢质锥形锚具及类似形式锚具时，还应考虑锚环口处的附加摩擦损失，其值可根据实测数据确定。

减少该项损失的措施：由于 a 越小或 l 越大则 σ_{l1} 越小，所以尽量少用垫板。先张法采用长线台座张拉时 σ_{l1} 较小；而后张法中构件长度越大则 σ_{l1} 越小。

(2)σ_{l2}。它由预应力钢筋与孔道壁之间的摩擦引起。

后张法构件预应力筋与孔道壁之间的摩擦引起的预应力损失值 σ_{l2}，宜按下式计算：

$$\sigma_{l2} = \sigma_{con}\left(1 - \frac{1}{e^{\kappa x + \mu\theta}}\right) \tag{8-2}$$

式中　x——从张拉端至计算截面的孔道长度，可近似取该段孔道在纵轴上的投影长度(m)；

　　　θ——从张拉端至计算截面曲线孔道各部切线的夹角之和(rad)；

　　　κ——考虑孔道每米长度局部偏差的摩擦系数，按表 8-3 采用；

　　　μ——预应力钢筋与孔道壁之间的摩擦系数，按表 8-3 采用。

当 $\kappa x + \mu\theta \leqslant 0.3$ 时，$\sigma_{l2} \approx (\kappa x + \mu\theta)\sigma_{con}$。

在式(8-2)中，对按抛物线、圆弧曲线变化的空间曲线及可分段后叠加的广义空间曲线，夹角之和 θ 可按下列近似公式计算：

抛物线、圆弧曲线　　　　　$\theta = \sqrt{\alpha_v^2 + \alpha_h^2}$ 　　　　　(8-3)

广义空间曲线　　　　　　 $\theta = \sum \sqrt{\Delta\alpha_v^2 + \Delta\alpha_h^2}$ 　　　　　(8-4)

式中　α_v，α_h——按抛物线、圆弧曲线变化的空间曲线预应力筋在竖直向、水平向投影所形成抛物线、圆弧曲线的弯转角；

　　　$\Delta\alpha_v^2$，$\Delta\alpha_h^2$——广义空间曲线预应力筋在竖直向、水平向投影所形成分段曲线的弯转角增量。

对于先张法和后张法构件在张拉端锚口摩擦及在转向装置处的摩擦引起的预应力损失值 σ_{l2}，均按实测值或厂家提供的数据确定。

对于较长的构件可采用一端张拉另一端补拉，或两端同时张拉，也可采用超张拉法。超张拉时的程序为 $0 \to 1.1\sigma_{con} \xrightarrow{2\,min} 0.85\sigma_{con} \to \sigma_{con}$。

(3)σ_{l3}。混凝土加热养护时，由受张拉的钢筋与承受拉力的设备之间的温差引起，主要在先张法中，$\sigma_{l3} = 2\Delta t$[Δt 为混凝土加热养护时，受张拉的预应力钢筋与承受拉力的设备之间的温差(℃)]。

通常采用两阶段升温养护来减小温差损失：先升温 20 ℃～25 ℃，待混凝土强度达到 7.5～10 N/mm² 后，混凝土与预应力钢筋之间已具有足够的粘结力而结成整体；当再次升温时，二者可共同变形，不再引起预应力损失。因此，计算时取 $\Delta t = 20$ ℃～25 ℃。当在钢模上生产预应力构件时，钢模和预应力钢筋同时被加热，无温差，则该项损失为零。

(4)σ_{l4}。它由预应力钢筋的应力松弛引起，计算公式如下：

1)消除应力钢丝、钢绞线。

普通松弛：

$$\sigma_{l4} = 0.4\left(\frac{\sigma_{con}}{f_{ptk}} - 0.5\right)\sigma_{con} \tag{8-5}$$

低松弛：

当 $\sigma_{con} \leqslant 0.7f_{ptk}$ 时

$$\sigma_{l4} = 0.125\left(\frac{\sigma_{con}}{f_{ptk}} - 0.5\right)\sigma_{con} \tag{8-6}$$

当 $0.7f_{ptk} < \sigma_{con} \leqslant 0.8f_{ptk}$ 时

$$\sigma_{l4} = 0.2\left(\frac{\sigma_{con}}{f_{ptk}} - 0.575\right)\sigma_{con} \tag{8-7}$$

2)中强度预应力钢丝：$\sigma_{l4} = 0.08\sigma_{con}$。

3)预应力螺纹钢筋：$\sigma_{l4} = 0.03\sigma_{con}$。

当 $\frac{\sigma_{con}}{f_{ptk}} \leqslant 0.5$ 时，预应力筋的应力松弛损失值 σ_{l4} 可取为零。

采用超张拉的方法减小松弛损失。超张拉时可采取以下两种张拉程序：第一种为 $0 \rightarrow 1.03\sigma_{con}$；第二种为 $0 \rightarrow 1.05\sigma_{con} \xrightarrow{2\,min} \sigma_{con}$。

(5)σ_{l5}。它由混凝土的收缩和徐变引起，混凝土的收缩、徐变引起受拉区和受压区纵向预应力筋的预应力损失值 σ_{l5}、σ'_{l5}，可按下列方法计算：

先张法构件
$$\sigma_{l5} = \frac{60 + 340\dfrac{\sigma_{pc}}{f'_{cu}}}{1 + 15\rho} \tag{8-8}$$

$$\sigma'_{l5} = \frac{60 + 340\dfrac{\sigma'_{pc}}{f'_{cu}}}{1 + 15\rho'} \tag{8-9}$$

后张法构件
$$\sigma_{l5} = \frac{55 + 300\dfrac{\sigma_{pc}}{f'_{cu}}}{1 + 15\rho} \tag{8-10}$$

$$\sigma'_{l5} = \frac{55 + 300\dfrac{\sigma'_{pc}}{f'_{cu}}}{1 + 15\rho'} \tag{8-11}$$

式中　σ_{pc}，σ'_{pc}——受拉区、受压区预应力筋合力点处的混凝土法向压应力；

f'_{cu}——施加预应力时的混凝土立方体抗压强度；

ρ，ρ'——受拉区、受压区预应力筋和普通钢筋的配筋率，对于先张法构件，$\rho = \dfrac{A_p + A_s}{A_0}$，$\rho' = \dfrac{A'_p + A'_s}{A_0}$；对后张法构件，$\rho = \dfrac{A_p + A_s}{A_n}$，$\rho' = \dfrac{A'_p + A'_s}{A_n}$（$A_0$ 为构件的换算截面面积，A_n 为构件的净截面面积）；对于对称配置预应力筋和普通钢筋的构件，配筋率 ρ、ρ' 应按钢筋总截面面积的一半进行计算。

计算受拉区、受压区预应力钢筋在各自合力点处的混凝土法向预应力 σ_{pc}、σ'_{pc} 时，预应力损失值仅考虑混凝土预压前(第一批)的损失(即这里取 $\sigma_{pc} = \sigma_{pc,I}$，$\sigma'_{pc} = \sigma'_{pc,I}$)，其普通钢筋中的应力 σ_{l5}、σ'_{l5} 值应取为零；σ_{pc}、σ'_{pc} 值不得大于 $0.5f'_{cu}$；当 σ'_{pc} 为拉应力时，则式(8-9)、式(8-11)中的

σ'_{l5}应取为零。计算混凝土法向应力σ_{pc}、σ'_{pc}时，可根据构件制作情况考虑自重的影响。

当结构处于年平均相对湿度低于40%的环境下，σ_{l5}及σ'_{l5}值应增加30%。

当采用泵送混凝土时，宜根据实际情况考虑混凝土收缩、徐变引起预应力损失值增大的影响。

所有能减少混凝土收缩、徐变的措施，相应地都将减少σ_{l5}。

(6)σ_{l6}。用螺旋式预应力钢丝(或钢筋)作配筋的环形结构构件，由于螺旋式预应力钢丝(或钢筋)挤压混凝土引起的预应力损失。σ_{l6}的大小与构件直径有关，构件直径越小，预应力损失越大。当结构直径大于3 m时，σ_{l6}可不计；当结构直径小于或等于3 m时，σ_{l6}可取为30 N/mm^2。

后张法构件的预应力筋采用分批张拉时，应考虑后批张拉预应力筋所产生的混凝土弹性压缩或伸长对于先批张拉预应力筋的影响，可将先批张拉预应力筋的张拉控制应力值σ_{con}增加或减小$\alpha_E\sigma_{pci}$(σ_{pci}为后批张拉预应力筋在先批张拉预应力筋重心处产生的混凝土法向应力)。

预应力混凝土构件在各阶段的预应力损失值宜按表8-4的规定进行组合。

表8-4 各阶段预应力损失值的组合

预应力损失值的组合	先张法构件	后张法构件
混凝土预压前(第一批)的损失	$\sigma_{l1}+\sigma_{l2}+\sigma_{l3}+\sigma_{l4}$	$\sigma_{l1}+\sigma_{l2}$
混凝土预压后(第二批)的损失	σ_{l5}	$\sigma_{l4}+\sigma_{l5}+\sigma_{l6}$

注：先张法构件由于预应力筋应力松弛引起的损失值σ_{l4}在第一批和第二批损失中所占的比例，如需区分，可根据实际情况确定。

当计算求得的预应力总损失值小于下列数值时，应按下列数值取用：

(1)先张法构件，100 N/mm^2；

(2)后张法构件，80 N/mm^2。

📖 知识链接

施加预应力的方法

混凝土的预应力是通过张拉构件内钢筋实现的。根据钢筋张拉与混凝土浇筑的先后次序不同，预应力筋施加预应力的方法可分为先张法和后张法。

1. 先张法

第一步：在台座(或钢模)上用张拉机具张拉预应力钢筋至控制应力，并用夹具临时固定，示意如图8-3所示。

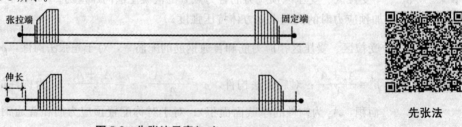

图8-3 先张法示意(一)

第二步：支模并浇筑混凝土，养护(一般为蒸汽养护)至其强度不低于设计值的75%时，切断预应力钢筋，示意如图8-4所示。

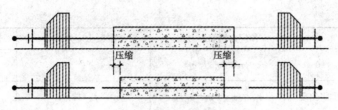

图 8-4　先张法示意(二)

2. 后张法

第一步：浇筑混凝土制作构件，并预留孔道，如图 8-5 所示。

第二步：在孔道中穿筋，并在构件上用张拉机具张拉预应力钢筋至控制应力，在张拉端用锚具锚住预应力钢筋，并在孔道内压力灌浆，如图 8-6 所示。

后张法

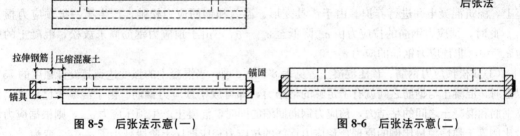

图 8-5　后张法示意(一)　　　　图 8-6　后张法示意(二)

第二节　预应力混凝土轴心受拉构件的设计计算

一、预应力混凝土轴心受拉构件的应力分析

预应力混凝土构件从张拉钢筋开始直到构件破坏，可分为两个阶段：即施工阶段和使用阶段。施工阶段是指构件承受外荷载之前的受力阶段；使用阶段是指构件承受外荷载之后的受力阶段。预应力混凝土构件除应进行使用阶段的承载力计算及变形、抗裂度和裂缝宽度验算外，还应按具体情况对制作、运输及吊装等施工阶段进行验算，因此，必须对预应力混凝土构件在施工阶段和使用阶段的应力状态进行分析。下面以轴心受拉构件为例，分别针对先张法和后张法两种情况介绍构件各阶段的应力状态。

(一)先张法构件

先张法构件各阶段钢筋和混凝土的应力变化过程见表 8-5。

表 8-5　先张法构件各阶段钢筋和混凝土的应力变化过程

	受力阶段	预应力钢筋应力 σ_p	混凝土应力 σ_{pc}	非预应力钢筋应力 σ_s
施工阶段	a. 在台座上穿钢筋	0	—	—
	b. 张拉预应力钢筋	σ_{con}	—	—
	c. 完成第一批预应力损失	$\sigma_{con} - \sigma_{l1}$	0	0
	d. 放松钢筋	$\sigma_{pI} = \sigma_{con} - \sigma_{l1} - \alpha_E \sigma_{pcI}$	$\sigma_{pcI} = \dfrac{(\sigma_{con} - \sigma_{l1})A_p}{A_0}$（压）	$\sigma_s = \alpha_E \sigma_{pcI}$（压）
	e. 完成第二批损失	$\sigma_{pII} = \sigma_{con} - \sigma_l - \alpha_E \sigma_{pcII}$	$\sigma_{pcII} = \dfrac{(\sigma_{con} - \sigma_l)A_p}{A_0}$（压）	$\sigma_s = \alpha_E \sigma_{pcII} + \sigma_{l5}$（压）

	受力阶段	预应力钢筋应力 σ_p	混凝土应力 σ_{pc}	非预应力钢筋应力 σ_s
使用阶段	f. 加载至 $\sigma_{pc}=0$	$\sigma_{p0}=\sigma_{con}-\sigma_l$	0	σ_{l5}(压)
	g. 加载至裂缝即将出现	$\sigma_{pcr}=\sigma_{con}-\sigma_l-\alpha_E f_{tk}$	f_{tk}(拉)	$\alpha_E f_{tk}-\sigma_{l5}$(拉)
	h. 加载至破坏	f_{py}	0	f_y(拉)

1. 施工阶段

(1)张拉预应力钢筋。见表 8-5 中 b 项,在台座上,张拉截面面积为 A_p 的预应力筋至控制应力 σ_{con},这时预应力钢筋的总预拉力为 $\sigma_{con}A_p$。非预应力筋不承担任何应力。

(2)完成第一批预应力损失 σ_{lI}。见表 8-5 中 c 项,张拉钢筋完毕后,将预应力钢筋锚固在台座上,浇筑混凝土并进行养护。由于锚具变形、温差和钢筋应力松弛,产生第一批预应力损失 σ_{lI}。此时,预应力钢筋的拉应力由 σ_{con} 降低至 $\sigma_{con}-\sigma_{lI}$,由于预应力钢筋尚未放松,混凝土的应力 $\sigma_{pc}=0$,非预应力钢筋的应力 $\sigma_s=0$。

(3)放松预应力钢筋、预压混凝土。见表 8-5 中 d 项,当混凝土的强度达到其设计强度的 75% 以上时,混凝土与钢筋之间就有了足够的粘结力,即可放松预应力钢筋。由于混凝土已结硬,依靠钢筋和混凝土之间的粘结力,预应力钢筋回缩的同时,混凝土产生预压应力 σ_{pcI},则根据应力增量比例等于弹性模量比例的原理,预应力钢筋的拉应力相应地比上阶段减小了 $\alpha_E\sigma_{pcI}$,变为

$$\sigma_{pI}=\sigma_{con}-\sigma_{lI}-\alpha_E\sigma_{pcI} \tag{8-12}$$

式中 α_E——钢筋的弹性模量与混凝土弹性模量之比。

非预应力钢筋的应变总是和混凝土的应变保持一致,它的压应力总是混凝土压应力的 α_E 倍,此时有 $\sigma_{sI}=\alpha_E\sigma_{pcI}$。根据截面上的内力平衡条件,有

$$\sigma_{pI}\cdot A_p=\sigma_{pcI}\cdot A_c+\sigma_{sI}\cdot A_s$$

将 σ_p 和 σ_{sI} 代入式(8-13)并整理得:

$$\sigma_{pI}\cdot A_p=\sigma_{pcI}\cdot A_c+\sigma_{sI}\cdot A_s \tag{8-13}$$

$$\sigma_{pcI}=\frac{(\sigma_{con}-\sigma_{lI})}{A_c+\alpha_E A_s+\alpha_E A_p}=\frac{N_{pI}}{A_0} \tag{8-14}$$

式中 A_c——混凝土净截面面积,应扣除预应力钢筋和非预应力钢筋所占的混凝土截面面积,当预应力钢筋和非预应力钢筋截面面积不大时,也可按混凝土毛截面计算;

A_0——混凝土的总换算截面面积,包括净截面面积以及全部纵向预应力筋截面面积换算成混凝土的截面面积;

$$A_0=A_c+\alpha_E A_s+\alpha_E A_p \tag{8-15}$$

N_{pI}——产生第一批预应力损失后,预应力钢筋的总拉力。

$$N_{pI}=(\sigma_{con}-\sigma_{lI})A_p \tag{8-16}$$

(4)混凝土受到预压应力,完成第二批预应力损失。见表 8-5 中 e 项,随着时间的增长,由于混凝土发生收缩、徐变及预应力钢筋进一步松弛,产生第二批预应力损失 σ_{lII}。此时,混凝土的压应力由 σ_{pcI} 降低至 σ_{pcII},预应力钢筋的拉应力比上阶段减小 $\alpha_E(\sigma_{pcII}-\sigma_{pcI})$ 而变为

$$\sigma_{pII}=\sigma_{con}-\sigma_{lI}-\alpha_E\sigma_{pcI}-\sigma_{lII}-\alpha_E(\sigma_{pcII}-\sigma_{pcI})=\sigma_{con}-\sigma_l-\alpha_E\sigma_{pcII} \tag{8-17}$$

此时,非预应力钢筋产生的压应力 σ_{sII} 应包括 $\alpha_E\sigma_{pcII}$ 及由于混凝土收缩、徐变而在预应力钢筋中产生的压应力 σ_{l5},所以

$$\sigma_{sII}=\alpha_E\sigma_{pcII}+\sigma_{l5}(压) \tag{8-18}$$

由力的平衡条件求得：

$$\sigma_{pII} A_p = \sigma_{pcII} A_c + \sigma_{sII} A_s \qquad (8\text{-}19)$$

将 σ_{pcII} 和 σ_{sII} 代入式(8-19)，可得

$$\sigma_{pcII} = \frac{(\sigma_{con} - \sigma_l) A_c + \sigma_{l5} A_s}{A_c + \alpha_E A_s + \alpha_E A_p} = \frac{N_{pII} - \sigma_{l5} A_s}{A_0} \qquad (8\text{-}20)$$

式中 σ_{pcII}——全部损失完成后，在预应力混凝土中所建立的"有效预压应力"；

   N_{pII}——完成全部预应力损失后，预应力钢筋的总预拉力，$N_{pII} = (\sigma_{con} - \sigma_l) A_p$。

2. 使用阶段

(1)加载至混凝土的预压应力为零时。见表 8-5 中 f 项，当构件承受的轴向拉力 N_{p0} 使混凝土预压应力全部抵消，即混凝土的应力为零，截面处于消压状态，即 $\sigma_{pc} = 0$ 时，预应力非预应力钢筋应力增量均为 $\alpha_E \sigma_{pcII}$，即：$\sigma_{p0} = \sigma_{pII} + \alpha_E \sigma_{pcII}$，将式(8-17)代入，可得

$$\sigma_{p0} = \sigma_{con} - \sigma_l \qquad (8\text{-}21)$$

非预应力钢筋的压应力 σ_{s0} 在原来压应力 σ_{sII} 的基础上，增加了一个拉应力 $\alpha_E \sigma_{pcII}$，因此

$$\sigma_{s0} = \sigma_{sII} - \alpha_E \sigma_{pcII} = \alpha_E \sigma_{pcII} + \sigma_{l5} - \alpha_E \sigma_{pcII} = \sigma_{l5} \qquad (8\text{-}22)$$

由上式可知，此阶段非预应力钢筋的应力仍为压应力，其值为 σ_{l5}。

轴向拉力 N_{p0} 可由力的平衡条件求得

$$N_{p0} = \sigma_{p0} A_p - \sigma_{s0} A_s \qquad (8\text{-}23)$$

将式(8-21)和式(8-22)代入式(8-13)，可得

$$N_{p0} = (\sigma_{con} - \sigma_l) A_p - \sigma_{l5} A_s = N_{pII} - \sigma_{l5} A_s \qquad (8\text{-}24)$$

由式(8-20)可知 $N_{pII} - \sigma_{l5} A_s = \sigma_{pcII} A_0$，所以

$$N_{p0} = \sigma_{pcII} A_0 \qquad (8\text{-}25)$$

(2)加载至裂缝即将出现。见表 8-5 中 g 项，当轴向拉力超过 N_{p0} 后，混凝土开始受拉。当荷载加至 N_{cr}，即混凝土拉应力达到其轴心抗拉强度标准值 f_{tk} 时，混凝土即将开裂。此时，预应力和非预应力钢筋的应力增量均为 $\alpha_E f_{tk}$，则

$$\sigma_{pcr} = \sigma_{p0} + \alpha_E f_{tk} = \sigma_{con} - \sigma_l + \alpha_E f_{tk} \qquad (8\text{-}26)$$

非预应力钢筋的应力由压应力转为拉应力，其值为

$$\sigma_s = \sigma_{pcr} - \sigma_{l5}(拉) \qquad (8\text{-}27)$$

轴向拉力 N_{cr} 也可由力的平衡条件求得

$$N_{cr} = \sigma_{pcr} A_p + \sigma_s A_s + f_{tk} A_c \qquad (8\text{-}28)$$

将式(8-26)和式(8-27)代入式(8-28)，可得

$$N_{cr} = (\sigma_{pcII} + f_{tk}) A_0 \qquad (8\text{-}29)$$

式中 N_{cr}——混凝土即将裂缝时的轴向拉力，称为"抗裂拉力"。

由此可见，由于预压应力 σ_{pcII} 的作用，使得预应力钢筋混凝土受拉构件的抗裂能力比普通混凝土轴心受拉构件大很多(通常 σ_{pcII} 比 f_{tk} 大得多)。

(3)加载至构件破坏。见表 8-5 中 h 项，当轴向拉力超过 N_{cr} 后，混凝土开始出现裂缝，在裂缝截面处，混凝土不再承受拉力，拉力全部由预应力钢筋和非预应力钢筋承担。当钢筋应力达到设计强度时，构件破坏。此时极限轴向拉力 N_u 可由力的平衡条件求得

$$N_u = f_{py} A_p + f_y A_s \qquad (8\text{-}30)$$

式中 f_{py}——预应力钢筋的抗拉强度设计值，见附表 7；

   f_y——非预应力钢筋的抗拉强度设计值。

由式(8-30)可见，施加预应力并不能提高构件的承载力。

(二)后张法构件

后张法构件各阶段钢筋和混凝土的应力变化过程见表 8-6。

表 8-6 后张法构件各阶段钢筋和混凝土的应力变化过程

	受力阶段	预应力钢筋应力 σ_p	混凝土应力 σ_{pc}	非预应力钢筋应力 σ_s
施工阶段	a. 穿钢筋	0	—	—
	b. 张拉预应力钢筋	$\sigma_{con}-\sigma_{l2}$	$\sigma_{pc}=\dfrac{(\sigma_{con}-\sigma_{l2})A_p}{A_n}$（压）	$\sigma_s=\alpha_E\sigma_{pc}$（压）
	c. 完成第一批预应力损失	$\sigma_{con}-\sigma_{l1}$	$\sigma_{pcI}=\dfrac{(\sigma_{con}-\sigma_{l1})A_p}{A_n}$（压）	$\sigma_{sI}=\alpha_E\sigma_{pcI}$（压）
	d. 完成第二批损失	$\sigma_{con}-\sigma_{l}$	$\sigma_{pcII}=\dfrac{(\sigma_{con}-\sigma_{l})A_p-\sigma_{l5}A_s}{A_n}$（压）	$\sigma_s=\alpha_E\sigma_{pc}+\sigma_{l5}$（压）
使用阶段	e. 加载至 $\sigma_{pc}=0$	$\sigma_{p0}=\sigma_{con}-\sigma_l+\alpha_E\sigma_{pcII}$	0	σ_{l5}（压）
	f. 加载至裂缝即将出现	$\sigma_{pcr}=\sigma_{con}-\sigma_l+$ $\alpha_E\sigma_{pcII}+\alpha_Ef_{tk}$	f_{tk}（拉）	$\alpha_Ef_{tk}-\sigma_{l5}$（拉）
	g. 加载至破坏	f_{py}	0	f_y（拉）

1. 施工阶段

(1)浇筑混凝土并养护至预应力钢筋张拉前。则表 8-6 中 a 项,此阶段可以认为构件截面上没有任何应力。

(2)张拉预应力钢筋。见表 8-6 中 b 项,在张拉预应力钢筋过程中,千斤顶的反作用力同时传递给混凝土,使混凝土受到弹性压缩,并产生摩擦损失 σ_{l2}。此时,预应力钢筋中的拉应力:

$$\sigma_p=\sigma_{con}-\sigma_{l2} \tag{8-31}$$

非预应力钢筋中的压应力:

$$\sigma_s=\alpha E\sigma_{pc}（压） \tag{8-32}$$

由力的平衡条件求得:

$$\sigma_p A_p=\sigma_{pc}A_c+\sigma_s A_s \tag{8-33}$$

将式(8-31)和式(8-32)代入式(8-33),可得

$$(\sigma_{con}-\sigma_{l2})A_p=\sigma_{pc}A_c+\alpha_E\sigma_{pc}A_s$$

$$\sigma_{pc}=\frac{(\sigma_{con}-\sigma_{l2})A_p}{A_c+\alpha_E A_s}=\frac{(\sigma_{con}-\sigma_{l2})A_p}{A_n} \tag{8-34}$$

式中 A_n——净截面面积,即扣除孔道、凹槽等削弱部分以外的混凝土全部截面面积及纵向非预应力钢筋截面面积换算成混凝土的截面面积之和;对由不同的混凝土强度等级组成的截面,应根据混凝土弹性模量比值换算成同一混凝土强度等级的截面面积。 $A_n=A_c+\alpha_E A_s$。

(3)预应力钢筋张拉完毕并与锚固完成至完成第一批预应力损失 σ_{l1}。见表 8-6 中 c 项,张拉预应力钢筋后,由于锚具变形和钢筋内缩引起预应力损失 σ_{l1}。此时,预应力钢筋的拉应力由上阶段的拉应力 $\sigma_p=\sigma_{con}-\sigma_{l2}$ 降低至

$$\sigma_{pI}=\sigma_{con}-\sigma_{l1} \tag{8-35}$$

非预应力钢筋中的压应力为

$$\sigma_{sI} = \alpha_E \sigma_{pcI} \ (压) \tag{8-36}$$

由力的平衡条件求得：$\sigma_{pI} A_p = \sigma_{pcI} A_c + \sigma_{sI} A_s$

将式(8-35)和式(8-36)代入上式，可得

$$(\sigma_{con} - \sigma_{lI}) A_p = \sigma_{pcI} A_c + \alpha_E \sigma_{pcI} A_s$$

$$\sigma_{pcI} = \frac{(\sigma_{con} - \sigma_{lI}) A_p}{A_c + \alpha_E A_s} = \frac{N_{pI}}{A_n} \tag{8-37}$$

式中　N_{pI}——完成第一批预应力损失后，预应力钢筋的总预拉力，$N_{pI} = (\sigma_{con} - \sigma_{lI}) A_p$。

(4)混凝土受压预压力后至完成第二批预应力损失 σ_{lII}。见表 8-6 中 d 项，由于钢筋应力松弛、混凝土的收缩和徐变(对环形构件还有局部挤压变形)，预应力损失 $\sigma_{lII} = \sigma_{l4} + \sigma_{l5} + \sigma_{l6}$。此时预应力钢筋的拉应力由 σ_{pI} 降低至 σ_{pII}，即

$$\sigma_{pII} = \sigma_{con} - \sigma_l \tag{8-38}$$

若此时混凝土获得的预压应力为 σ_{pcII}，非预应力钢筋中的压应力为

$$\sigma_{sII} = \alpha_E \sigma_{pcI} + \sigma_{l5} - \alpha_E(\sigma_{pcI} - \sigma_{pcII}) = \alpha_E \sigma_{pcII} + \sigma_{l5} \ (压) \tag{8-39}$$

由力的平衡条件得 $\sigma_{pII} A_p = \sigma_{pcII} A_c + \sigma_{sII} A_s$

将式(8-38)和式(8-39)代入上式，可得

$$(\sigma_{con} - \sigma_l) A_p = \sigma_{pcII} A_c + (\alpha_E \sigma_{pcII} + \sigma_{l5}) A_s \tag{8-40}$$

$$\sigma_{pcII} = \frac{(\sigma_{con} - \sigma_l) A_p - \sigma_{l5} A_s}{A_c + \alpha_E A_s} = \frac{(\sigma_{con} - \sigma_l) A_p - \sigma_{l5} A_s}{A_n} \tag{8-41}$$

2. 使用阶段

(1)加载至混凝土的预压应力为零。见表 8-6 中 e 项，当构件承受的轴向拉力 N_{p0} 使混凝土预压应力 σ_{pcII} 被全部抵消时，混凝土的应力 $\sigma_{pcII} = 0$。此时，预应力钢筋和非预应力钢筋应力增量为 $\alpha_E \sigma_{pcII}$，则

$$\sigma_{p0} = \sigma_{pII} + \alpha_E \sigma_{pcII} = \sigma_{con} - \sigma_l + \alpha_E \sigma_{pcII} \tag{8-42}$$

$$\sigma_{s0} = \sigma_{sII} - \alpha_E \sigma_{pcII} = \alpha_E \sigma_{pcII} + \sigma_{l5} - \alpha_E \sigma_{pcII} = \sigma_{l5} \ (压) \tag{8-43}$$

由力的平衡条件可求得轴向拉力 N_{p0}

$$N_{p0} = \sigma_{p0} A_p - \sigma_{s0} A_s \tag{8-44}$$

将式(8-42)和式(8-43)代入式(8-44)，可得

$$N_{p0} = (\sigma_{con} - \sigma_l + \alpha_E \sigma_{pcII}) A_p - \sigma_{l5} A_s \tag{8-45}$$

由式(8-41)得

$$(\sigma_{con} - \sigma_l) A_p - \sigma_{l5} A_s = \sigma_{pcII} (A_c + \alpha_E A_s)$$

可得

$$N_{p0} = \sigma_{pcII}(A_c + \alpha_E A_s) + \alpha_E \sigma_{pcII} A_p = \sigma_{pcII}(A_c + \alpha_E A_s + \alpha_E A_p) = \sigma_{pcII} A_0 \tag{8-46}$$

(2)加载至裂缝即将出现。见表 8-6 中 f 项，当轴向拉力超过 N_{p0} 后，混凝土开始受拉。当荷载加至 N_σ，混凝土拉应力达到其轴心抗拉强度标准值 f_{tk} 时，混凝土即将开裂。这时，预应力和非预应力钢筋应力增量均应为 $\alpha_E f_{tk}$，则

$$\sigma_{pcr} = \sigma_{p0} + \alpha_E f_{tk} = (\sigma_{con} - \sigma_l + \alpha_E \sigma_{pcII}) + \alpha_E f_{tk} \tag{8-47}$$

$$\sigma_s = \alpha_E f_{tk} - \sigma_{l5} \ (拉) \tag{8-48}$$

轴向拉力 N_σ 可由力的平衡条件求得

$$N_\sigma = \sigma_{pcr} A_p + \sigma_s A_s + f_{tk} A_c \tag{8-49}$$

将式(8-47)和式(8-48)代入式(8-49)，可得

$$\begin{aligned}
N_\sigma &= (\sigma_{con} - \sigma_l + \alpha_E \sigma_{pcII} + \alpha_E f_{tk}) A_p + (\alpha_E f_{tk} - \sigma_{l5}) A_s + f_{tk} A_c \\
&= (\sigma_{con} - \sigma_l + \alpha_E \sigma_{pcII}) A_p - \sigma_{l5} A_s + f_{tk}(A_c + \alpha_E A_s + \alpha_E A_p)
\end{aligned}$$

由式(8-46)，可得

$$N_{p0} = \sigma_{pcII}A_0 = (\sigma_{con} - \sigma_l + \alpha_E\sigma_{pcII})A_p - \sigma_{l5}A_s$$

则

$$N_{cr} = \sigma_{pcII}A_0 + f_{tk}A_0 = (\sigma_{pcII} + f_{tk})A_0 \tag{8-50}$$

(3)加载至构件破坏。见表 8-6 中 g 项，与先张法构件相同，当轴向拉力达到 N_u 时，构件破坏。此时，预应力钢筋和非预应力钢筋的应力分别达到 f_{py} 和 f_y。由力的平衡条件，可得

$$N_u = f_{py}A_p + f_yA_s \tag{8-51}$$

(三)先张法和后张法的比较

比较表 8-5 和表 8-6，可得出如下结论：

(1)在施工阶段，当完成第二批预应力损失后，混凝土获得有效预压应力 σ_{pcII}，先张法和后张法构件的计算公式基本相同，但是由于两者不同的施工工艺，而使其 σ_l 的计算值有所不同。同时，在计算公式中，先张法构件采用换算截面面积 A_0，而后张法采用净截面面积 A_n。如果采用相同的 σ_{con}、相同的材料强度等级、相同的混凝土截面尺寸、相同的预应力钢筋及截面面积，由于 $A_0 > A_n$，则后张法构件建立的有效预压应力 σ_{pcII} 要比先张法构件高些。

(2)在使用阶段，无论采用先张法还是后张法构件，N_{p0}、N_{cr} 和 N_u 的计算公式形式都相同，但计算 N_{p0} 和 N_{cr} 时，两种方法的 σ_{pcII} 是不同的。

(3)由于预压应力 σ_{pcII} 的作用，预应力混凝土轴心受拉构件出现裂缝比普通钢筋混凝土轴心受拉构件延迟得多，故预应力使构件抗裂度大为提高，但是预应力混凝土构件出现裂缝时的荷载值与构件的破坏荷载值比较接近，所以，其延性较差。

(4)预应力混凝土轴心受拉构件从开始张拉直至其破坏，预应力钢筋始终处于高拉应力状态；而混凝土在轴向拉力达到 N_{p0} 之前，也始终处于受压状态，这两种材料充分发挥了各自的材料性能。

(5)当材料的强度等级和截面尺寸相同时，预应力混凝土轴心受拉构件和普通钢筋混凝土轴心受拉构件的正截面受拉承载力完全相同。

二、预应力混凝土轴心受拉构件的计算和验算

在进行预应力混凝土轴心受拉构件设计时，除应保证使用阶段的承载力和抗裂度及裂缝宽度验算外，还应进行施工阶段强度验算和后张法构件局部承压验算。

(一)正截面受拉承载力

根据前面的应力分析可知，当预应力混凝土轴心受拉构件加载至破坏时，全部荷载应由预应力钢筋和非预应力钢筋承担，计算简图如图 8-7 所示。其正截面承载力计算公式如下：

$$N \leqslant N_u = f_{py}A_p + f_yA_s \tag{8-52}$$

式中　N——构件承受的轴向拉力设计值；

f_{py}，f_y——预应力钢筋、非预应力钢筋的抗拉强度设计值；

A_p，A_s——预应力钢筋、非预应力钢筋的截面面积。

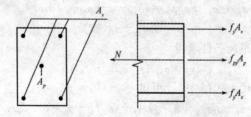

图 8-7　预应力轴心受拉构件的正截面受拉承载力计算

(二)裂缝控制

预应力混凝土轴心受拉构件的裂缝控制，根据不同的抗裂度等级要求，可分别进行计算。结构构件正截面的受力裂缝控制等级分为三级，等级划分及要求应符合下列规定：

一级——严格要求不出现裂缝的构件，按荷载标准组合计算时，构件受拉边缘混凝土不应产生拉应力；

二级——一般要求不出现裂缝的构件，按荷载标准组合计算时，构件受拉边缘混凝土拉应力不应大于混凝土抗拉强度的标准值；

三级——允许出现裂缝的构件，对预应力混凝土构件，按荷载标准组合并考虑长期作用的影响计算时，构件的最大裂缝宽度不应超过附表6的限值。

1. 严格要求不出现裂缝的构件

严格要求不出现裂缝的构件按荷载标准组合计算时，构件受拉边缘混凝土不应产生拉应力，应满足：

$$\sigma_{ck} - \sigma_{pcII} \leqslant 0 \tag{8-53}$$

式中　σ_{ck}——荷载标准组合下抗裂验算边缘的混凝土法向应力，对轴心受拉构件，$\sigma_{ck} = \dfrac{N_k}{A_0}$，$N_k$ 表示按荷载效应标准组合计算的轴向拉力值；A_0 表示构件的换算截面面积，$A_0 = A_c + \alpha_E A_s + \alpha_E A_p$；

σ_{pcII}——扣除全部预应力损失后，在抗裂验算边缘混凝土的预压应力。

2. 一般要求不出现裂缝的构件

一般要求不出现裂缝的构件按荷载标准组合计算时，构件受拉边缘混凝土拉应力不应大于混凝土抗拉强度的标准值，即应符合下列条件：

$$w_{\max} = \alpha_{cr} \psi \frac{\sigma_{sk}}{E_s} \left(1.9 c_s + 0.08 \frac{d_{eq}}{\rho_{te}} \right) \tag{8-54}$$

$$\psi = 1.1 - \frac{0.65 f_{tk}}{\rho_{te} \sigma_{sk}} \tag{8-55}$$

$$\sigma_{sk} = \frac{N_k - N_{p0}}{A_p + A_s} \tag{8-56}$$

$$d_{eq} = \frac{\sum n_i d_i^2}{\sum n_i v_i d_i} \tag{8-57}$$

$$\rho_{te} = \frac{A_s + A_p}{A_{te}} \tag{8-58}$$

式中　α_{cr}——构件受力特征系数，对预应力混凝土轴心受拉构件，取 $\alpha_{cr} = 2.2$；

ψ——裂缝间纵向受力钢筋应变不均匀系数：在计算中，$\psi < 0.2$ 时，取 $\psi = 0.2$；当 $\psi > 1.0$ 时，取 $\psi = 1.0$；对直接承受重复荷载的构件，取 $\psi = 1.0$；

σ_{sk}——按荷载标准组合计算的预应力轴心受拉构件纵向受拉钢筋的等效应力；

d_{eq}——受拉区纵向钢筋的等效直径(mm)；

ρ_{te}——按有效受拉混凝土截面面积计算的纵向受拉钢筋配筋率，对无粘结后张构件，仅取纵向受拉普通钢筋计算配筋率；在最大裂缝宽度计算中，当 $\rho_{te} < 0.01$ 时，取 $\rho_{te} = 0.01$；

A_{te}——有效受拉混凝土截面面积，对轴心受拉构件，取构件截面面积；

A_s——受拉区纵向钢筋截面面积；

A_p——受拉区纵向预应力钢筋截面面积；

d_i——受拉区第 i 种纵向钢筋的公称直径；对有粘结预应力钢绞线束的直径，取为 $\sqrt{n_1}\,d_{p1}$，其中 d_{p1} 为单根钢绞线的公称直径，n_1 为单束钢绞线根数；

n_i——受拉区第 i 种纵向钢筋的根数；对于有粘结预应力钢绞线，取为钢绞线束数；

v_i——受拉区第 i 种纵向钢筋的相对粘结特性系数，按表7-1采用。

(三)施工阶段验算

预应力混凝土轴心受拉构件在制作、运输、吊装等施工阶段的受力状态，不同于使用阶段的受力状态，所以，除应对构件使用阶段的承载力和裂缝控制进行验算外，还应对施工阶段的受力情况进行验算，包括施工阶段的承载力验算和后张法构件锚固区的局部承压验算。

1. 承载力验算

当放张预应力钢筋(先张法构件)或张拉预应力钢筋(后张法构件)时，混凝土将承受最大的预压应力 σ_{cc}，而此时混凝土强度一般尚未达到其强度设计值(一般仅达到其强度设计等级值的75%)。为了保证施工阶段混凝土的受压承载力，当张拉(或放张)预应力钢筋时，构件截面边缘混凝土法向应力应符合下列规定：

$$\sigma_{cc} \leqslant 0.8 f'_{ck} \tag{8-59}$$

式中 f'_{ck}——张拉(或放张)预应力钢筋时，与混凝土立方体抗压强度 f'_{cu} 相应的轴心抗压强度标准值，按附表1以线性内插法取用；

σ_{cc}——相应施工阶段计算截面边缘纤维的混凝土压应力，可按式(8-60)或式(8-61)计算。

先张法构件按第一批预应力损失出现后计算 σ_{cc}，即

$$\sigma_{cc} = \frac{(\sigma_{con} - \sigma_{lI})A_p}{A_0} \tag{8-60}$$

后张法构件按不考虑预应力损失计算 σ_{cc}，即

$$\sigma_{cc} = \frac{(\sigma_{con}A_p}{A_n} \tag{8-61}$$

2. 后张法构件端部锚固区局部受压分析

后张法预应力混凝土构件的预压力，是通过锚具经垫板传递给混凝土的。一般锚具下的垫板与混凝土的接触面积很小，而预压力又很大，因此，锚具下的混凝土将承受较大的压应力，如图8-8所示。这种局部压应力作用，可能引起构件端部出现纵向裂缝，甚至导致局部受压破坏。故对后张法预应力混凝土构件端部的局部受压验算，应包括抗裂和局部受压承载能力验算两部分。

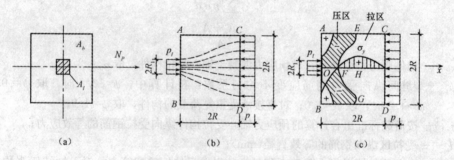

图8-8 混凝土局部受压时的应力分布

(a)局部受压面积和局部受压计算底面积；(b)局部压应力扩散图；(c)混凝土内的应力分布图

构件端部锚具下的应力状态是很复杂的，根据圣维南原理，锚具下的局部压应力是要经过一段距离才能扩散到整个截面上。因此，要把图8-8(a)、(b)中作用在截面 AB 的面积 A_l 上的局部压应力 F_l，逐渐扩散到整个截面上，使得在这个截面上构件全截面均匀受压，就需要有一定的距

离(大约是构件的高度)。常把从构件端部局部受压到全截面均匀受压的这个区段，称为预应力混凝土构件的锚固区。混凝土受局部压力作用时，混凝土内的应力分布很不均匀，如图 8-8(c)所示，沿 x 方向的正应力 σ_x，在块体 $ABCD$ 中的绝大部分都是压应力；沿 y 方向的正应力 σ_y，在块体的 $AOBGFE$ 部分是压应力，而在 $EFGDC$ 部分是拉应力，最大拉应力发生在 H 点。当外荷载逐渐增加，H 点的拉应变超过混凝土的极限拉应变值时，混凝土就会出现纵向裂缝；若承载力不足，则会导致局部受压破坏。

试验表明，影响混凝土局部受压纵向裂缝及承载能力的主要因素有以下几项：

(1)混凝土局部受压的计算底面积 A_b 与局部受压面积 A_l 之比。由局部受压的试验结果可知，其中，局部受压强度提高系数 $\beta_l = f_{cl}/f_c$（f_{cl} 为混凝土的局部受压强度），在一定范围内，其随 A_b/A_l 的增大而增大，但增长逐渐趋缓。

(2)间接钢筋体积与混凝土体积之比。间接钢筋体积与混凝土体积之比即间接钢筋的体积配筋率 ρ_v。当构件配有间接钢筋或螺旋箍筋时，由于横向钢筋产生径向压力，限制了混凝土的横向变形，抑制了微裂缝的发展，使混凝土处于三向受压状态，提高了混凝土的抗压强度和变形能力。试验表明，在一定范围内，ρ_v 越大，构件的局部受压承载能力越高。

3. 锚固区抗裂验算

为了满足构件端部局部受压区的抗裂要求，防止由于构件端部受压面积太小而在施加预应力时出现沿构件长度方向的裂缝，对配置间接钢筋的预应力混凝土构件，其局部受压区的截面尺寸应符合下列要求：

$$F_l \leqslant 1.35 \beta_c \beta_l f_c A_{ln} \tag{8-62}$$

$$\beta_l = \sqrt{\frac{A_b}{A_l}} \tag{8-63}$$

式中 F_l——局部受压面上作用的局部荷载或局部压力设计值，对后张法预应力混凝土构件中的锚头局部区的应力设计值，应取 $F_l = 1.2\sigma_{con}A_p$；

    f_c——混凝土轴心抗压强度设计值，在后张法预应力混凝土构件的张拉阶段验算中，应取相应阶段的混凝土立方体抗压强度值；

    β_c——混凝土强度影响系数，当混凝土强度等级不超过 C50 级时，取 $\beta_c = 1.0$；当混凝土强度等级为 C80 级时，取 $\beta_c = 0.8$，其间按内插法确定；

    β_l——混凝土局部受压时的强度提高系数；

    A_{ln}——混凝土局部受压净面积，对后张法构件，应在混凝土局部受压面积中扣除孔道、凹槽等部分的面积；

    A_b——局部受压的计算底面积，可由局部受压面积与计算底面积按同心、对称的原则确定；对常用情况，可按图 8-9 所示取用；

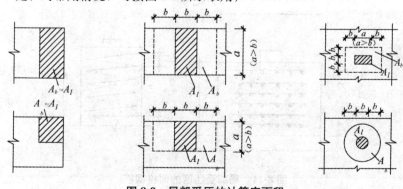

图 8-9　局部受压的计算底面积

A_l——混凝土局部受压面积，有垫板时，考虑预应力沿锚具垫圈边缘在垫板中按 $45°$ 扩散后传至混凝土的受压面积，如图 8-10 所示。

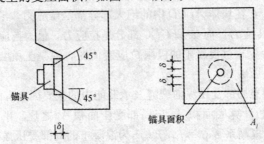

图 8-10　有垫板时预应力传至混凝土的受压面积

4. 局部受压承载力计算

为防止构件在锚固区段发生局部受压破坏，应配置间接钢筋（钢筋网片或螺旋式钢筋），以加强对混凝土的约束，从而提高局部受压承载力。当配置方格网式或螺旋式间接钢筋且其核心面积 $A_{cor} \geqslant A_l$ 时，局部受压承载力应符合下列规定：

$$F_l \leqslant 0.9(\beta_c\beta_l f_c + 2\alpha\rho_v\beta_{cor} f_y)A_{ln} \tag{8-64}$$

式中　α——间接钢筋对混凝土约束的折减系数，当混凝土强度等级不超过 C50 级时，取 $\alpha=$ 1.0；当混凝土强度等级为 C80 级时，取 $\alpha=0.85$，其间按内插法确定；

β_{cor}——配置间接钢筋的局部受压承载力提高系数，可按下列公式计算：

$$\beta_{cor} = \sqrt{\frac{A_{cor}}{A_l}} \tag{8-65}$$

A_{cor}——方格网式或螺旋式间接钢筋内表面范围内的混凝土核心面积，其重心应与 A_l 的重心重合，计算中按同心、对称的原则取值，当 $A_{cor} \geqslant A_b$ 时，应取 $A_{cor}=A_b$；

f_y——间接钢筋抗拉强度设计值；

ρ_v——间接钢筋的体积配筋率（核心面积 A_{cor} 范围内单位体积所含间接钢筋的体积），当为方格网配筋时，如图 8-11(a) 所示，则

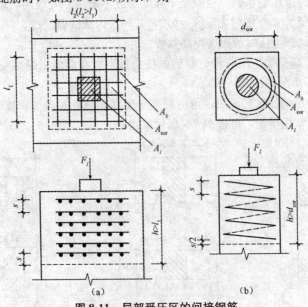

图 8-11　局部受压区的间接钢筋
(a)方格网配筋；(b)螺旋式配筋

$$\rho_v = \frac{n_1 A_{s1} l_1 + n_2 A_{s2} l_2}{A_{cor} s} \tag{8-66}$$

此时，钢筋网两个方向上单位长度内钢筋截面面积的比值不宜大于 1.5。

当为螺旋式配筋时，如图 8-11(b)所示，则

$$\rho_v = \frac{4 A_{ss1}}{d_{cor} s} \tag{8-67}$$

式中 n_1，A_{s1}——方格网沿 l_1 方向的钢筋根数、单根钢筋的截面面积；

           n_2，A_{s2}——方格网沿 l_2 方向的钢筋根数、单根钢筋的截面面积；

           A_{ss1}——单根螺旋式间接钢筋的截面面积；

           d_{cor}——螺旋式间接钢筋内表面范围内的混凝土截面直径；

           s——方格网式或螺旋式间接钢筋的间距，宜取 30～80 mm。

式中其余符号同式(8-62)、式(8-63)。

间接钢筋应布置在规定的高度 h 范围内(图 8-11)，对方格网式钢筋，不应少于 4 片；对螺旋式钢筋，不应少于 4 圈。

【例 8-1】 24 m 跨度预应力混凝土屋架下弦，环境类别为二 a 类，截面尺寸 $b \times h = 250$ mm$\times 200$ mm。混凝土强度等级为 C60 级($f_{ck} = 38.5$ N/mm^2，$f_c = 27.5$ N/mm^2，$f_{tk} = 2.85$ N/mm^2，$f_t = 2.04$ N/mm^2，$f_c = 3.6 \times 10^4$ N/mm^2)；预应力筋采用高强度低松弛钢绞线 $4A_{s1} \times 7$，$d = 15.2$ mm($f_{ptk} = 1\,720$ N/mm^2，$f_{py} = 1\,220$ N/mm^2，$E_p = 1.96 \times 10^5$ N/mm^2)，普通钢筋采用 HRB400($f_y = 360$ N/mm^2，$E_s = 2 \times 10^5$ N/mm^2)，按构造要求配置 4 根直径为 12 mm($A_s = 452$ mm^2)的钢筋。采用后张法，当混凝土强度达到 100% 设计强度后，张拉预应力筋(一端张拉)，孔道($2\phi55$)为预埋金属波纹管，采用 JM12 锚具。构件端部构造如图 8-12 所示。构件承受荷载：永久荷载标准值产生的轴心拉力 $N_{gk} = 820$ kN，可变荷载标准值产生的轴心拉力 $N_{qk} = 290$ kN，可变荷载的准永久值系数为 0.5。裂缝控制等级为二级，结构重要性系数 $\gamma_0 = 1.1$。要求进行屋架下弦的使用阶段承载力计算、裂缝控制验算以及施工阶段验算。由此确定纵向预应力筋的数量、构件端部的间接钢筋及预应力筋的张拉控制应力等。

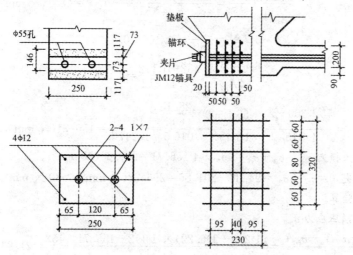

图 8-12 屋架下弦端部构造

【解】 (1)求预应力筋的数量。

$$A_p = \frac{\gamma_0 N - f_y A_s}{f_{py}} = \frac{1.1 \times (1.2 \times 820\,000 + 1.4 \times 290\,000) - 360 \times 452}{1\,220} = 1\,119.9 \text{(mm}^2\text{)}$$

选用 2 束 4Φ^{s}1×7，d=15.2 mm，A_p=2×4×139=1 112(mm²)

(2)使用阶段裂缝控制验算。

1)截面几何特征和参数计算。

$$\alpha_E=\frac{E_s}{E_c}=\frac{2.0\times10^5}{3.6\times10^4}=5.56,\quad \alpha_p=\frac{E_p}{E_c}=\frac{1.95\times10^5}{3.6\times10^4}=5.42$$

$$A_n=A_c+\alpha_E A_s=250\times200-2\times\frac{\pi}{4}\times55^2-452+5.56\times452=47\,312(\text{mm}^2)$$

$$A_0=A_c+\alpha_E A_s+\alpha_p A_p=250\times200+(5.56-1)\times452+(5.42-1)\times1\,112=56\,976(\text{mm}^2)$$

2)张拉控制应力计算。

$$\sigma_{con}=0.75f_{ptk}=0.75\times1\,720=1\,290(\text{N/mm}^2)$$

3)计算预应力损失。

①锚具变形及预应力筋内缩产生的预应力损失 σ_{l1}。

$$\sigma_{l1}=\frac{a}{l}E_p=\frac{6}{24\,000}\times195\,000=48.75(\text{N/mm}^2)$$

②孔道摩擦引起的预应力损失 σ_{l2}。

直线型孔道，l=24 m，θ=0，查表得，κ=0.001 5，μ=0.25。

$$\mu\theta+\kappa x=0.25\times0+0.001\,5\times24=0.036>0.3$$

$$\sigma_{l2}=\sigma_{con}\left(1-\frac{1}{e^{\mu\theta+\kappa x}}\right)=1\,290\times\left(1-\frac{1}{e^{0.036}}\right)=45.61(\text{N/mm}^2)$$

第一批预应力损失 $\sigma_{lI}=\sigma_{l1}+\sigma_{l2}=48.75+45.61=94.36(\text{N/mm}^2)$。

③预应力筋应力松弛引起的预应力损失 σ_{l4}。

$$\sigma_{l4}=0.2\left(\frac{\sigma_{con}}{f_{ptk}}-0.575\right)\sigma_{con}=0.2\times(0.75-0.575)\times1\,290=45.15(\text{N/mm}^2)$$

④混凝土收缩、徐变引起的预应力损失 σ_{l5}。

完成第一批预应力损失后，混凝土的预压应力 σ_{pcI} 为

$$\sigma_{pcI}=\frac{N_p}{A_n}=\frac{(\sigma_{con}-\sigma_{lI})A_p}{A_n}=\frac{(1\,290-94.36)\times1\,112}{47\,312}=28.1(\text{N/mm}^2)$$

$$\frac{\sigma_{pcI}}{f'_{cu}}=\frac{28.1}{60}=0.468<0.5$$

$$\rho=\frac{A_s+A_p}{2A_n}=\frac{452+1\,112}{2\times47\,312}=0.016\,5$$

$$\sigma_{l5}=\frac{55+300\dfrac{\sigma_{pcI}}{f'_{cu}}}{1+15\rho}=\frac{55+300\times\dfrac{28.1}{60}}{1+15\times0.016\,5}=\frac{195.5}{1.247\,5}=156.71(\text{N/mm}^2)。$$

第二批预应力损失 $\sigma_{lII}=\sigma_{l4}+\sigma_{l5}=45.15+156.71=201.86(\text{N/mm}^2)$。

预应力总损失 $\sigma_l=\sigma_{lI}+\sigma_{lII}=94.36+201.86=296.22(\text{N/mm}^2)>80\ \text{N/mm}^2$。

4)裂缝控制验算。

混凝土有效预压应力 σ_{pcII}：

$$\sigma_{pcII}=\frac{(\sigma_{con}-\sigma_l)A_p-\sigma_{l5}A_s}{A_n}=\frac{(1\,290-296.22)\times1\,112-156.71\times452}{47\,312}=21.86(\text{N/mm}^2)$$

外荷载在截面中引起的拉应力 σ_{ck}：

荷载效应标准组合：$\sigma_{ck}=\dfrac{N_k}{A_0}=\dfrac{820\,000+290\,000}{56\,796}=19.54(\text{N/mm}^2)$

$$\sigma_{ck}-\sigma_{pcII}=19.54-21.86=-2.32(\text{N/mm}^2)$$

符合二级裂缝控制等级的要求。

(3)施工阶段验算。

1)预压混凝土时混凝土的应力验算：

$$\sigma_{cc} = \frac{\sigma_{con} A_p}{A_n} = \frac{1\ 290 \times 1\ 112}{47\ 312} = 30.32(\text{N/mm}^2) < 0.8 f'_{ck} = 0.8 \times 38.5 = 30.8(\text{N/mm}^2)$$

满足要求。

2)后张法构件端部锚固区局部受压验算。

①局部受压截面尺寸验算。

JM12锚具的直径为106 mm，锚具下垫板厚20 mm，按45°扩散后，受压面积的直径增加到 $106 + 2 \times 20 = 146(\text{mm})$，如图8-13(a)所示。混凝土局部受压面积 A_l 为

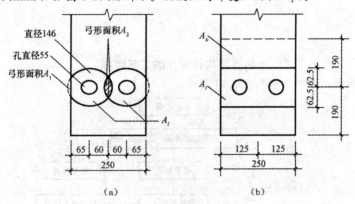

图8-13 局部受压截面

(a)局部受压面积；(b)等效局部受压面积

$$A_l = 2 \times \left(\frac{\pi d^2}{4} - A_1 - A_2 \right) = 2 \times \left(\frac{\pi \times 146^2}{4} - 358 - 764 \right) = 31\ 299(\text{mm}^2)$$

将此面积换算成宽250 mm的矩形[图8-13(b)]时，其长度应为 $31\ 299/250 = 125(\text{mm})$。

根据同心、对称原则，确定局部受压的计算底面积 A_b 为

$$A_b = 2 \times 250 \times 190 = 95\ 000(\text{mm}^2)$$

锚具下混凝土局部受压净面积为

$$A_{ln} = A_l - 2 \times \frac{\pi d^2}{4} = 31\ 299 - 2 \times \frac{\pi \times 55^2}{4}$$
$$= 26\ 547(\text{mm}^2)$$

混凝土局部受压时的强度提高系数为

$$\beta_l = \sqrt{\frac{A_b}{A_l}} = \sqrt{\frac{95\ 000}{26\ 547}} = 1.892$$

$F_l = 1\ 721\ 376\ \text{N} < 1.35 \beta_c \beta_l f_c A_{ln} = 1\ 739\ 741\ \text{N}$，满足要求。

②局部受压承载力计算。

屋架端部配置HPB300级钢筋焊接网片，钢筋直径 d 为 $\Phi 10$，网片间距 $s = 40$ mm，共5片 $(h = 6s = 6 \times 40 = 240\ \text{mm} > l_2 = 230\ \text{mm})$，$l_1 = 320$ mm，$l_2 = 230$ mm，$n_1 = 4$，$n_2 = 6$，$A_{s1} = A_{s2} = 78.5\ \text{mm}^2$。

混凝土核芯面积 $A_{cor} = 320 \times 230 = 73\ 600(\text{mm}^2) < A_b = 95\ 000\ \text{mm}^2$。

同时，$A_{cor} = 73\ 600\ \text{mm}^2 > A_l = 31\ 299\ \text{mm}^2$。

配置间接钢筋的局部受压承载力提高系数为

$$\beta_{cor} = \sqrt{\frac{A_{cor}}{A_l}} = \sqrt{\frac{73\ 600}{31\ 299}} = 1.533$$

间接钢筋体积配筋率为

$$\rho_v = \frac{n_1 A_{s1} l_1 + n_2 A_{s2} l_2}{A_{cor} s} = \frac{4 \times 78.5 \times 320 + 6 \times 78.5 \times 230}{73\ 600 \times 40} = 0.070\ 9$$

局部受压承载力验算为

$$0.9(\beta_d \beta_l f_c + 2\alpha \rho_v \beta_{cor} f_{yv}) A_{ln}$$
$$= 0.9 \times (0.933 \times 1.892 \times 27.5 + 2 \times 0.95 \times 0.070\ 9 \times 1.533 \times 270) \times 26\ 547$$
$$= 2\ 492\ 010(\text{N}) > F_l = 1\ 721\ 276\ \text{N}$$

符合要求。

📖 知识链接

后张法构件制作的工艺流程

后张法构件制作的工艺流程如图 8-14 所示。

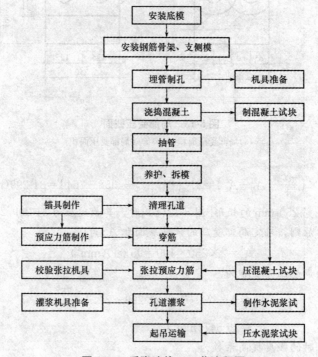

图 8-14　后张法施工工艺流程图

1. 孔道留设

预应力筋的孔道有直线、曲线和折线三种。孔道直径和形状应由设计决定；如设计无规定，对于钢丝或钢绞线，孔道的直径应比预应力钢丝束或钢绞线束外径或锚具外径大 5~10 mm，且孔道面积应大于预应力筋截面面积的 2 倍。

预应力筋的孔道常采用钢管抽芯法、胶管抽芯法和预埋管法等成型。对孔道的要求是：孔道的尺寸与位置应正确。孔道应平顺，端部预埋钢板应垂直于孔道中心线。

2. 预应力筋张拉

用后张法张拉预应力筋时，同条件养护的混凝土立方体抗压强度应符合设计要求，并不宜低于设计强度等级值的75%。

预应力筋张拉宜遵循均匀、对称的原则。对现浇预应力混凝土楼盖，宜先张拉楼板、次梁的预应力筋，后张拉主梁的预应力筋；对预制屋架等平卧叠浇构件，应从上而下逐榀张拉。

预应力筋张拉可采用一端或两端张拉的方法。采用两端张拉时，宜将两端同时张拉，也可一端先张拉，另一端补张拉。当设计无具体要求时，应符合下列规定：有粘结预应力筋长度不大于20 m时可一端张拉，大于20 m时宜两端张拉；预应力筋为直线形时，一端张拉的长度可延长至35 m。

3. 张拉程序

为了减少预应力筋的松弛损失，预应力筋的张拉程序宜为

$$0 \rightarrow 103\%\sigma_{con} \text{ 或 } 0 \rightarrow 105\sigma_{con} \xrightarrow{\text{持荷 2 min}} \sigma_{con}$$

在张拉过程中，对后张法预应力结构构件，断裂或滑脱的数量严禁超过同一截面预应力筋总根数的3‰，且每束钢丝不得超过一根；对多跨双向连续板，其同一截面应按每跨计算。

4. 孔道灌浆

后张法预应力筋张拉完毕并经检查合格后，应及时进行孔道灌浆，孔道内水泥浆应饱满、密实。孔道灌浆的作用：一是保护预应力筋免遭锈蚀；二是使预应力筋与构件混凝土有效粘结，以控制超载时裂缝的间距与宽度，并减轻两端锚具的负荷。

灌浆施工应符合下列规定：

(1)宜先灌注下层孔道，后灌注上层孔道；

(2)灌浆应连续进行，直至排气管排除的浆体稠度与注浆孔处相同且没有出现气泡后，再顺浆体流动方向将排气孔依次封闭；全部封闭后，宜继续加压0.5～0.7 MPa，并稳压1～2 min后封闭灌浆口；

(3)当泌水较大时，宜进行二次灌浆或泌水孔重力补浆；

(4)因故停止灌浆时，应用压力水将孔道内已注入的水泥浆冲洗干净。

第三节　预应力混凝土受弯构件的设计计算

一、预应力受弯构件各阶段的应力分析

预应力混凝土受弯构件截面应力分析的原理与轴心受拉构件类似。预应力混凝土受弯构件的受力分析也分为两个阶段：施工阶段和使用阶段。在预应力混凝土受弯构件中，预应力筋一般都配置在截面受拉区。但对于大型预应力混凝土受弯构件，通常，在截面的受压区和受拉区都配置预应力筋。同时，为防止构件在制作、运输和吊装等施工阶段出现裂缝，在梁截面的受拉区和受压区也配置一些普通钢筋。

工程实践中预应力混凝土受弯构件主要用后张法，故下文以后张法为主进行介绍。图8-15所示为配有预应力筋A_p、A_p'和普通钢筋A_s、A_s'的不对称配筋的后张法受弯构件。与轴心受拉构件相类似，预应力混凝土受弯构件从张拉预应力筋开始，直到构件破坏为止，也可分为施工阶段和使用阶段，每个阶段又包括若干受力过程。同理，可得预应力混凝土受弯构件截面上各阶段相关参数的计算公式。

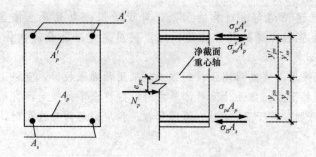

图 8-15　预应力混凝土受弯构件在施工过程的截面应力状态

1. 施工阶段的应力分析

$$\sigma_{pc} = \frac{N_p}{A_n} \pm \frac{N_p e_{p_n}}{I_n} y_n \tag{8-68}$$

$$N_p = \sigma_{pe} A_p + \sigma'_{pe} A'_p - \sigma_s A_s - \sigma'_s A'_s \tag{8-69}$$

$$\sigma_{pe} = \sigma_{con} - \sigma_l \qquad \sigma'_{pe} = \sigma'_{con} - \sigma'_l \tag{8-70}$$

$$\sigma_s = \alpha_E \sigma_{pc} + \sigma_{l5} \qquad \sigma'_s = \alpha_E \sigma'_{pc} + \sigma'_{l5} \tag{8-71}$$

$$e_{pm} = \frac{(\sigma_{con} - \sigma_l) A_p y_{pn} - (\sigma'_{con} - \sigma'_l) A'_p y'_{pn} - \sigma_{l5} A_s y_{sn} + \sigma'_{l5} A'_s y'_{sn}}{(\sigma_{con} - \sigma_l) A_p + (\sigma'_{con} - \sigma'_l) A'_p - \sigma_{l5} A_s - \sigma'_{l5} A'_s} \tag{8-72}$$

式中　A_n——混凝土净截面面积；

　　　I_n——净截面惯性矩；

　　　y_n——净截面重心至计算纤维处的距离；

　　　y_{pn}，y'_{pn}——受拉区、受压区的预应力筋合力点至净截面重心的距离；

　　　y_{sn}，y'_{sn}——受拉区、受压区的普通钢筋合力点至净截面重心的距离；

　　　σ_{pe}，σ'_{pe}——受拉区、受压区的预应力筋的有效应力；

　　　σ_s，σ'_s——受拉区、受压区的普通钢筋的有效应力；

　　　N_p——后张法构件预应力筋和普通钢筋的合力。

其余符号的意义同前。

按式(8-68)计算所得的 σ_{pc} 值，正号为压应力，负号为拉应力。

如构件截面中的 $A'_p = 0$，则式(8-39)～式(8-43)中取 $\sigma'_{l5} = 0$。

需要说明的是，利用上列公式计算时，均需采用施工阶段的有关数值。

2. 使用阶段的应力分析

(1)加载至受拉边缘混凝土预压应力为零。当荷载作用时，构件截面将承受弯矩 M_0 作用，如图 8-16(c)所示，则截面下边缘混凝土的法向拉应力为

$$\sigma = \frac{M_0}{W_0}$$

欲使这一拉应力抵消混凝土的预压应力 σ_{pcII}，即 $\sigma - \sigma_{pcII} = 0$，则有

$$M_0 = \sigma_{pcII} W_0 \tag{8-73}$$

式中　M_0——由外荷载引起的恰好使截面受拉下边缘混凝土预压应力为零时的弯矩；

　　　W_0——换算截面受拉边缘的弹性抵抗矩。

与轴心受拉构件不同，此处的消压并非全截面消压，而只是截面下边缘消压，即除截面下边缘外截面上其他各处的应力均不等于零。

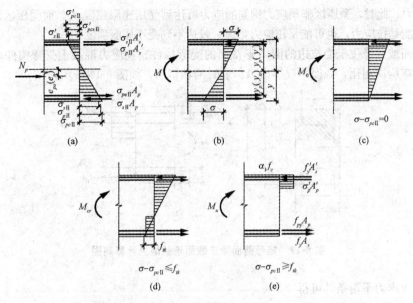

图 8-16　预应力混凝土受弯构件使用阶段的应力状态

(a)预应力作用下；(b)荷载作用下；(c)受拉区截面下边缘混凝土应力为零；
(d)受拉区截面下边缘混凝土即将出现裂缝；(e)受拉区截面下边缘混凝土开裂

同理，预应力筋合力作用点处混凝土法向应力等于零时，受拉区和受压区的预应力筋的应力为

$$\sigma_{p0}=\sigma_{con}-\sigma_l+\alpha_E\frac{M_0}{W_0}\approx\sigma_{con}-\sigma_l+\alpha_E\sigma_{pcII} \tag{8-74}$$

$$\sigma'_{p0}=\sigma'_{con}-\sigma'_l+\alpha_E\sigma_{pcII} \tag{8-75}$$

在式(8-74)及式(8-75)中，σ_{pcII} 理应取在 M_0 作用下受拉区预应力筋合力作用点处的混凝土法向应力。为简化计算，这里近似取等于混凝土截面下边缘的预应力 σ_{pcII}。

(2)加载至受拉区裂缝即将出现。当弯矩超过 M_0 后，下边缘混凝土开始受拉；当混凝土受拉区的拉应力达到混凝土抗拉强度标准值 f_{tk} 时，混凝土将出现裂缝，这相当于截面在承受弯矩 $M_0=W_0$ 以后，又增加了钢筋混凝土构件的开裂弯矩 $\gamma f_{tk}W_0$。因此，预应力混凝土受弯构件的开裂弯矩 M_{cr} 为

$$M_{cr}=\sigma_{pcII}W_0+\gamma f_{tk}W_0=(\sigma_{pcII}+\gamma f_{tk})W_0$$

即

$$\sigma=\frac{M_{cr}}{W_0}=\sigma_{pcII}+\gamma f_{tk} \tag{8-76}$$

式中　γ——混凝土构件的截面抵抗矩塑性影响系数。

(3)加载至破坏。随着荷载的继续增加，受拉区钢筋屈服，裂缝迅速发展向上延伸，最后受压区混凝土压碎，截面达到破坏状态，构件破坏。此时，正截面上的应力状态与普通钢筋混凝土受弯构件正截面承载力相似，计算方法也基本相同。

二、受弯构件使用阶段的计算和验算

1. 正截面承载力计算

(1)计算公式。当外荷载增大至构件破坏时，截面受拉区预应力钢筋和非预应力钢筋的应力先达到屈服强度 f_{py} 和 f_y，然后受压区边缘混凝土应变达到极限压应变致使混凝土压碎，构件达

到极限承载力。此时，受压区非预应力钢筋的应力可达到受压屈服强度 f_y'。而受压区预应力钢筋的应力 σ_p' 可能是拉应力，也可能是压应力，但一般达不到受压屈服强度 f_{py}'。

矩形截面或翼缘位于受拉边的倒 T 形截面的受弯构件、预应力混凝土受弯构件，与普通钢筋混凝土受弯构件相比，截面中仅多出 A_p 与 A_p' 两项钢筋，如图 8-17 所示。

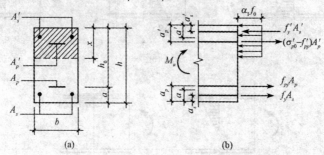

图 8-17 矩形截面梁正截面承载能力计算简图

根据截面内力平衡条件可得

$$\sum x = 0 \quad \alpha_1 f_c bx = f_y A_s - f_y' A_s' + f_p A_p + (\sigma_{p0}' - f_{py}')A_p' \tag{8-77}$$

$$\sum M = 0 \quad M \leqslant \alpha_1 f_c bx \left(h_0 - \frac{x}{2}\right) + f_y' A_s'(h_0 - a_s') - (\sigma_{p0}' - f_{py}')A_p'(h_0 - a_p') \tag{8-78}$$

式中　M——弯矩设计值；

α_1——混凝土强度系数；

h_0——截面有效高度，$h_0 = h - a$；

a——受拉区预应力筋和普通钢筋合力点至受拉区边缘的距离；

a_p', a_s'——受压区预应力筋 A_p'、普通钢筋 A_s' 各自合力点至受压区边缘的距离；

σ_{p0}'——受压区的预应力筋 A_p' 合力点处混凝土法向应力为零时的预应力钢筋应力，先张法 $\sigma_{p0}' = \sigma_{con}' - \sigma_l'$，后张法 $\sigma_{p0}' = \sigma_{con}' - \sigma_l' + \alpha_{Ep}\sigma_{pcⅡp}$。

(2)适用条件。混凝土受压区高度 x 应符合下列要求：

$$x \leqslant \xi_b h_0 \tag{8-79}$$

$$x \geqslant 2a' \tag{8-80}$$

式中　a'——受压区钢筋合力点至受压区边缘的距离，当 $\sigma_{p0}' - f_{py}'$ 为拉应力或 $A_p' = 0$ 时，式(8-80)中的 a' 应用 a_s' 代替。

当 $x < 2a'$，且 $\sigma_{p0}' - f_{py}'$ 为压应力时，正截面受弯承载力可按下列公式计算：

$$M \leqslant f_p A_p(h - a_p - a_s') + f_y A_s(h - a_s - a_s') - (\sigma_{p0}' - f_{py}')A_p'(a_p' - a_s') \tag{8-81}$$

式中　a_p, a_s——受拉区预应力筋 A_p、普通钢筋 A_s 各自合力点至受拉区边缘的距离。

预应力钢筋的相对界限受压区高度 ξ_b 应按下列公式计算：

对有屈服点的钢筋

$$\xi_b = \frac{\beta_1}{1.0 + \dfrac{f_{py} - \sigma_{p0}}{\varepsilon_{cu} E_s}} \tag{8-82a}$$

对无屈服点的钢筋

$$\xi_b = \frac{\beta_1}{1.0 + \dfrac{0.002}{\varepsilon_{cu}} + \dfrac{f_{py} - \sigma_{p0}}{\varepsilon_{cu} E_s}} \tag{8-82b}$$

式中　β_1——矩形应力图受压区高度与平截面假定的中和轴高度的比值；

ε_{cu}——非均匀受压时的混凝土极限压应变；

σ_{p0}——预应力钢筋的合力点处混凝土正截面法向应力为零时，预应力钢筋中已存在的拉应力。先张法 $\sigma_{p0}=\sigma_{con}-\sigma_l$，后张法 $\sigma_{p0}=\sigma_{con}-\sigma_l+\alpha_{Ep}\sigma_{pcⅡp}$。

2. 斜截面承载力计算

(1)斜截面受剪承载力计算公式。试验研究表明：对预应力混凝土受弯构件，施加预应力能够阻止斜裂缝的发生和发展，增大混凝土剪压区高度，使构件的受剪承载力提高。抗剪承载力的提高程度主要与预压力有关，其次是预压力合力作用点的位置。

对于矩形、T形和I形截面预应力混凝土梁，斜截面受剪承载力可按下式计算：

当仅配置箍筋时

$$V \leqslant V_{cs}+V_p \tag{8-83}$$

当配置箍筋和弯起钢筋时(图8-18)：

$$V \leqslant V_{cs}+V_{sb}+V_p+V_{pb} \tag{8-84}$$

$$V_p=0.05N_{p0} \tag{8-85}$$

$$V_{sb}=0.8f_{yv}A_{sb}\sin\alpha_s \tag{8-86}$$

$$V_{pb}=0.8f_{py}A_{pb}\sin\alpha_p \tag{8-87}$$

式中 V_{cs}——斜截面上混凝土和箍筋的受剪承载力设计值；

V_{sb}——普通弯起钢筋的受剪承载力；

V_p——由预压应力所提高的受剪承载力；

N_{p0}——计算截面上混凝土法向应力为零时的预应力钢筋和非预应力钢筋的合力。当 $N_{p0}>0.3f_cA_0$ 时，取 $N_{p0}=0.3f_cA_0$；

V_{pb}——预应力弯起钢筋的受剪承载力；

α_s，α_p——分别为斜截面处弯起普通钢筋、弯起预应力筋的切线与构件纵向轴线的夹角，如图8-18所示；

A_{sb}，A_{pb}——分别为同一平面内的弯起普通钢筋、弯起预应力筋的截面面积。

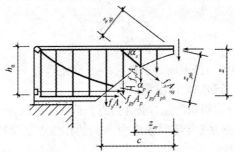

图8-18 预应力混凝土受弯构件斜截面承载力计算图

对 N_{p0} 引起的截面弯矩与外荷载引起的弯矩方向相同的情况，以及预应力混凝土连续梁和允许出现裂缝的简支梁，不考虑预应力对受剪承载力的提高作用，即取 $V_p=0$。

当符合式(8-88)或式(8-89)的要求时，可不进行斜截面的受剪承载力计算，仅需按构造要求配置箍筋。

一般受弯构件

$$V \leqslant 0.7f_tbh_0+0.05N_{p0} \tag{8-88}$$

集中荷载作用下的独立梁

$$V \leqslant \frac{1.75}{\lambda+1}f_tbh_0+0.05N_{p0} \tag{8-89}$$

预应力混凝土受弯构件受剪承载力计算的截面尺寸限制条件、箍筋的构造要求和验算截面的确定等，均与钢筋混凝土受弯构件的要求相同。

(2)斜截面受弯承载力计算公式。预应力混凝土受弯构件的斜截面受弯承载力计算公式为

$$M \leqslant (f_y A_s + f_{py} A_p) z + \sum f_y A_{sb} z_b + \sum f_{py} A_{pb} z_{pb} + \sum f_{yv} A_{sv} z_{sv} \qquad (8\text{-}90)$$

式中　V——斜截面受压区末端的剪力设计值；

　　　z——纵向受拉普通钢筋和预应力筋的合力至受压区合力点的距离，可近似取 $z = 0.9 h_0$；

　　　z_b，z_{pb}——同一弯起平面内的弯起普通钢筋、弯起预应力筋的合力至斜截面受压区合力点的距离；

　　　z_{sv}——同一斜截面上箍筋的合力至斜截面受压区合力点的距离。

当配置的纵向钢筋和箍筋满足规定的斜截面受弯构造要求时，可不进行构件斜截面受弯承载力计算。

在计算先张法预应力混凝土构件端部锚固区的斜截面受弯承载力时，预应力筋的抗拉强度设计值在锚固区内是变化的，在锚固起点处预应力筋是不受力的，该处预应力筋的抗拉强度设计值应取为零；在锚固区的终点处取 f_{py}，在两点之间可按内插法取值。

3. 裂缝控制验算

在矩形、T 形、倒 T 形和 I 形截面的预应力混凝土受弯构件中，按荷载标准组合并考虑长期作用影响的最大裂缝宽度 $w_{\max}$ 计算，但其中 α_{cr} 取 1.5，有效受拉混凝土截面面积及受拉区纵向钢筋的等效应力分别按式(8-91)～式(8-96)计算：

$$A_{te} = 0.5bh + (b_f - b)h_f \qquad (8\text{-}91)$$

$$\sigma_{sk} = \frac{M_k - N_{p0}(z - e_p)}{(\alpha_1 A_p + A_s) z} \qquad (8\text{-}92)$$

$$z = \left[0.87 - 0.12(1 - \gamma_f') \left(\frac{h_0}{e} \right)^2 \right] h_0 \qquad (8\text{-}93)$$

$$\gamma_f' = \frac{(b_f' - b)h_f'}{bh_0} \qquad (8\text{-}94)$$

$$e = e_p + \frac{M_k}{N_{p0}} \qquad (8\text{-}95)$$

$$e_p = y_{ps} - e_{p0} \qquad (8\text{-}96)$$

式中　A_p——受拉区纵向预应力筋截面面积；

　　　A_s——受拉区纵向普通钢筋截面面积；

　　　z——受拉区纵向普通钢筋和预应力筋合力点至截面受压区合力点的距离；

　　　e_p——混凝土法向预应力等于零时预应力 N_{p0} 的作用点至受拉区纵向预应力筋和普通钢筋合力点的距离；

　　　y_{ps}——受拉区纵向预应力筋和普通钢筋合力点的偏心距；

　　　M_k——按荷载标准组合计算的弯矩值；

　　　e_{p0}——预应力 N_{p0} 作用点的偏心距；

　　　e_p——预应力 N_{p0} 作用点至受拉区纵向预应力筋和普通钢筋合力点的距离；

　　　α_1——无粘结预应力筋的等效折减系数（取为 0.3；对灌浆的后张预应力筋取为 1.0）；

　　　b_f，h_f——受拉区翼缘的宽度、高度；

　　　b_f'，h_f'——受压区翼缘的宽度、高度［式(8-94)中，当 $h_f' > 2h_0$ 时，取 $h_f' = 2h_0$］；

　　　γ_f'——受压翼缘截面面积与腹板有效截面面积的比值。

对承受吊车荷载但不需做疲劳验算的受弯构件，可将计算求得的最大裂缝宽度乘以系数 0.85。

《设计规范》同时通过验算在荷载的标准组合下斜截面上的混凝土主拉应力和主压应力,对构件斜截面裂缝进行控制。当预应力混凝土受弯构件内的主拉应力过大时,会产生与主拉应力方向垂直的斜裂缝。因此,为了避免斜裂缝的出现,应对斜截面上的混凝土主拉应力进行验算,同时按裂缝控制等级不同予以区别对待;过大的主压应力,将导致混凝土抗拉强度过大地降低和裂缝过早地出现,因而也应限制主压应力值。验算公式如下:

(1)混凝土主拉应力。

1)一级——严格要求不出现裂缝的构件,应符合下列规定:

$$\sigma_{tp} \leqslant 0.85 f_{tk} \tag{8-97}$$

2)二级——一般要求不出现裂缝的构件,均应符合下列规定:

$$\sigma_{tp} \leqslant 0.95 f_{tk} \tag{8-98}$$

(2)混凝土主压应力。对严格要求和一般要求不出现裂缝的构件,均应符合下列规定:

$$\sigma_{cp} \leqslant 0.6 f_{ck} \tag{8-99}$$

式中 σ_{tp},σ_{cp}——混凝土的主拉应力、主压应力。

此时,应选择跨度内不利位置的截面,对该截面的换算截面重心处和截面宽度突变处进行验算。

对允许出现裂缝的吊车梁,在静力计算中应符合式(8-98)和式(8-99)的规定。混凝土主拉应力和主压应力应按下列公式计算:

$$\sigma_{tp} = \frac{\sigma_x + \sigma_y}{2} + \sqrt{\left(\frac{\sigma_x - \sigma_y}{2}\right)^2 + \tau^2} \tag{8-100}$$

$$\sigma_{cp} = \frac{\sigma_x + \sigma_y}{2} - \sqrt{\left(\frac{\sigma_x - \sigma_y}{2}\right)^2 + \tau^2} \tag{8-101}$$

$$\sigma_x = \sigma_{pc} + \frac{M_k y_0}{I_0} \tag{8-102}$$

$$\tau = \frac{(V_k - \sum \sigma_{pe} A_{pb} \sin\alpha_p) S_0}{I_0 b} \tag{8-103}$$

式中 σ_x——由预加力和弯矩值 M_k 在计算纤维处产生的混凝土法向应力;

σ_y——由集中荷载标准值 F_k 产生的混凝土竖向压应力;

τ——由剪力值 V_k 和预压力弯起钢筋的预加力在计算纤维处产生的混凝土剪应力(当计算截面上有扭矩作用时,还应加入扭矩引起的剪应力;对超静定后张法预应力混凝土结构构件,还应计入预加力引起的次剪力);

σ_{pc}——扣除全部预应力损失后,在计算纤维处由预加力产生的混凝土法向应力;

y_0——换算截面重心至计算纤维处的距离;

I_0——换算截面惯性矩;

V_k——按标准荷载组合计算的剪力值;

S_0——计算纤维以上部分的换算截面面积对构件换算截面重心的面积;

σ_{pe}——预应力弯起钢筋的有效预压力;

A_{pb}——计算截面上同一弯起平面内的预应力弯起钢筋的截面面积;

α_p——计算截面上预应力弯起钢筋的切线与构件纵向轴线的夹角。

式(8-100)、式(8-101)、式(8-102)中 σ_x、σ_y、σ_{pc} 和 $M_k y_0/I_0$,当为拉力时,以正值代入;当为压应力时,以负值代入。

4. 挠度验算

预应力混凝土受弯构件的挠度由两部分构成:一部分是由荷载产生的挠度 f_1;另一部分是

预应力产生的反拱 f_2，两部分均可根据构件的刚度用结构力学的方法进行计算。

(1)荷载作用下的挠度 f_1。

1)截面刚度。《设计规范》规定，预应力受弯构件的短期刚度 B_s 可按式(8-104a)和式(8-104b)计算：

要求不出现裂缝的构件

$$B_s = 0.85E_cI_0 \tag{8-104a}$$

允许出现裂缝的构件

$$B_s = \frac{0.85E_cI_0}{\kappa_{\sigma} + (1-\kappa_{\sigma})\omega} \tag{8-104b}$$

$$\kappa_{\sigma} = \frac{M_{\sigma}}{M_k} \tag{8-104c}$$

$$w = \left(1.0 + \frac{0.21}{\alpha_E\rho}\right)(1 + 0.45\gamma_f) - 0.7 \tag{8-104d}$$

$$M_{\sigma} = (\sigma_{pc} + \gamma f_{tk})W_0 \tag{8-104e}$$

$$\gamma_f = \frac{(b_f - b)h_f}{bh_0} \tag{8-104f}$$

式中　α_E——钢筋弹性模量与混凝土弹性模量的比值；

ρ——纵向受拉钢筋配筋率[对预应力混凝土受弯构件，取为$(\alpha_1A_p + A_s)/(bh_0)$，对灌浆的后张预应力筋，取 $\alpha_1 = 1.0$；对无粘结后张预应力筋，取 $\alpha_1 = 0.3$]；

I_0——换算截面惯性矩；

γ_f——受拉翼缘截面面积与腹板有效截面面积的比值；

b_f，h_f——受拉区翼缘的宽度、高度；

κ_{σ}——预应力混凝土受弯构件正截面的开裂弯矩 M_{σ} 与弯矩 M_k 的比值，当 $\kappa_{\sigma} > 1.0$ 时，取 $\kappa_{\sigma} = 1.0$；

M_{σ}——开裂弯矩。

需要注意的是，对预压时预拉区出现裂缝的构件，B_s 应降低10%。

矩形、T形、倒T形和I形截面预应力受弯构件采用标准荷载组合并考虑荷载长期作用影响的刚度 B，可按下列规定计算：

$$B = \frac{M_k}{M_q(\theta - 1) + M_k}B_s \tag{8-105}$$

式中　M_k——按荷载的标准组合计算的弯矩，取计算区段内的最大弯矩值；

M_q——按荷载的准永久组合计算的弯矩，取计算区段内的最大弯矩值；

B_s——按标准组合计算的预应力混凝土受弯构件的短期刚度；

θ——考虑荷载长期作用对挠度增大的影响系数，可取 $\theta = 2.0$。

2)挠度。预应力混凝土梁考虑长期作用影响的挠度 f_1，可用结构力学方法按刚度 B 进行计算。

(2)预应力产生的反拱 f_2。预应力混凝土受弯构件在使用阶段的预加力反拱值，可用结构力学方法按刚度 E_cI_0 进行计算，并应考虑预压应力长期作用的影响，计算中预应力筋的应力应扣除全部预应力损失。简化计算时，可将计算的反拱值乘以增大系数2.0。

对重要的或特殊的预应力混凝土受弯构件的长期反拱值，可根据专门的试验分析确定或根据配筋情况采用考虑收缩、徐变影响的计算方法分析确定。

(3)挠度验算。由荷载标准组合下构件产生的预应力受弯构件的挠度为

$$f_1 - f_2 \leqslant f_{lim} \tag{8-106}$$

式中　$f_{\lim}$——《设计规范》规定的允许挠度值，见附表 8。

当考虑反拱后计算的构件长期挠度不符合附表 8 规定时，可采用施工预先起拱等方式控制挠度；对永久荷载相对于可变荷载较小的预应力混凝土构件，应考虑反拱过大对正常使用的不利影响，并应采取相应的设计和施工措施。

5. 受弯构件施工阶段的验算

预应力受弯构件在制作、运输及安装等施工阶段的受力状态，与使用阶段是不同的。《设计规范》规定，预应力混凝土结构构件，除应根据设计状况进行承载力计算及正常使用极限状态验算外，还应对施工阶段进行验算。《设计规范》根据国内外相关规范标准并在吸取国内工程设计经验的基础上，对施工阶段截面边缘混凝土法向应力进行了限制。

对制作、运输及安装等施工阶段预拉区允许出现拉应力的构件，或预压时全截面受压的构件，在预加力、自重及施工荷载作用下（必要时应考虑动力系数）截面边缘的混凝土法向应力宜符合下列规定（图 8-19）：

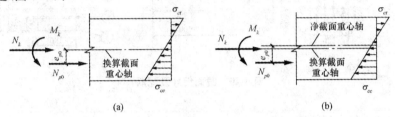

图 8-19　预应力混凝土构件施工阶段验算

（a）先张法；（b）后张法

$$\sigma_{ct} \leqslant f'_{tk} \tag{8-107}$$

$$\sigma_{cc} \leqslant 0.8 f'_{ck} \tag{8-108}$$

$$\sigma_{cc} = \sigma_{pc} + \frac{N_k}{A_0} + \frac{M_k}{W_0} \tag{8-109}$$

$$\sigma_{ct} = \sigma_{pc} + \frac{N_k}{A_0} - \frac{M_k}{W_0} \tag{8-110}$$

式中　σ_{ct}——相应施工阶段计算截面预拉区边缘纤维的混凝土拉应力；

σ_{cc}——相应施工阶段计算截面预压区边缘纤维的混凝土压应力；

f'_{tk}，f'_{ck}——与各施工阶段混凝土立方体抗压强度 f'_{cu} 相应的抗拉强度标准值、抗压强度标准值；

N_k，M_k——构件自重及施工荷载的标准组合在计算截面产生的轴向力值、弯矩值；

W_0——验算边缘的换算截面弹性抵抗矩。

简支构件的端部区段截面预拉区边缘纤维的混凝土拉应力允许大于 f'_{tk}，但不应大于 $1.2f'_{tk}$。

施工阶段预拉区允许出现拉应力的构件，预拉区纵向钢筋的配筋率 $(A'_s + A'_p)/A$ 不宜小于 0.15%，对后张法构件不应计入 A'_p。其中，A 为构件截面面积。预拉区纵向普通钢筋的直径不宜大于 14 mm，并应沿构件预拉区的外边缘均匀配置。

另外，对后张法预应力混凝土受弯构件还应进行锚固区局部受压承载力验算。

【例 8-2】　预应力混凝土梁，长度为 9 m，计算跨度 $l_0 = 8.75$ m，净跨 $l_n = 8.5$ m，截面尺寸及配筋如图 8-20 所示。采用先张法施工，台座长度 80 m，镦头锚固，蒸汽养护 $\Delta t = 20$ ℃。混凝土强度等级为 C50，预应力钢筋为 $\phi^{HT}10$ 热处理钢筋，非预应钢筋为 HRB400 级，张拉控制应力 $\sigma_{con} = 0.7 f_{ptk}$，采用超张拉，混凝土达 75% 设计强度时放张预应力钢筋。承受可变荷载标准

值 $q_k = 18.8$ kN/m，永久标准值 $g_k = 17.5$ kN/m，准永久值系数为 0.6，该梁裂缝控制等级为三级，跨中挠度允许值为 $l_0/250$。试进行该梁的施工阶段应力验算，正常使用阶段的裂缝宽度和变形验算，正截面受弯承载力和斜截面受剪承载力验算。

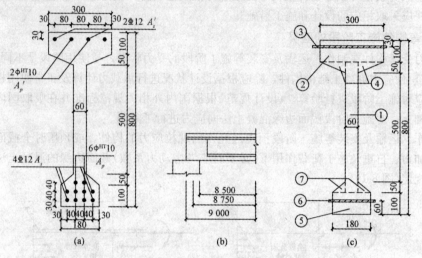

图 8-20　截面尺寸及配筋

【解】　（1）截面的几何特性。

查表可得，HRB400 级钢筋 $E_s = 2.0 \times 10^5$ N/mm²，$f_y = f_y' = 360$ N/mm²；$\Phi^{HT}10$ 热处理钢筋 $E_s = 2.0 \times 10^5$ N/mm²，$f_{py} = 1\,040$ N/mm²，$f_{py}' = 400$ N/mm²；C50 混凝土 $E_c = 3.45 \times 10^4$ N/mm²，$f_{tk} = 2.64$ N/mm²，$f_c = 23.1$ N/mm²；放张预应力钢筋时 $f_{cu}' = 0.75 \times 50 = 37.5$（N/mm²），对应 $f_{tk}' = 2.30$ N/mm²，$f_{ck}' = 25.1$ N/mm²，$A_s = 452$ mm²，$A_p = 471$ mm²，$A_p' = 157$ mm²，$A_s' = 226$ mm²。

$$\alpha_E = \frac{E_s}{E_c} = \frac{2.0 \times 10^5}{3.45 \times 10^4} = 5.8$$

将截面划分成几部分计算[图 8-20(c)]，计算过程见表 8-7。

表 8-7　截面特征计算表

编号	A_i/mm^2	a_i/mm	$S_i = A_i a_i/\text{mm}^3$	$y_i = y_o - a_i/\text{mm}$	$A_i y_i^2/\text{mm}^4$	I_i/mm^4
①	$600 \times 60 = 36\,000$	400	144×10^5	43	665.64×10^5	$10\,800 \times 10^5$
②	$300 \times 100 = 30\,000$	750	225×10^5	307	$28\,274.7 \times 10^5$	250×10^5
③	$(5.8-1) \times (226+157) = 1\,838.4$	770	14.16×10^5	327	$1\,965.8 \times 10^5$	—
④	$120 \times 50 = 6\,000$	683	41×10^5	240	$3\,456 \times 10^5$	8.33×10^5
⑤	$180 \times 100 = 18\,000$	50	9×10^5	393	$27\,800.8 \times 10^5$	150×10^5
⑥	$(5.8-1) \times (471+452) = 4\,430.4$	60	2.66×10^5	383	$6\,498.9 \times 10^5$	—
⑦	$60 \times 50 = 3\,000$	117	3.51×10^4	326	$3\,188.3 \times 10^5$	4.17×10^5
Σ	$99\,268.8$		$4\,393.3 \times 10^4$		$71\,850.14 \times 10^5$	$11\,212.5 \times 10^5$

下部预应力钢筋和非预应力钢筋合力点距底边距离：

$$a_{p,s}=\frac{(157+226)\times30+(157+226)\times70+157\times110}{471+452}=60(\text{mm})$$

$$y_0=\frac{\sum S_i}{\sum A_i}=\frac{4\ 393.3\times10^4}{99\ 268.8}=443(\text{mm})$$

$$y_0'=800-443=357(\text{mm})$$

$$I_0=\sum A_iy_i^2+\sum I_i=71\ 850.14\times10^5+11\ 212.5\times10^5=83\ 062.64\times10^5(\text{mm}^4)$$

(2)预应力损失计算。张拉控制应力：

$$\sigma_{\text{con}}=\sigma_{\text{con}}'=0.7f_{ptk}=0.7\times1\ 470=1\ 029(\text{N/mm}^2)$$

1)锚具变形损失 σ_{l1}。

由表 8-2，取 $a=1$ mm

$$\sigma_{l1}=\sigma_{l1}'=\frac{a}{l}E_s=\frac{1}{80\times10^3}\times2.0\times10^5=2.5(\text{N/mm}^2)$$

2)温差损失 σ_{l2}。

$$\sigma_{l2}=\sigma_{l2}'=2\Delta t=2\times20=40(\text{N/mm}^2)$$

3)应力松弛损失 σ_{l4}。

采用超张拉

$$\sigma_{l4}=\sigma_{l4}'=0.035\sigma_{\text{con}}=0.035\times1\ 029=36(\text{N/mm}^2)$$

第一批预应力损失(假定放张前，应力松弛损失完成 45%)

$$\sigma_{lI}=\sigma_{lI}'=\sigma_{l1}+\sigma_{l2}+0.45\sigma_{l4}=2.5+40+0.45\times36=58.7(\text{N/mm}^2)$$

4)混凝土收缩、徐变损失 σ_{l5}。

$$N_{pI}=(\sigma_{\text{con}}-\sigma_{l1})A_p+(\sigma_{\text{con}}'-\sigma_{l1}')A_p'=(1\ 029-58.7)\times(471+157)$$
$$=609.35\times10^3(\text{N})=609.35\text{ kN}$$

预应力钢筋到换算截面形心距离：

$$y_p=y_0-a_p=443-70=373(\text{mm})，\quad y_p'=y_0'-a_p'=800-443-30=327(\text{mm})$$

$$e_{p0I}=\frac{(\sigma_{\text{con}}-\sigma_{l1})A_py_p-(\sigma_{\text{con}}'-\sigma_{l1}')A_p'y_p'}{N_{p0I}}$$

$$=\frac{(1\ 029-58.7)\times471\times373-(1\ 029-58.7)\times157\times327}{609.35\times10^3}$$

$$=198(\text{mm})$$

$$\sigma_{pcI}=\frac{N_{p0I}}{A_0}+\frac{N_{p0I}e_{p0I}y_p}{I_0}=\frac{609.35\times10^3}{99\ 268.8}+\frac{609.35\times10^3\times198\times373}{83\ 062.64\times10^5}$$

$$=11.56(\text{N/mm}^2)<0.5f_{cu}=0.5\times0.75\times50=18.75\text{ N/mm}^2$$

$$\sigma_{pcI}'=\frac{N_{p0I}}{A_0}-\frac{N_{p0I}e_{p0I}y_p'}{I_0}=\frac{609.35\times10^3}{99\ 268.8}-\frac{609.35\times10^3\times198\times327}{83\ 062.64\times10^5}$$

$$=1.39(\text{N/mm}^2)<0.5f_{cu}=0.5\times0.75\times50=18.75\text{ N/mm}^2$$

$$\rho=\frac{A_p+A_s}{A_0}=\frac{471+452}{99\ 268.8}=0.009\ 3，\quad \rho'=\frac{A_p'+A_s'}{A_0}=\frac{157+226}{99\ 268.8}=0.003\ 9$$

$$\sigma_{l5}=\frac{45+280\dfrac{\sigma_{pcI}}{f_{cu}}}{1+15\rho}=\frac{45+280\times\dfrac{11.56}{0.75\times50}}{1+15\times0.009\ 3}=115.24(\text{N/mm}^2)$$

$$\sigma_{l5}'=\frac{45+280\dfrac{\sigma_{pcI}'}{f_{cu}}}{1+15\rho'}=\frac{45+280\times\dfrac{1.39}{0.75\times50}}{1+15\times0.003\ 9}=52.32(\text{N/mm}^2)$$

第二批预应力损失
$$\sigma_{l \mathrm{II}}=0.55\sigma_{l4}+\sigma_{l5}=0.55\times36+115.24=135.04(\mathrm{N/mm^2})$$
$$\sigma'_{l \mathrm{II}}=0.55\sigma'_{l4}+\sigma'_{l5}=0.55\times36+52.32=72.12(\mathrm{N/mm^2})$$

总应力损失
$$\sigma_l=\sigma_{l\mathrm{I}}+\sigma_{l\mathrm{II}}=58.7+135.04=193.74(\mathrm{N/mm^2})>100\ \mathrm{N/mm^2}$$
$$\sigma'_l=\sigma'_{l\mathrm{I}}+\sigma'_{l\mathrm{II}}=58.7+72.12=130.82(\mathrm{N/mm^2})>100\ \mathrm{N/mm^2}$$

(3)内力计算。

可变荷载标准值产生的弯矩和剪力
$$M_{Qk}=\frac{1}{8}q_k l_0^2=\frac{1}{8}\times18.8\times8.75^2=179.92(\mathrm{kN\cdot m})$$

$$V_{Qk}=\frac{1}{2}q_k l_n=\frac{1}{2}\times18.8\times8.5=79.9(\mathrm{kN})$$

永久荷载标准值产生的弯矩和剪力
$$M_{Gk}=\frac{1}{8}g_k l_0^2=\frac{1}{8}\times17.5\times8.75^2=167.48(\mathrm{kN\cdot m})$$

$$V_{Gk}=\frac{1}{2}g_k l_n=\frac{1}{2}\times17.5\times8.5=74.38(\mathrm{kN})$$

弯矩标准值
$$M_k=M_{Qk}+M_{Gk}=179.92+167.48=347.4(\mathrm{kN\cdot m})$$

弯矩设计值
$$M=1.2M_{Gk}+1.4M_{Qk}=1.2\times167.48+1.4\times179.92=452.86(\mathrm{kN\cdot m})$$

剪力设计值
$$V=1.2V_{Gk}+1.4V_{Qk}=1.2\times74.38+1.4\times79.9=201.12(\mathrm{kN})$$

(4)施工阶段验算。

放张后混凝土上、下边缘应力
$$\sigma_{pc1}=\frac{N_{p0\mathrm{I}}}{A_0}+\frac{N_{p0\mathrm{I}}e_{p0\mathrm{I}}y_0}{I_0}=\frac{609.35\times10^3}{99\ 268.8}+\frac{609.35\times10^3\times198\times443}{83\ 062.64\times10^5}=12.57(\mathrm{N/mm^2})$$

$$\sigma'_{pc1}=\frac{N_{p0\mathrm{I}}}{A_0}-\frac{N_{p0\mathrm{I}}e_{p0\mathrm{I}}y'_0}{I_0}=\frac{609.35\times10^3}{99\ 268.8}-\frac{609.35\times10^3\times198\times357}{83\ 062.64\times10^5}=0.95(\mathrm{N/mm^2})$$

设吊点距梁端1.0 m,梁自重 $g=2.33$ kN/m,动力系数取1.5,自重产生弯矩为
$$M_k=1.5\times\frac{1}{2}gl^2=\frac{1.5}{2}\times2.33\times1^2=1.75(\mathrm{kN\cdot m})$$

截面上边缘混凝土法向应力
$$\sigma_{ct}=\sigma'_{pc1}-\frac{M_k}{I_0}y_0=0.95-\frac{1.75\times10^6\times357}{83\ 062.64\times10^5}=0.87(\mathrm{N/mm^2})<f'_{tk}=2.30\ \mathrm{N/mm^2}$$

截面下边缘混凝土法向应力
$$\sigma_{cc}=\sigma_{pc1}+\frac{M_k}{I_0}y_0=12.57+\frac{1.75\times10^6\times443}{83\ 062.64\times10^5}=12.66(\mathrm{N/mm^2})$$
$$<0.8f'_{ck}=0.8\times25.1=20.1(\mathrm{N/mm^2})$$

满足要求。

(5)使用阶段裂缝宽度计算。
$$N_{p0\mathrm{II}}=\sigma_{p0\mathrm{II}}A_p+\sigma'_{p0\mathrm{II}}A'_p-\sigma_{l5}A_s-\sigma'_{l5}A'_s$$
$$=(1\ 029-193.74)\times471+(1\ 029-130.82)\times157-115.24\times452-52.32\times226$$
$$=470.51\times10^3(\mathrm{N})=470.51\ \mathrm{kN}$$

非预应力钢筋 A_s 到换算截面形心的距离

$$y_s = 443 - 50 = 393(\text{mm})$$

$$e_{p0\mathrm{II}} = \frac{\sigma_{p0\mathrm{II}}A_p y_p - \sigma'_{p0\mathrm{II}}A'_p - \sigma_{l5}A_s y_s + \sigma'_{l5}A'_s y'_s}{N_{p0\mathrm{II}}}$$

$$= \frac{(1\,029 - 193.74)\times471\times373 - (1\,029 - 130.82)\times157\times327 - 115.24\times452\times393 + 52.32\times226\times327}{470.51\times10^3}$$

$$= 178.6(\text{mm})$$

$N_{p0\mathrm{II}}$ 到预应力钢筋 A_p 和非预应力钢筋 A_s 合力点的距离

$$e_p = \frac{\sigma_{p0\mathrm{II}}A_p y_p - \sigma_{l5}A_s y_s}{\sigma_{p0\mathrm{II}}A_p - \sigma_{l5}A_s} - e_{p0\mathrm{II}}$$

$$= \frac{(1\,029 - 193.74)\times471\times373 - 115.24\times452\times393}{(1\,029 - 193.74)\times471 - 115.24\times452} - 178.6 = 191.4(\text{mm})$$

$$e = e_p + \frac{M_k}{N_{p0\mathrm{II}}} = 191.4 + \frac{347.4\times10^6}{470.51\times10^3} = 929.7(\text{mm})$$

$$\gamma'_f = \frac{(b'_f - b)h'_f}{bh_0} = \frac{(300 - 60)\times125}{60\times740} = 0.676$$

$$z = \left[0.87 - 0.12(1 - \gamma'_f)\left(\frac{h_0}{e}\right)^2 \right] h_0$$

$$= \left[0.87 - 0.12\times(1 - 0.676)\times\left(\frac{740}{929.7}\right)^2 \right]\times740$$

$$= 625.6(\text{mm})$$

$$\sigma_{sk} = \frac{M_k - N_{p0\mathrm{II}}(z - e_p)}{(A_p + A_s)z}$$

$$= \frac{347.4\times10^6 - 470.51\times10^3\times(625.6 - 191.4)}{(471 + 452)\times625.6}$$

$$= 248.1(\text{N/mm}^2)$$

$$\rho_{te} = \frac{A_p + A_s}{0.5bh + (b_f - b)h_f}$$

$$= \frac{471 + 452}{0.5\times60\times800 + (180 - 60)\times125} = 0.024$$

$$\psi = 1.1 - \frac{0.65f_{tk}}{\sigma_{sk}\rho_{te}} = 1.1 - \frac{0.65\times2.64}{248.1\times0.024} = 0.81$$

$$d_{eq} = \frac{\sum n_i d_i^2}{\sum n_i v_i d_i} = \frac{6\times10^2 + 4\times12^2}{6\times10\times1.0 + 4\times12\times1.0} = 10.89(\text{mm})$$

$$w_{max} = \alpha_{cr}\psi\frac{\sigma_{sk}}{E_s}\times\left(1.9c + 0.08\frac{d_{eq}}{\rho_{te}}\right) = 1.7\times0.81\times\frac{248.1}{2.0\times10^5}\times\left(1.9\times25 + 0.08\times\frac{10.89}{0.024}\right)$$

$$= 0.143(\text{mm}) < w_{lim} = 0.2\ \text{mm}$$

满足要求。

(6)使用阶段挠度验算。

$$\sigma_{pc\mathrm{II}} = \frac{N_{p0\mathrm{II}}}{A_0} + \frac{N_{p0\mathrm{II}}e_{p0\mathrm{II}}y_0}{I_0} = \frac{470.51\times10^3}{99\,268.8} + \frac{470.51\times10^3\times178.6\times443}{83\,062.64\times10^5} = 9.22(\text{N/mm}^2)$$

由 $\dfrac{b_f}{b} = \dfrac{180}{60} = 3$，$\dfrac{h_f}{h} = \dfrac{125}{800} = 0.156$，非对称 I 形截面 $b'_f > b_f$，γ_m 为 $1.35 \sim 1.5$，近似取 $\gamma_m = 1.41$。

$$\gamma = \left(0.7 + \frac{120}{h}\right)\gamma_m = \left(0.7 + \frac{120}{800}\right) \times 1.41 = 1.2$$

$$M_\sigma = (\sigma_{pcII} + \gamma f_k)w_0 = (9.22 + 1.2 \times 2.64) \times \frac{83\,062.64 \times 10^5}{443}$$

$$= 232.3 \times 10^6 (\text{N} \cdot \text{mm}) = 232.3\ \text{kN} \cdot \text{m}$$

$$\kappa_\sigma = \frac{M_\sigma}{M_k} = \frac{232.3}{347.4} = 0.668$$

纵向受拉钢筋配筋率

$$\rho = \frac{A_p + A_s}{bh_0} = \frac{471 + 452}{60 \times 740} = 0.021$$

$$\gamma_f = \frac{(b_f - b)h_f}{bh_0} = \frac{(180 - 60) \times 125}{60 \times 740} = 0.338$$

$$w = \left(1.0 + \frac{0.21}{\alpha_E \rho}\right)(1 + 0.45\gamma_f) - 0.7 = \left(110 + \frac{0.21}{5.8 \times 0.021}\right) \times (1 + 0.45 \times 0.338) - 0.7 = 2.43$$

$$B_s = \frac{0.85 E_c I_0}{\kappa_\sigma + (1 - \kappa_\sigma)w} = \frac{0.85 \times 3.45 \times 10^4 \times 83\,062.64 \times 10^5}{0.668 + (1 - 0.668) \times 2.43} = 165.17 \times 10^{12}(\text{N} \cdot \text{mm}^2)$$

对预应力混凝土构件 $\theta = 2.0$。

$$M_q = M_{Gk} + 0.6M_{Qk} = 167.48 + 0.6 \times 179.92 = 275.43(\text{kN} \cdot \text{m})$$

$$B = \frac{M_k}{M_q(\theta - 1) + M_k} \times B_s = \frac{347.4}{275.43 \times (2 - 1) + 347.4} \times 165.17 \times 10^{12} = 92.13 \times 10^{12}(\text{N} \cdot \text{mm}^2)$$

荷载作用下的挠度

$$a_{f1} = \frac{5}{48} \times \frac{M_k l_0^2}{B} = \frac{5}{48} \times \frac{347.4 \times 10^6 \times 8.75^2 \times 10^6}{92.13 \times 10^{12}} = 30.1(\text{mm})$$

预应力产生反拱

$$B = E_c I_0 = 3.45 \times 10^4 \times 83\,062.64 \times 10^5 = 286.57 \times 10^{12}(\text{N} \cdot \text{mm}^2)$$

$$a_{f2} = \frac{2N_{p0II} e_{p0II} l_0^2}{8B} = 2 \times \frac{470.51 \times 10^3 \times 178.6 \times 8.75^2 \times 10^6}{8 \times 286.57 \times 10^{12}} = 5.6(\text{mm})$$

总挠度

$$a_f = a_{f1} - a_{f2} = 30.1 - 5.6 = 24.5(\text{mm}) < a_{\lim} = l_0/250 = 35.0\ \text{mm}$$

满足要求。

(7)正截面承载力计算。

$$h_0 = 800 - 60 = 740(\text{mm})$$

$$\sigma'_{p0II} = \sigma'_{con} - \sigma'_l = 1\,029 - 130.82 = 898.18(\text{N/mm}^2)$$

$$x = \frac{f_{py}A_p + f_y A_s - f'_y A'_s + (\sigma'_{p0II} - f'_{py})A'_p}{\alpha_1 f_c b'_f}$$

$$= \frac{1\,040 \times 471 + 360 \times 452 - 360 \times 226 + (898.18 - 400) \times 157}{1.0 \times 23.1 \times 300}$$

$$= 93.7(\text{mm}) < h'_f = 100 + 50/2 = 125(\text{mm})(平均)$$

$$> 2a' = 60\ \text{mm}$$

属于第一类 T 形。

$$\sigma_{p0II} = \sigma_{con} - \sigma_l = 1\,029 - 193.74 = 835.26(\text{N/mm}^2)$$

$$\xi_b = \frac{\beta_1}{1 + \dfrac{0.002}{\varepsilon_{cu}} + \dfrac{f_{py} - \sigma_{p0II}}{E_s \varepsilon_{cu}}} = \frac{0.8}{1 + \dfrac{0.002}{0.003\,3} + \dfrac{1\,040 - 835.26}{2 \times 10^5 \times 0.003\,3}} = 0.42$$

$$\xi_b h_0 = 0.42 \times 740 = 310.8 (\text{mm}) > x$$

$$M_u = \alpha_1 f_c b_f' x \left(h_0 - \frac{x}{2}\right) + f_y' A_s' (h_0 - a_s') - (\sigma_{p0\mathrm{II}}' - f_{py}') A_p' (h_0 - a_p')$$

$$= 1.0 \times 23.1 \times 300 \times 93.7 \times \left(740 - \frac{93.7}{2}\right) + 360 \times 226 \times (740 - 30) - (898.18 - 400) \times$$

$$157 \times (740 - 30)$$

$$= 563.4 \times 10^6 (\text{N} \cdot \text{mm}) = 563.4 \text{ kN} \cdot \text{m} > M = 452.86 \text{ kN} \cdot \text{m}$$

满足要求。

(8)斜截面抗剪承载力计算。

由 $h_w/b = 500/60 = 8.3 > 6$

$0.2\beta_c f_c b h_0 = 0.2 \times 1.0 \times 23.1 \times 60 \times 740 = 205.13 \times 10^3 (\text{N}) = 205.13 \text{ kN} > V = 201.12 \text{ kN}$

截面尺寸满足要求。

因使用阶段允许出现裂缝，故取 $V_p = 0$

$0.7 f_t b h_0 = 0.7 \times 1.89 \times 60 \times 740 = 58.74 \times 10^3 (\text{N}) = 58.74 \text{ kN} < V = 201.12 \text{ kN}$

需计算配置箍筋。采用双肢箍筋 $\Phi 8@120$，$A_{sv} = 100.6 \text{ mm}^2$

$$V_u = 0.7 f_t b h_0 + f_{yv} \frac{A_{sv}}{s} h_0 = 58.74 \times 10^3 + 270 \times \frac{100.6}{120} \times 740 = 226.24 \times 10^3 (\text{N})$$

$$= 226.24 \text{ kN} > V = 201.12 \text{ kN}$$

满足要求。

第四节　预应力混凝土构件的构造要求

预应力混凝土构件的构造，是关系到构件设计能否实现的实际问题，因而，预应力混凝土构件应根据其张拉工艺、锚固措施及预应力钢筋种类的不同，满足相应的构造要求。

预应力混凝土
构造规定

一、先张法构件

1. 预应力钢筋(丝)的配筋方式及净间距

当先张法预应力钢筋按单根方式配筋困难时，可采用相同直径钢筋并筋的配筋方式。并筋的等效直径，对双并筋，应取为单筋直径的 1.4 倍；对三并筋，应取为单筋直径的 1.7 倍。

当预应力钢绞线、热处理钢筋采用并筋方式时，应有可靠的构造措施。

先张法预应力钢筋之间的净间距应根据浇筑混凝土、施加预应力及钢筋锚固等要求确定。预应力钢筋之间的净间距不应小于其直径(或等效直径)的 1.5 倍，且应符合下列规定：对热处理钢筋及钢丝，不应小于 15 mm；对三股钢绞线，不应小于 20 mm；对七股钢绞线，不应小于 25 mm。

2. 预应力钢筋的保护层

为保证钢筋与周围混凝土的粘结锚固，防止放松预应力钢筋时在构件端部沿预应力钢筋周围出现纵向裂缝，必须有一定的混凝土保护层厚度。纵向受力的预应力钢筋，其混凝土保护层厚度取值同普通钢筋混凝土构件，并且不小于 15 mm。

对有防火要求、海水环境、受人或自然的侵蚀性物质影响的环境中的建筑物，其混凝土保护层厚度还应符合现行国家有关标准的要求。

3. 构件端部的加强措施

(1)对单根配置的预应力钢筋,其端部宜设置长度不小于 150 mm 且不少于 4 圈的螺旋筋;当有可靠经验时,也可利用支座垫板上的插筋,但插筋不应少于 4 根,其长度不宜小于 120 mm。

(2)对分散布置的多根预应力钢筋,在构件端部 $10d$(d 为预应力钢筋直径)范围内应设置 3~5 片与预应力钢筋垂直的钢筋网。

(3)当构件端部与下部支承结构焊接时,应考虑混凝土收缩、徐变及温度变化产生的不利影响,宜在构件端部可能产生裂缝的部位设置足够的非预应力纵向构造钢筋。

二、后张法构件

1. 预留孔道的要求

后张法预应力钢丝束、钢绞线束的预留孔道应符合下列规定:

(1)对预制构件,孔道之间的水平净间距不宜小于 50 mm,且不小于粗集料粒径的 1.25 倍;孔道至构件边缘的净间距不宜小于 30 mm,并且不宜小于孔道直径的 1/2。

(2)预留孔道的内径,应比预应力钢丝束或钢绞线束外径及需穿过孔道的连接器外径大 10~15 mm。

(3)在构件梁端及中部应设置灌浆孔或排气孔,灌浆孔或排气孔距不宜大于 12 m。

(4)凡制作时需要预先起拱的构件,预留孔道宜随构件同时起拱。

(5)灌浆用的水泥浆宜采用不低于 42.5 级普通硅酸盐水泥配置的水泥浆,水泥浆应有足够的强度,较好的流动性、干缩性和泌水性;灌浆顺序宜先灌下层孔道,再灌注上层孔道;对较大的孔道或预埋管孔道,宜采用二次灌浆法。

要求预留孔道位置应正确,孔道平顺,接头不漏浆,端部预埋钢板应垂直于孔道中心线等。

2. 锚具

后张法预应力钢筋所用锚具的形式和质量,应符合国家现行有关标准的规定。

3. 构件端部的加强措施

(1)构件端部尺寸应考虑锚具的布置、张拉设备的尺寸和局部受压的要求,必要时应适当加大。

(2)构件端部锚固区,应按相关规定进行局部受压承载力计算,并配置间接钢筋。

(3)在预应力钢筋锚具下及张拉设备的支承处,应设置预埋钢垫板并按上述规定设置间接钢筋和附加构造钢筋。

(4)当构件在端部有局部凹进时,应增设折线构造钢筋或其他有效构造钢筋,如图 8-21 所示。当有足够依据时,也可采用其他端部附加钢筋的配置方法。

(5)对外露金属锚具,应采取涂刷油漆、砂浆封闭等可靠的防锈措施。

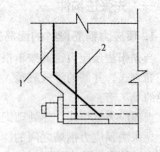

图 8-21 端部凹进处的构造钢筋
1—折线构造钢筋;2—竖向构造钢筋

本章小结

本章从预应力的概念入手，介绍施加预应力的目的和两种主要的施加预应力的方法——先张法和后张法；预应力混凝土所用材料，常用的锚具、夹具；预应力损失的概念、分类、计算方法及其组合；预应力混凝土轴心受拉构件各阶段应力状态的分析和设计计算方法以及有关预应力混凝土结构的基本构造要求。

思考练习题

一、填空题

1.《设计规范》规定预应力混凝土结构的混凝土强度等级不宜低于_____，且不应低于_____。

2. 我国目前用于预应力混凝土结构构件中的钢材有_____、_____、_____和_____。

3. 一般后张法预应力孔道采用_____成孔。

4. 锚固预应力钢筋和钢丝的工具有_____和_____两种类型。

5. 张拉钢筋时，张拉设备(如千斤顶)上的测力计所指示的总拉力除以预应力钢筋面积所得的应力值，称为_____。

6. 按照某一控制应力值张拉的预应力钢筋，其初始的张拉应力会由于各种原因而降低，这种预应力降低的现象，称为_____。

二、选择题

1. 应力混凝土在使用荷载作用下，构件截面混凝土(   )。
    A. 不出现拉应力   B. 允许出现拉应力
    C. 不出现压应力   D. 允许出现压应力

2. 部分预应力混凝土在使用荷载作用下，构件截面混凝土(   )。
    A. 不出现拉应力   B. 允许出现拉应力
    C. 不出现压应力   D. 允许出现压应力

3. 后张法预应力混凝土构件，在混凝土预压前(第一批)的损失为(   )。
    A. $\sigma_{l1}+\sigma_{l2}+\sigma_{l3}+\sigma_{l4}$ B. $\sigma_{l1}+\sigma_{l2}+\sigma_{l3}$
    C. $\sigma_{l1}+\sigma_{l2}$ D. $\sigma_{l1}+\sigma_{l3}+\sigma_{l4}$

4. 先张法预应力混凝土构件，在混凝土预压后(第二批)的损失为(   )。
    A. $\sigma_{l4}+\sigma_{l5}+\sigma_{l6}$ B. $\sigma_{l4}+\sigma_{l5}+\sigma_{l1}$
    C. σ_{l5} D. $\sigma_{l4}+\sigma_{l5}$

5. 后张法预应力混凝土构件，在混凝土预压后(第二批)的损失为(   )。
    A. $\sigma_{l4}+\sigma_{l5}+\sigma_{l6}$ B. $\sigma_{l4}+\sigma_{l5}+\sigma_{l3}$
    C. σ_{l5} D. $\sigma_{l4}+\sigma_{l5}$

6. 先张法预应力混凝土构件完成第一批损失时，预应力钢筋的应力值 σ_{pe} 为(   )。
    A. $\sigma_{con}+\sigma_{l1}-a_E\sigma_{pcI}$ B. $\sigma_{con}+\sigma_{lI}$
    C. $\sigma_{con}+\sigma_{lII}-a_E\sigma_{pcII}$ D. $\sigma_{con}-\sigma_{lII}$

三、简答题

1. 简述预应力混凝土的特点。

2. 张拉控制应力的确定应遵循哪些原则？

3. 预应力的方法有哪两种？

4. 预应力混凝土构件为什么要进行正应力验算？应验算哪两个阶段的正应力？

5. 预应力混凝土构件施工阶段混凝土应力如何控制？

6. 预应力混凝土构件斜截面抗裂性验算的限制是多少？

7. 预应力混凝土构件使用阶段，预应力钢筋和混凝土的应力如何控制？

8. 预应力混凝土构件使用阶段，混凝土的主应力限制有何规定？

四、计算题

1. 某带"马蹄"的 T 形截面梁有效翼缘宽度 $b'_f = 500$ mm，$h'_f = 110$ mm，$b = 250$ mm，$h = 600$ mm；混凝土强度等级为 C50($f_{cd} = 22.4$ MPa)，纵筋为 HRB335($f_{sd} = 280$ MPa)，$A_s = 1\,273$ mm²；预应力钢筋采用精轧螺纹钢筋($f_{pd} = 450$ MPa)，$A_p = 1\,017$ mm²，跨中截面 $a_s = 45$ mm，$a_p = 100$ mm，普通钢筋对应的 $\xi_b = 0.56$，预应力钢筋对应的 $\xi_{b2} = 0.40$，$\gamma_0 = 1$。求正截面承载力(注意：此题计算中不考虑马蹄尺寸影响，另外不需要校核保护层厚度和钢筋最小用量的要求)。

2. 已知一预应力混凝土简支 T 形截面梁，截面尺寸及配筋如图 8-22 所示，承受的弯矩组合设计值 $M_d = 5\,940$ kN·m，安全等级为二级。采用强度等级为 C50 的混凝土，抗压强度设计值 $f_{cd} = 22.4$ MPa，预应力钢筋截面面积 $A_p = 2\,940$ mm²，抗拉强度设计值 $f_{pd} = 1\,260$ MPa，非预应力钢筋采用 HRB400 级，$A_s = 1\,272$ mm²，抗拉强度设计值 $f_{sd} = 330$ MPa。受压翼板有效宽度 $b'_f = 2\,200$ mm，$h'_f = 180$ mm，$\xi_b = 0.4$，$a_p = 100$ mm，$a_s = 45$ mm。验算该梁截面的正截面抗弯承载力是否满足要求。

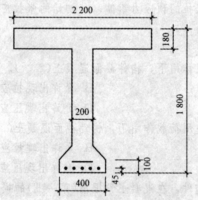

图 8-22　计算题 2 图(尺寸单位：mm)

第九章 钢筋混凝土梁板结构

第一节 钢筋混凝土梁板结构构件

钢筋混凝土平面楼盖是由梁、板、柱(有时无梁)组成的梁板结构体系，它是土木与建筑工程中应用最广泛的一种结构形式。图 9-1 所示为现浇钢筋混凝土肋梁楼盖，由板、次梁及主梁组成，主要用于承受楼面竖向荷载。

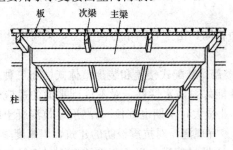

图 9-1 现浇钢筋混凝土肋梁楼盖

现浇钢筋混凝土楼盖示意

楼盖的结构类型可以按照以下方法进行分类：

(1)按结构形式的不同，楼盖可分为单向板肋梁楼盖、双向板肋梁楼盖、井式楼盖、密肋楼盖和无梁楼盖(又称板柱结构)，如图 9-2 所示。其中，单向板肋梁楼盖和双向板肋梁楼盖的使用最为普遍。

1)肋梁楼盖：由相交的梁和板组成。其主要传力途径为板→次梁→主梁→柱或墙→基础→地基。肋梁楼盖的特点是用钢量较低，楼板上留洞方便，但支模较复杂。它可分为单向板肋梁楼盖和双向板肋梁楼盖，其应用最为广泛。

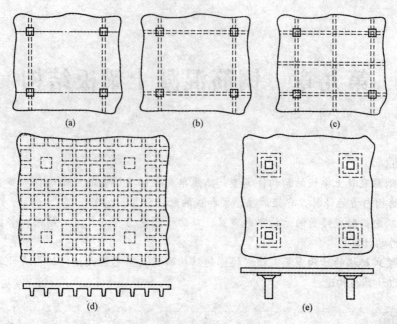

图 9-2　楼盖的结构类型

(a)单向板肋梁楼盖；(b)双向板肋梁楼盖；(c)井式楼盖；(d)密肋楼盖；(e)无梁楼盖

2)无梁楼盖：在楼盖中不设梁，而将板直接支承在带有柱帽（或无柱帽）的柱上，其传力途径是荷载由板传至柱或墙。无梁楼盖结构的高度小，净空大，结构顶棚平整，支模简单，但用钢量较大，通常用在冷库、各种仓库、商店等柱网布置接近方形的建筑工程中。当柱网较小（3～4 m)时，柱顶可不设柱帽；柱网较大（6～8 m)且荷载较大时，柱顶设柱帽以提高板的抗冲切能力。

3)密肋楼盖：密铺小梁（肋），间距为 0.5～2.0 m，一般采用实心平板搁置在梁肋上，或放在倒 T 形梁下翼缘上，上铺木地板；或在梁肋间填以空心砖或轻质砌块，后两种构造楼面隔声性能较好，目前也有采用现浇的形式。由于小梁较密，板厚很小，梁高也较肋形楼盖小，结构自重较轻。

4)井式楼盖：两个方向的柱网及梁的截面相同，由于是两个方向受力，梁高度比肋形楼盖小，一般用于跨度较大且柱网呈方形的结构。

(2)按施工方法的不同，楼盖可分为现浇楼盖、装配式楼盖和装配整体式楼盖三种。现浇楼盖的优点是刚度大，整体性好，抗震抗冲击性能好，防水性好，对不规则平面的适应性强，开洞容易。其缺点是需要大量的模板，现场的作业量大，工期也较长。《高层建筑混凝土结构技术规程》(JGJ 3—2010)规定，在高层建筑中，楼盖宜现浇；对抗震设防的建筑，当高度≥50 m 时，楼盖应采用现浇；当高度≤50 m 时，在顶层、刚性过渡层和平面复杂或开洞过多的楼层，也应采用现浇楼盖。随着商品混凝土、泵送混凝土以及工具式模板的广泛使用，钢筋混凝土结构，包括楼盖在内，大多采用现浇的方式。

目前，我国装配式楼盖主要用在多层砌体房屋，特别是多层住宅中。在抗震设防区，有限制使用装配式楼盖的趋势。装配整体式楼盖是提高装配式楼盖刚度、整体性和抗震性能的一种改进措施，最常见的方法是在板面做 40 mm 厚的配筋现浇层。

(3)按是否预加应力情况，楼盖可分为钢筋混凝土楼盖和预应力混凝土楼盖两种。预应力混凝土楼盖用得最普遍的是无粘结预应力混凝土平板楼盖；当柱网尺寸较大时，预应力楼盖可有效减少板厚，降低建筑层高。

板构件平法识图

(一)有梁楼盖平法施工图制图规则

有梁楼盖的制图规则适用于以梁为支座的楼面与屋面板平法施工图标注。

1. 有梁楼盖板平法施工图的表示方法

(1)有梁楼盖板平法施工图,是在楼面板和屋面板布置图上,采用平面注写的表达方式。板平面注写主要包括板块集中标注和板支座原位标注。

(2)为方便设计表达和施工识图,规定结构平面的坐标方向如下:

1)当两向轴网正交布置时,图面从左至右为 X 向,从下至上为 Y 向;

2)当轴网转折时,局部坐标方向顺轴网转折角度做相应转折;

3)当轴网向心布置时,切向为 X 向,径向为 Y 向。

另外,对于平面布置比较复杂的区域,如轴网转折交界区域、向心布置的核心区域等,其平面坐标方向应由设计者另行规定并在图上明确表示。

2. 板块集中标注

(1)板块集中标注的内容为板块编号、板厚、贯通纵筋,以及当板面标高不同时的标高高差,如图 9-3 所示。

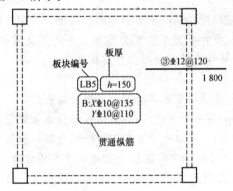

图 9-3　有梁楼盖板集中标注内容　　　　　有梁楼盖平法施工图制图规则

对于普通楼面,两向均以一跨为一板块;对于密肋楼盖,两向主梁(框架梁)均以一跨为一板块(非主梁密肋不计)。

所有板块应逐一编号,相同编号的板块可择其一做集中标注,其他仅注写置于圆圈内的板编号,以及当板面标高不同时的标高高差。

板块编号为楼面板(LB)、屋面板(WB)、悬挑板(XB)。

板厚注写为 $h=\times\times\times$(为垂直于板面的厚度);当悬挑板的端部改变截面厚度时,用斜线分隔根部与端部的高度值,注写为 $h=\times\times\times/\times\times\times$;当设计已在图注中统一注明板厚时,此项可不注。

贯通纵筋按板块的下部和上部分别注写(当板块上部不设贯通纵筋时则不注),并以 B 代表下部,以 T 代表上部,B&T 代表下部与上部;X 向贯通纵筋以 X 打头,Y 向贯通纵筋以 Y 打头,两向贯通纵筋配置相同时,则以 X&Y 打头。

当为单向板时,分布筋可不必注写,而在图中统一注明。

当在某些板内(如在悬挑板 XB 的下部)配置有构造钢筋时,则 X 向以 X_c、Y 向以 Y_c 打头注写。

当 Y 向采用放射配筋时(切向为 X 向,径向为 Y 向),设计者应注明配筋间距的定位尺寸。

当贯通筋采用两种规格钢筋"隔一布一"方式时,表达为 $\phi xx/yy@\times\times\times$,表示直径为 xx 的钢筋和直径为 yy 的钢筋二者之间间距为 $\times\times\times$,直径 xx 的钢筋的间距为 $\times\times\times$ 的2倍,直径 yy 的钢筋的间距为 $\times\times\times$ 的2倍。

板面标高高差,是指相对于结构层楼面标高的高差,应将其注写在括号内,且有高差则注,无高差不注。

【例 9-1】 有一楼面板块注写为 LB5 $h=110$

B:X⌀12@120;Y⌀10@110

它表示5号楼面板,板厚为110 mm,板下部配置的贯通纵筋 X 向为 ⌀12@120,Y 向为 ⌀10@110;板上部未配置贯通纵筋。

【例 9-2】 有一楼面板块注写为 LB5 $h=110$

B:X⌀10/12@100;Y⌀10@110

它表示5号楼面板,板厚为110 mm,板下部配置的贯通纵筋 X 向为直径10 mm、12 mm隔一布一,10 mm与12 mm之间间距为100 mm;Y 向为⌀10@110;板上部未配置贯通纵筋。

【例 9-3】 有一悬挑板注写为 XB2 $h=150/100$

B:X_c&Y_c⌀8@200

它表示2号悬挑板,板根部厚为150 mm,端部厚为100 mm,板下部配置构造钢筋双向均为⌀8@200(上部受力钢筋见板支座原位标注)。

(2)同一编号板块的类型、板厚和贯通纵筋均应相同,但板面标高、跨度、平面形状以及板支座上部非贯通纵筋可以不同,如同一编号板块的平面形状可为矩形、多边形及其他形状等。施工预算时,应根据其实际平面形状,分别计算各块板的混凝土与钢材用量。

3. 板支座原位标注

(1)板支座原位标注的内容为板支座上部非贯通纵筋和悬挑板上部受力钢筋。

板支座原位标注的钢筋,应在配置相同跨的第一跨表达(当在梁悬挑部位单独配置时则在原位表达)。在配置相同跨的第一跨(或梁悬挑部位),垂直于板支座(梁或墙)绘制一段适宜长度的中粗实线(当该筋通长设置在悬挑板或短跨板上部时,实线段应画至对边或贯通短跨),以该线段代表支座上部非贯通纵筋,并在线段上方注写钢筋编号(如①、②等)、配筋值、横向连续布置的跨数(注写在括号内,且当为一跨时可不注),以及是否横向布置到梁的悬挑端。

板支座上部非贯通筋自支座中线向跨内的伸出长度,注写在线段的下方位置,当中间支座上部非贯通纵筋向支座两侧对称伸出时,可仅在支座一侧线段下方标注伸出长度,另一侧不注,如图9-4所示。

当向支座两侧非对称伸出时,应分别在支座两侧线段下方注写伸出长度,如图9-5所示。

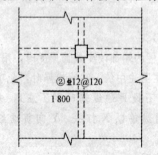

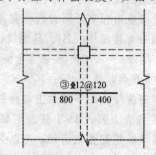

图 9-4　板支座上部非贯通筋对称伸出　　**图 9-5　板支座上部非贯通筋非对称伸出**

当线段画至对边贯通全跨或贯通全悬挑长度的上部通长纵筋,贯通全跨或伸出至全悬挑一侧的长度值不注，只注明非贯通筋另一侧的伸出长度值，如图9-6所示。

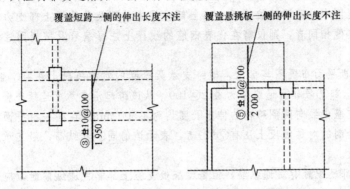

图9-6　板支座上部非贯通筋贯通全跨或伸至悬挑端

当板支座为弧形，支座上部非贯通纵筋呈放射状分布时，设计者应注明配筋间距的度量位置并加注"放射分布"四字，必要时应补绘平面配筋图，如图9-7所示。

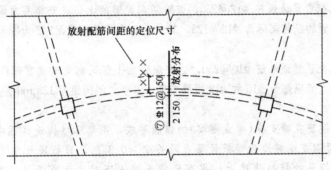

图9-7　弧形支座处放射配筋

关于悬挑板的注写方式如图9-8所示。当悬挑板端部厚度不小于150 mm时，设计者应指定板端部封边构造方式。当采用U形钢筋封边时，还应指定U形钢筋的规格、直径。

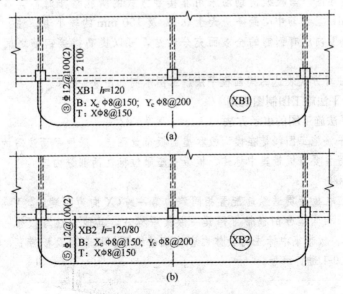

图9-8　悬挑板支座非贯通筋

另外，对于悬挑板的悬挑阳角上部放射钢筋的表示方法，详见16G101—1图集。

在板平面布置图中，不同部位的板支座上部非贯通纵筋及悬挑板上部受力钢筋，可仅在一个部位注写。对其他相同者，则仅需在代表钢筋的线段上注写编号及按规则注写横向连续布置的跨数即可。

【例9-4】 在板平面布置图某部位，横跨支承梁绘制的对称线段上注有⑦Φ12@100(5A)和1 500，表示支座上部⑦号非贯通纵筋为Φ12@100，从该跨起沿支承梁连续布置5跨加梁一端的悬挑端，该筋自支座中线向两侧跨内的伸出长度均为1 500 mm。在同一板平面布置图的另一部位，横跨梁支座绘制的对称线段上注有⑦(2)者，表示该筋同⑦号纵筋，沿支承梁连续布置2跨且无梁悬挑端布置。

(2)当板的上部已配置有贯通纵筋，但需增配板支座上部非贯通纵筋时，应结合已配置的同向贯通纵筋的直径与间距采取"隔一布一"方式配置。

"隔一布一"方式，为非贯通纵筋的标注间距与贯通纵筋相同，两者组合后的实际间距为各自标注间距的1/2。当设定贯通纵筋为纵筋总截面面积的50%时，两种钢筋应取相同直径；当设定贯通纵筋大于或小于总截面面积的50%时，两种钢筋则取不同直径。

例如，板上部已配置贯通纵筋Φ12@250，该跨同向配置的上部支座非贯通纵筋为⑤Φ12@250，表示在该支座上部设置的纵筋实际为Φ12@125，其中1/2为贯通纵筋，1/2为⑤号非贯通纵筋(伸出长度值略)。

又如，板上部已配置贯通纵筋Φ10@250，该跨配置的上部同向支座非贯通纵筋为③Φ12@250，表示该跨实际设置的上部纵筋为Φ10和Φ12间隔布置，二者之间间距为125 mm。

4. 其他

(1)板上部纵向钢筋在端支座(梁或圈梁)的锚固要求，图集标准构造详图中规定：当设计按铰接时，平直段伸至端支座对边后弯折且平直段长度$\geqslant 0.35 l_{ab}$，弯折段长度15d(d为纵向钢筋直径)；当充分利用钢筋的抗拉强度时，平直段伸至端支座对边后弯折且平直段长度$\geqslant 0.6 l_{ab}$，弯折段长度15d。设计者应在平法施工图中注明采用何种构造，当多数采用同种构造时，可在图注中写明，并将少数不同之处在图中注明。

(2)板纵向钢筋的连接可采用绑扎搭接、机械连接或焊接连接，其连接位置详见平法图集中相应的标准构造详图。当板纵向钢筋采用非接触方式的绑扎搭接时，其搭接部位的钢筋净距不宜小于30 mm，且钢筋中心距不应大于0.2l_l及150 mm的较小者。注：非接触搭接使混凝土能够与搭接范围内所有钢筋的全表面充分粘结，可以提高搭接钢筋之间通过混凝土传力的可靠度。

(3)采用平面注写方式表达的楼面板平法施工图示例如图9-9所示。

(二)无梁楼盖平法施工图制图规则

1. 无梁楼盖平法施工图的表示方法

(1)无梁楼盖平法施工图，是在楼面板和屋面板布置图上，采用平面注写的表达方式。

(2)板平面注写主要有板带集中标注、板带支座原位标注两部分内容。

2. 板带集中标注

(1)集中标注应在板带贯通纵筋配置相同跨的第一跨(X向为左端跨，Y向为下端跨)注写，相同编号的板带可择其一做集中标注，其他仅注写板带编号(注在圆圈内)。板带集中标注的具体内容为板带编号、板带厚及板带宽和贯通纵筋。按表9-1进行编号。

无梁楼盖平法
施工图制图规则

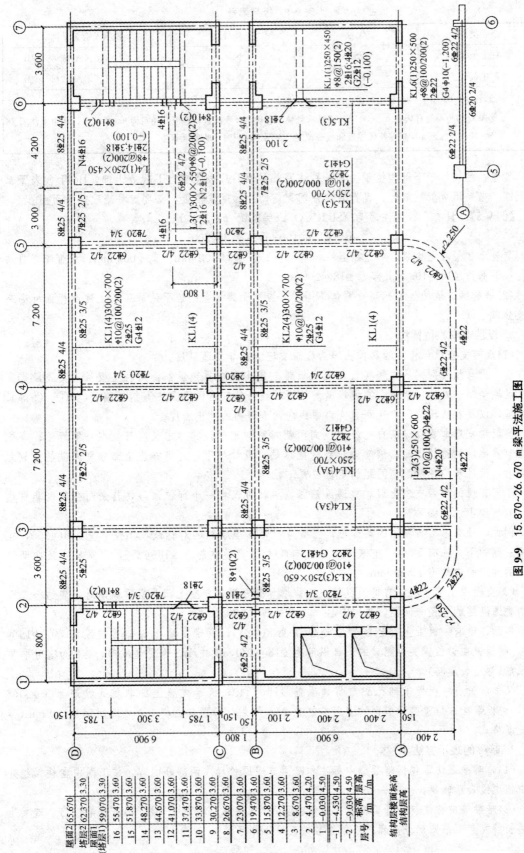

图9-9 15.870~26.670 m梁平法施工图

表 9-1　板带编号

板带类型	代号	序号	跨数及有无悬挑
柱上板带	ZSB	××	(××)、(××A)或(××B)
跨中板带	KZB	××	(××)、(××A)或(××B)

注：1. 跨数按柱网轴线计算(两相邻柱轴线之间为一跨)。

　　2. (××A)为一端有悬挑。(××B)为两端有悬挑，悬挑不计入跨数，板带厚注写为 $h=×××$，板带宽注写为 $b=×××$。当无梁楼盖整体厚度和板带宽度已在图中注明时，此项可不注。

贯通纵筋按板带下部和板带上部分别注写，并以 B 代表下部，T 代表上部，B&T 代表下部和上部。当采用放射配筋时，设计者应注明配筋间距的度量位置，必要时补绘配筋平面图。

【例 9-5】　设有一板带注写为 ZSB2(5A)　$h=300$　$b=3\,000$

B=Φ16@100；T=Φ18@200

它表示 2 号柱上板带，有 5 跨且一端有悬挑；板带厚 300 mm、宽 3 000 mm；板带配置贯通纵筋，下部为 Φ16@100，上部为 Φ18@200。

(2)当局部区域的板面标高与整体不同时，应在无梁楼盖的板平法施工图上注明板面标高高差及分布范围。

3. 板带支座原位标注

(1)板带支座原位标注的具体内容为板带支座上部非贯通纵筋。

以一段与板带同向的中粗实线段代表板带支座上部非贯通纵筋：对柱上板带，实线段贯穿柱上区域绘制；对跨中板带，实线段横贯柱网轴线绘制。在线段上注写钢筋编号(如①、②等)、配筋值，以及在线段的下方注写自支座中线向两侧跨内的伸出长度。

当板带支座非贯通纵筋自支座中线向两侧对称伸出时，其伸出长度可仅在一侧标注；当配置在有悬挑端的边柱上时，该筋伸出到悬挑尽端，设计时不注。当支座上部非贯通纵筋呈放射分布时，设计者应注明配筋间距的定位位置。

不同部位的板带支座上部非贯通纵筋相同者，可仅在一个部位注写，其余则在代表非贯通纵筋的线段上注写编号。

例如，设有平面布置图的某部位，在横跨板带支座绘制的对称线段上注有⑦Φ18@250，在线段一侧的下方注有 1 500。它表示支座上部⑦号非贯通纵筋为 Φ18@250，自支座中线向两侧跨内的伸出长度均为 1 500 mm。

(2)当板带上部已经配有贯通纵筋，但需增加配置板带支座上部非贯通纵筋时，应结合已配同向贯通纵筋的直径与间距，采取"隔一布一"的方式配置。

例如，设有一板带上部已配置贯通纵筋 Φ18@240，板带支座上部非贯通纵筋为⑤Φ18@240，则板带在该位置实际配置的上部纵筋为 Φ18@120，其中 1/2 为贯通纵筋，1/2 为⑤号非贯通纵筋(伸出长度略)。

又如，设有一板带上部已配置贯通纵筋 Φ18@240，板带支座上部非贯通纵筋为③Φ20@240，则板带在该位置实际配置的上部纵筋为 Φ18 和 Φ20 间隔布置，二者之间间距为 120 mm(伸出长度略)。

4. 暗梁的表示方法

(1)暗梁平面注写包括暗梁集中标注和暗梁支座原位标注两部分内容，施工图中在柱轴线处画中粗虚线表示暗梁。

(2)暗梁集中标注包括暗梁编号、暗梁截面尺寸(箍筋外皮宽度×板厚)、暗梁箍筋、暗梁上部通长筋或架立筋四部分内容。暗梁编号按表 9-2 进行。

表 9-2　暗梁编号

构件类型	代号	序号	跨数及有无悬挑
暗梁	AL	××	(××)、(××A)或(××B)

注：1. 跨数按柱网轴线计算（两相邻柱轴线之间为一跨）。
　　2.(××A)为一端有悬挑，(××B)为两端有悬挑，悬挑不计入跨数。

(3)暗梁支座原位标注包括梁支座上部纵筋、梁下部纵筋。当在暗梁上集中标注的内容不适用于某跨或某悬挑端时，则将其不同数值标注在该跨或该悬挑端，施工时按原位注写取值。

(4)当设置暗梁时，柱上板带及跨中板带标注方式与无暗梁时基本一致。柱上板带标注的配筋仅设置在暗梁之外的柱上板带范围内。

(5)暗梁中纵向钢筋连接、锚固及支座上部纵筋的伸出长度等要求同轴线处柱上板带中纵向钢筋。

5. 其他

无梁楼盖跨中板带上部纵向钢筋在端支座的锚固要求，16G101 标准构造详图中规定：当设计按铰接时，平直段伸至端支座对边后弯折，且平直段长度$\geqslant 0.35l_{ab}$，弯折段投影长度 $15d$（d为纵向钢筋直径）；当充分利用钢筋的抗拉强度时，平直段伸至端支座对边后弯折，且平直段长度$\geqslant 0.6l_{ab}$，弯折段投影长度 $15d$。设计者应在平法施工图中注明采用何种构造。当多数采用同种构造时可在图注中写明，并将少数不同之处在图中注明。

第二节　单向板肋梁楼盖设计

一、单向板肋梁楼盖的截面选择和布置

1. 单向板的概念

(1)两对边支承的板应按单向板计算。

(2)四边支承的板，当长边与短边长度之比大于或等于 3.0 时，可按沿短边方向受力的单向板计算。

(3)当按单向板设计时，应在垂直于受力的方向布置分布钢筋，单位宽度上的配筋不宜小于单位宽度上的受力钢筋的 15%，且配筋率不宜小于 0.15%；分布钢筋直径不宜大于 6 mm，间距不宜小于 250 mm；当集中荷载较大时，分布钢筋的配筋面积还应增加，且间距不宜大于 200 mm。当有实践经验或可靠措施时，预制单向板的分布钢筋可不受上述的限制。

2. 单向板截面的选择

(1)板的厚度应由设计计算确定，即应满足承载力、刚度和裂缝控制的要求。

(2)板的厚度应满足使用要求（包括防火要求）、施工方便要求及经济要求。

(3)现浇单向板的截面厚度 h 与计算跨度 l_0 的最小比值（即 h/l_0）见表 9-3。

(4)板的厚度应满足的构造方面最小厚度要求见表 3-2，并取表中的较大值确定板的厚度。

(5)钢筋混凝土现浇单向板跨度为 1.7~2.7 m，较为经济、合理。

(6)板的厚度一般为 10 mm 的倍数；板的跨度大于 4 m 时，板的厚度应适当加厚；常用板的厚度为 60 mm、70 mm、80 mm、100 mm、150 mm 等。

表 9-3　现浇单向板的厚度 h 与跨度 l_0 的最小比值

板的支承情况	h/l_0
简支板	$\geqslant 1/30$
连续板(弹性约束)	$\geqslant 1/40$

注：1. l_0 为板的计算跨度；

　　2. 跨度>4 m 的板应适当加厚。

3. 单向板结构的平面布置

单向板楼盖由板、次梁、主梁构成，竖向承重构件由墙或柱构成。其中，次梁的间距决定了板的跨度，主梁的间距决定了次梁的跨度，柱距或墙距决定了主梁的跨度。单向板、次梁和主梁的常用跨度为：单向板：1.7~2.5 m，荷载较大时取较小值，一般不宜超过 3 m；次梁：4~6 m；主梁：5~8 m。

常见的单向板肋梁楼盖的结构平面布置方案有以下三种：

(1)主梁横向布置，次梁纵向布置，如图 9-10(a)所示，其优点是主梁和柱可形成横向框架，房屋的横向刚度大，而各榀横向框架之间由纵向次梁相连，故房屋的纵向刚度也大，整体性较好。另外，由于主梁与外纵墙垂直，在外纵墙上可开较大的窗户，对室内采光有利。

(2)主梁纵向布置，次梁横向布置，如图 9-10(b)所示，这种布置适用于横向柱距比纵向柱距大得多的情况。它的优点是减小了主梁的截面高度，增大了室内净高。

(3)只布置次梁，不设主梁，如图 9-10(c)所示，它仅适用于有中间走道的砌体墙承重的混合结构房屋。

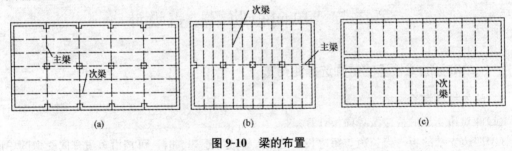

图 9-10　梁的布置

(a)主梁沿横向布置；(b)主梁沿纵向布置；(c)不设主梁

在进行楼盖的结构平面布置时，应注意以下问题：

(1)满足建筑要求。应避免将梁，特别是主梁搁置在门、窗过梁上，否则将增大过梁的负担，建筑效果也差；不封闭的阳台、厨房和卫生间的板面标高宜低于其他部位 30~50 mm；当不做吊顶时，一个房间平面内不宜只放一根梁。

(2)受力合理。荷载传递要简捷，梁宜拉通，避免凌乱；主梁跨间不宜只布置 1 根次梁，以减小主梁跨间弯矩的不均匀；在楼面、屋面上有机器设置、冷却塔、悬吊装置和隔墙等地方，注意局部荷载传力的要求，宜设置次梁。

(3)要考虑其他专业工种的要求。例如，在旅馆建筑中要设置管井道，若次梁不能贯通，就需在管道井两侧放置两根小梁。

(4)方便施工。梁的截面种类不宜过多，梁的布置尽可能规则，梁截面尺寸应考虑设置模板的方便，特别是采用钢模板时。

二、单向板肋梁楼盖结构内力的计算

（一）内力计算一般规定

现浇肋形楼盖中，板、次梁、主梁一般为多跨连续梁。设计连续梁时，内力计算是主要内容，而截面配筋计算与简支梁、伸臂梁基本相同。钢筋混凝土连续梁内力计算有按弹性理论方法计算和按塑性内力重分布计算两种。

(1)在现浇单向板肋梁楼盖中，板、次梁、主梁的计算模型为连续板或连续梁。其中，次梁是板的支座，主梁是次梁的支座，柱或墙是主梁的支座。为了简化计算，通常作如下简化假定：

1)支座可以自由转动，但没有竖向位移；

2)不考虑薄膜效应对板内力的影响；

3)在确定板传给次梁的荷载以及次梁传给主梁的荷载时，分别忽略板、次梁的连续性，按简支构件计算支座竖向反力；

4)跨数超过五跨的连续梁、板，当各跨荷载相同且跨度相差不超过10%时，可按五跨的等跨连续梁、板计算。

(2)为减少计算工作量，结构内力分析时，常常不是对整个结构进行分析；而是从实际结构中选取有代表性的某一部分作为计算的对象，称为计算单元。

楼盖中对于单向板，可取1 m宽度的板带作为其计算单元。在此范围内，即图9-11中用阴影线表示的楼面均布荷载便是该板带承受的荷载，这一负荷范围称为从属面积，即计算构件负荷的楼面面积。

楼盖中部主、次梁截面形状都是两侧带翼缘（板）的T形截面，每侧翼缘板的计算宽度取与相邻梁中心距的一半。次梁承受板传来的均布线荷载，主梁承受次梁传来的集中荷载，由上述假定3)可知，1根次梁的负荷范围及次梁传给主梁的集中荷载计算范围如图9-11所示。

(3)由图9-11可知，次梁的间距就是板的跨长，主梁的间距就是次梁的跨长，但不一定就等于计算跨度。梁、板的计算跨度 l_0 是指内力计算时所采用的跨间长度。从理论上讲，某一跨的计算跨度应取为该跨两端支座处转动点之间的距离。所以，当按弹性理论计算时，中间各跨取支承中心线之间的距离；边跨由于端支座情况有差别，与中间跨的取值方法不同。如果端部搁置在支承构件上，支承长度为 a，则对于梁，伸进边支座的计算长度可在 $0.025l_{n1}$ 和 $a/2$ 两者中取小值，即边跨计算长度在 $(1.025l_{n1}+b/2)$ 与 $\left(l_{n1}+\dfrac{h+b}{2}\right)$ 两者中取小值，如图9-12所示；对于板，边跨计算长度在 $(1.025l_{n1}+b/2)$ 与 $\left(l_{n1}+\dfrac{h+b}{2}\right)$ 两者中取小值。梁、板在边支座与支承构件整浇时，边跨也取支承中心线之间的距离。这里，l_{n1} 为梁、板边跨的净跨长，b 为第一内支座的支承宽度，h 为板厚。

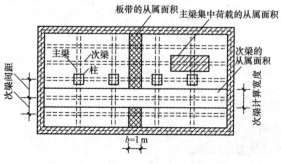

图9-11 板、梁的荷载计算范围

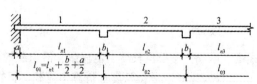

图9-12 按弹性理论计算时的计算跨度

(4)作用在板和梁上的荷载一般有两种：永久荷载(恒荷载)和可变荷载(活荷载)。恒荷载的标准值可按其几何尺寸和材料的重力密度计算。《荷载规范》规定了民用建筑楼面上的均布活荷载标准值及其组合值、频遇值和准永久值系数。在《荷载规范》的附录 D 中也给出了某些工业建筑的楼面活荷载值。

楼面结构上的局部荷载可按《荷载规范》中附录 C 的规定，换算为等效均布活荷载。

确定荷载效应组合的设计值时，恒荷载的分项系数取值：当其效应对结构不利时，对由活荷载效应控制的组合，取 1.2；对由恒荷载效应控制的组合，取 1.35；当其效应对结构有利时，一般取 1.0，对倾覆和滑移验算取 0.9。活荷载的分项系数，一般情况下取 1.4；对楼面活荷载标准值大于 4 kN/m² 的工业厂房楼面结构的活荷载，取 1.3。活荷载分布通常是不规则的，一般均折合成等效均布荷载计算。其标准值可由《荷载规范》查得。

在设计民用房屋楼盖梁时，应注意楼面活荷载折减问题。因为当梁的负荷面积较大时，全部满载的可能性较小，所以，适当降低其荷载值更符合实际，具体计算按《荷载规范》的规定；板、梁等构件计算时，其截面尺寸可参考有关资料预先估算确定。当计算结果所得的截面尺寸与原估算的尺寸相差很大时，需重新估算确定其截面尺寸。

当楼面荷载标准值 $q \leqslant 4$ kN/m² 时，板、次梁和主梁的截面参考尺寸见表 9-4。

表 9-4　板、次梁和主梁截面参考尺寸($q \leqslant 4$ kN/m²)

构件种类		高跨比(h/l)	备注
单向板	简支	$\dfrac{1}{35}$	最小板厚(h)： 屋面板：$h \geqslant 60$ mm 民用建筑楼板：$h \geqslant 60$ mm 工业建筑楼板：$h \geqslant 70$ mm
	两端连续	$\dfrac{1}{40}$	
双向板	四边简支	$\dfrac{1}{45}$	最小板厚(h)：$h=80$ mm (l 为短向计算跨度)
	四边连续	$\dfrac{1}{50}$	
多跨连续次梁		$\dfrac{1}{18} \sim \dfrac{1}{12}$	最小梁高(h)： 次梁：$h=\dfrac{l}{25}$(l 为梁的计算跨度)
多跨连续主梁		$\dfrac{1}{14} \sim \dfrac{1}{8}$	主梁：$h=\dfrac{l}{15}$(l 为梁的计算跨度)
单跨简支梁		$\dfrac{1}{14} \sim \dfrac{1}{8}$	宽高比(b/h)：$\dfrac{1}{3} \sim \dfrac{1}{2}$，且 50 mm 为模数

板荷载设计计算通常取宽为 1 m 的板带作为计算单元，它可以代表板中间大部分区域的受力状态，此时板上单位面积荷载值也就是计算板带上的线荷载值。

折算荷载的取值如下：

连续板
$$g'=g+\frac{q}{2} \; ; \quad q'=\frac{q}{2} \qquad\qquad (9\text{-}1)$$

连续梁
$$g'=g+\frac{q}{4} \; ; \quad q'=\frac{3q}{4} \qquad\qquad (9\text{-}2)$$

式中　g，q——单位长度上恒荷载、活荷载设计值；

　　　g'，q'——单位长度上折算恒荷载、折算活荷载设计值。

当板或梁搁置在砌体或钢结构上时，荷载不做调整。

(二)内力的计算方法

1.按弹性理论方法计算

钢筋混凝土连续梁、板的内力按弹性理论方法计算时,是假定梁板为理想弹性体系,内力计算按结构力学的力矩分配法进行。

(1)弯矩图和剪力图。连续梁(板)所受荷载包括恒荷载和活荷载。其中,恒荷载是保持不变的且布满各跨,活荷载在各跨的分布则是随机的。为了保证结构在各种荷载下作用安全、可靠,就需要研究活荷载如何布置才能使梁截面产生最大内力的问题,即研究活荷载的最不利组合问题。

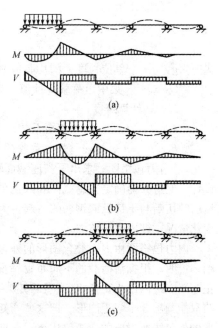

图 9-13 所示为五跨连续梁当活荷载布置在不同跨间时梁的弯矩图和剪力图。由图 9-14 可见,当求一、三、五跨跨中最大正弯矩时,活荷载应布置在一、三、五跨;当求二、四跨跨中最大正弯矩或一、三、五跨跨中最小弯矩时,活荷载应布置在二、四跨;当求 B 支座最大负弯矩及支座最大剪力时,活荷载应布置在一、二、四跨;当求 C 支座最大负弯矩及支座最大剪力时,活荷载应布置在二、三、五跨。

图 9-13　五跨连续梁在不同跨间荷载作用下的内力(对四、五跨从略)

研究图 9-13 和图 9-14 所示五跨连续梁的弯矩和剪力分布规律以及不同组合后的效果,不难发现活荷载最不利布置的规律:

1)求某跨跨内最大正弯矩时,应在本跨布置活荷载,然后隔跨布置;

2)求某跨跨内最大负弯矩时,本跨不布置活荷载,而在其左右邻跨布置,然后隔跨布置;

3)求某支座绝对值最大的负弯矩时,或支座左、右截面最大剪力时,应在该支座左右两跨布置活荷载,然后隔跨布置。

图 9-14 所示为五跨连续梁最不利荷载的组合。

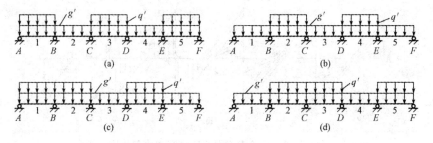

图 9-14　五跨连续梁最不利荷载组合(其中,支座 D、支座 E 最不利组合布置从略)

(a)恒+活 1+活 3+活 5(产生 $M_{1,max}$、$M_{3,max}$、$M_{5,max}$、$M_{2,min}$、$M_{4,min}$、$V_{A右,max}$、$V_{F左,max}$);

(b)恒+活 2+活 4(产生 $M_{2,max}$、$M_{4,max}$、$M_{1,min}$、$M_{3,min}$、$M_{5,min}$);

(c)恒+活 1+活 2+活 4(产生 $M_{B,max}$、$V_{B左,max}$、$V_{B右,max}$);

(d)恒+活 2+活 3+活 5(产生 $M_{C,max}$、$V_{C左,max}$、$V_{C右,max}$)

均布荷载及三角形荷载作用下

$$\left. \begin{array}{l} M = k_1 g l_0^2 + k_2 q l_0^2 \\ V = k_3 g l_0 + k_4 q l_0 \end{array} \right\}$$

(9-3)

集中荷载作用下

$$\left.\begin{array}{l} M=k_5 Gl_0+k_6 Ql_0 \\ V=k_7 G+k_8 Q \end{array}\right\} \tag{9-4}$$

式中　g，q——单位长度上的均布恒荷载设计值、均布活荷载设计值；

　　　G，Q——集中恒荷载设计值、集中活荷载设计值；

　　　l_0——计算跨度；

　　　k_1、k_2、k_5、k_6——弯矩系数；

　　　k_3、k_4、k_7、k_8——剪力系数。

（2）内力包络图。求出了支座截面和跨内截面的最大弯矩值、最大剪力值后，就可进行截面设计。但这只能确定支座截面和跨内的配筋，而不能确定钢筋在跨内的变化情况，如上部纵向钢筋的切断与下部纵向钢筋的弯起，为此就需要知道每一跨内其他截面最大弯矩和最大剪力的变化情况，即内力包络图。

内力包络图由内力叠合图形的外包线构成。现以承受均布线荷载的五跨连续梁的弯矩包络图来说明。根据活荷载的不同布置情况，每跨都可以画出 4 个弯矩图形，分别对应于跨内最大正弯矩、跨内最小正弯矩（或负弯矩）和左、右支座截面的最大负弯矩。当端支座是简支时，边跨只能画出 3 个弯矩图形。把这些弯矩图形全部叠画在一起，就是弯矩叠合图形。弯矩叠合图形的外包线所对应的弯矩值代表了各截面可能出现的弯矩上、下限，如图 9-15（a）所示。由弯矩叠合图形外包线所构成的弯矩图，称为弯矩包络图，即图 9-15（a）中右半部分所示。

同理可画出剪力包络图，如图 9-15（b）所示。剪力叠合图形可只画两个，即左支座最大剪力和右支座最大剪力。

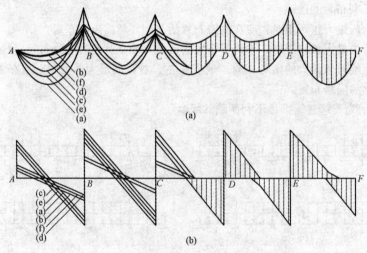

图 9-15　五跨连续梁均布荷载内力包络图

(a)弯矩包络图；(b)剪力包络图

（3）支座弯矩和剪力设计值。按弹性理论计算连续梁内力时，中间跨的计算跨度取为支座中心线间的距离，故所求得的支座弯矩和支座剪力都是指支座中心线的。实际上，正截面受弯承载力和斜截面承载力的控制截面应在支座边缘，内力设计值应以支座边缘截面为准，故取：

弯矩设计值
$$M=M_c-V_0 \cdot \frac{b}{2} \tag{9-5}$$

剪力设计值

均布荷载 $$V = V_c - (g+q) \cdot \frac{b}{2} \qquad (9\text{-}6)$$

集中荷载 $$V = V_c \qquad (9\text{-}7)$$

式中 M_c，V_c——支承中心处的弯矩、剪力设计值；

V_0——按简支梁计算的支座剪力设计值（取绝对值）；

b——支座宽度。

(4)弹性理论的适用范围。通常在下列情况下，应按弹性理论方法进行设计：

1)直接承受动力荷载作用的构件；

2)要求不出现裂缝或处于侵蚀环境等情况下的构件；

3)处于重要部位而又要求有较大承载力储备的构件，如肋梁楼盖中的主梁一般按弹性理论设计；

4)采用无明显屈服台阶钢材配筋的构件。

2. 按塑性内力重分布计算

根据钢筋混凝土弹塑性材料的性质，必须考虑其塑性变形内力重分布。

(1)混凝土受弯构件的塑性铰。为了简便，先以简支梁来说明。图 9-16(a)所示为简支梁跨中作用集中荷载在不同荷载值下的弯矩图；图 9-16(b)所示为混凝土受弯构件截面的 M-ϕ 曲线；图 9-16(c)所示为简支梁跨中作用集中荷载在不同荷载值下的弯矩图。图中，M_y 是受拉钢筋刚屈服时的截面弯矩，M_u 是极限弯矩，即截面受弯承载力；φ_y、φ_u 是对应的截面曲率。在破坏阶段，由于受拉钢筋已屈服，塑性应变增大而钢筋应力维持不变。随着截面受压区高度的减小，内力臂略有增大，截面的弯矩也有所增加，但弯矩的增量$(M_u$-$M_y)$不大，而截面曲率的增值$(\varphi_u$、$\varphi_y)$很大，在 M-φ 图上大致是一条水平线。这样，在弯矩基本维持不变的情况下，截面曲率激增，形成了一个能转动的"铰"，这种铰称为塑性铰。

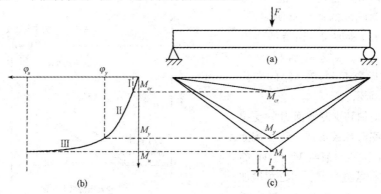

图 9-16 塑性铰的形成

(a)跨中有集中荷载作用的简支梁；(b)跨中正截面的 M-φ 曲线；(c)弯矩图

在跨中截面弯矩从 M_y 发展到 M_u 的过程中，与它相邻的一些截面也进入"屈服"产生塑性转动。在图 9-16(c)中，$M \geqslant M_y$ 的部分是塑性铰的区域(由于钢筋与混凝土间粘结力的局部破坏，实际的塑性铰区域更大)。通常，把这一塑性变形集中产生的区域理想化为集中一个截面上的塑性铰，该范围称为塑性铰长度 l_p，所产生的转角称为塑性铰的转角 θ_p。

由此可见，塑性铰在破坏阶段开始时形成，它是有一定长度的，它能承受一定的弯矩，并在弯矩作用方向转动，直至截面破坏。

塑性铰有钢筋铰和混凝土铰两种。对于配置具有明显屈服点钢筋的适筋梁，塑性铰形成的起因是受拉钢筋先屈服，故称为钢筋铰。当截面配筋率大于界限配筋率，此时钢筋不会屈服，转动主要由受压区混凝土的非弹性变形引起，故称为混凝土铰。它的转动量很小，截面破坏突然。混凝土铰大都出现在受弯构件的超筋截面或小偏心受压构件中，钢筋铰则出现在受弯构件的适筋截面或大偏心受压构件中。

显然，在混凝土静定结构中，塑性铰的出现就意味着承载能力的丧失，是不允许的，但在超静定混凝土结构中，不会把结构变成几何可变体系的塑性铰是允许的。为了保证结构具有足够的变形能力，塑性铰应设计成转动能力大、延性好的钢筋铰。

（2）内力重分布的过程。图 9-17（a）所示为跨中受集中荷载的两跨连续梁，假定支座截面和跨内截面的截面尺寸和配筋相同。梁的受力全过程大致可以分为三个阶段：

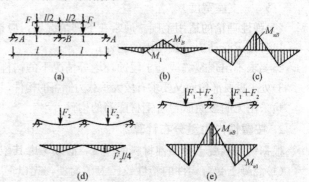

1）当集中力 F_1 很小时，混凝土尚未开裂，梁各部分的截面弯曲刚度的比值未改变，结构接近弹性体系，弯矩分布由弹性理论确定，如图 9-17（b）所示。

2）由于支座截面的弯矩最大，随着荷载增大，中间支座（截面 B）受拉区混凝土先开裂，截面弯曲刚度降低，但跨内截面 1 尚未开裂。由于支座与跨内截面弯曲刚度的比值降低，致使支座截面弯矩 M_B 的增长率低于跨内弯矩 M_1 的增长率。继续加载，当截面 1 也出现裂缝时，截面抗弯刚度的比值有所回升，M_B 的增长率也有所加快。两者的弯矩比值不断发生变化。支座和跨内截面在混凝土开裂前后弯矩 M_B 和 M_1 的变化情况如图 9-18 所示。

3）当荷载增加到支座截面 B 的受拉钢筋屈服，支座塑性铰形成，塑性铰能承受的弯矩为 M_{uB}（此处忽略 M_u 与 M_y 的差别），相应的荷载值为 F_1。再继续增加荷载，梁从一次超静定的连续梁转变成了两根简支梁。由于跨内截面承载力尚未耗尽，因此还可以继续增加荷载，直至跨内截面 1 也出现塑性铰，梁成为几

图 9-17　梁上弯矩分布及破坏机构形成
（a）在跨中截面 1 处作用 F_1 的两跨连续梁；
（b）按弹性理论的弯矩图；
（c）支座截面 B 达到 M_{uB} 时的弯矩图；
（d）B 支座出现塑性铰后在新增加的 F_2 作用下的弯矩图；
（e）截面 1 出现塑性铰时梁的变形及其弯矩图

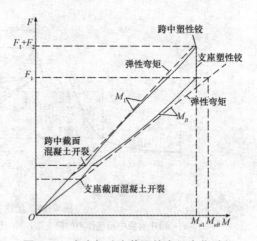

图 9-18　支座与跨中截面的弯矩变化过程

何可变体系而破坏。设后加的那部分荷载为 F_2，则梁承受的总荷载 $F=F_1+F_2$。

在 F_2 作用下，应按简支梁来计算跨内弯矩，此时支座弯矩不增加，维持在 M_{uB}，故在图 9-18 中 M_{uB} 出现了竖直段。若按弹性理论计算，M_B 和 M_1 的大小始终与外荷载呈线性关系，在 $M-F$ 图上应为两条虚直线，但梁的实际弯矩分布却如图 9-18 中实线所示，即出现了内力重分布。

由上述分析可知，超静定钢筋混凝土结构的内力重分布可概括为两个过程：第一个过程发生在受拉混凝土开裂到第一个塑性铰形成之前，主要是由于结构各部分弯曲刚度比值的改变而引起的内力重分布；第二个过程发生于第一个塑性铰形成以后直到结构破坏，由于结构计算简图的改变而引起的内力重分布。显然，第二个过程的内力重分布比第一个过程显著得多。严格

地说，第一个过程称为弹塑性内力重分布，第二个过程称为塑性内力重分布。

（3）内力重分布的适用范围和影响因素。按塑性理论方法计算，较之按弹性理论计算能节省材料，改善配筋，计算结果更符合结构的实际工作情况。故对于结构体系布置规则的连续梁、板的承载力计算，宜尽量采用这种计算方法。

内力重分布需考虑以下三个因素：

1）塑性铰的转动能力。塑性铰的转动能力主要取决于纵向钢筋的配筋率、钢材的品种和混凝土的极限压应变值。

2）斜截面承载能力。要想实现预期的内力重分布，其前提条件之一是在破坏机构形成前，不能发生因斜截面承载力不足而引起的破坏，否则将阻碍内力重分布继续进行。

3）正常使用条件。在考虑内力重分布时，应对塑性铰的允许转动量予以控制，也就是要控制内力重分布的幅度。一般要求，在正常使用阶段不应出现塑性铰。

三、弯矩调幅

1. 弯矩调幅的概念、设计原则及步骤

弯矩调幅法是一种实用设计方法，它把连续梁、板按弹性理论算得的弯矩值和剪力值进行适当的调整，通常是对那些弯矩绝对值较大的截面弯矩进行调整，然后按调整后的内力进行截面设计。

截面弯矩的调整幅度用弯矩调幅系数 β 来表示，即

$$\beta = \frac{M_e - M_a}{M_e} \tag{9-8}$$

式中　M_e——按弹性理论算得的弯矩值；

M_a——调幅后的弯矩值。

综合考虑影响内力重分布的因素后，一般采用下列设计原则：对弯矩调幅后引起结构内力图形和正常使用状态的变化，应进行验算，或有构造措施加以保证；受力钢筋宜采用HRB335 级、HRB400 级热轧带肋钢筋，混凝土强度等级宜为 C20～C45；截面的相对受压区高度 ξ 应满足 $0.10 \leqslant \xi \leqslant 0.35$。

调幅法按下列步骤进行：

（1）用线弹性方法计算，并确定荷载最不利布置下的结构控制截面的弯矩最大值 M_e。

（2）采用调幅系数 β 降低各支座截面弯矩，即设计值按下式计算：

$$M = (1 - \beta) M_e \tag{9-9}$$

式中，β 值不宜超过 0.2。

（3）结构的跨中截面弯矩值应取弹性分析所得的最不利弯矩和按下式计算值中的较大值：

$$M = 1.02 M_0 - \frac{1}{2}(M^l + M^r) \tag{9-10}$$

式中　M_0——按简支梁计算的跨中弯矩设计值；

M^l，M^r——连续梁或连续单向板的左、右支座截面弯矩调幅后的设计值。

（4）调幅后，支座和跨中截面的弯矩值均应不小于 M_0 的 1/3。

（5）各控制截面的剪力设计值按荷载最不利布置和调幅后的支座弯矩由静力平衡条件计算确定。

2. 用调幅法计算等跨连续梁、板

（1）计算等跨连续梁。在相等均布荷载和间距相同、大小相等的集中荷载作用下，等跨连续梁各跨跨中和支座截面的弯矩设计值 M 可分别按下列公式计算：

承受均布荷载

$$M = \alpha_m (g + q) l_0^2 \tag{9-11}$$

承受集中荷载

$$M = \eta \alpha_m (G+Q) l_0 \tag{9-12}$$

式中　g——沿梁单位长度上的恒荷载设计值；

q——沿梁单位长度上的活荷载设计值；

G——一个集中恒荷载设计值；

Q——一个集中活荷载设计值；

α_m——连续梁考虑塑性内力重分布的弯矩计算系数，按表 9-5 采用；

η——集中荷载修正系数，按表 9-6 采用；

l_0——梁的计算跨度，按表 9-7 采用。

在均布荷载和间距相同、大小相等的集中荷载作用下，等跨连续梁支座边缘的剪力设计值 V 可分别按下列公式计算：

均布荷载

$$V = \alpha_v (g+q) l_n \tag{9-13}$$

集中荷载

$$V = \alpha_v n (G+Q) \tag{9-14}$$

式中　α_v——考虑塑性内力重分布的剪力计算系数，按表 9-8 采用；

l_n——净跨度；

n——跨内集中荷载的个数。

(2)计算等跨连续板。承受均布荷载的等跨连续单向板，各跨跨中及支座截面的弯矩设计值 M 可按下式计算：

$$M = \alpha_m (g+q) l_0^2 \tag{9-15}$$

式中　g, q——沿板跨单位长度上的恒荷载设计值、活荷载设计值。

表 9-5　连续梁和连续单向板考虑塑性内力重分布的弯矩计算系数 α_m

支承情况		截面位置					
		端支座	边跨跨中	离端第二支座	离端第二跨跨中	中间支座	中间跨跨中
		A	I	B	II	C	III
梁、板搁置在墙上		0	1/11	两跨连续： −1/10 三跨以上 连续： −1/11	1/16	−1/14	1/16
板	与梁整浇 连接	−1/16	1/14				
梁		−1/24					
梁与柱整浇连接		−1/16	1/14				

注：1. 表中系数适用于荷载比 $q/g > 0.3$ 的等跨连续梁和连续单向板；

2. 连续梁或连续单向板的各跨长度不等，但相邻两跨的长跨与短跨的比值小于 1.10 时，仍可采用表中弯矩系数值。计算支座弯矩时应取相邻两跨中的较长跨度值，计算跨中弯矩时应取本跨长度。

表 9-6　集中荷载修正系数 η

荷载情况	截面					
	A	I	B	II	C	III
当在跨中中点处作用一个集中荷载时	1.5	2.2	1.5	2.7	1.6	2.7
当在跨中三分点处作用两个集中荷载时	2.7	3.0	2.7	3.0	2.9	3.0
当在跨中四分点处作用三个集中荷载时	3.8	4.1	3.8	4.5	4.0	4.8

表 9-7　梁、板的计算跨度 l_0

支承情况	计　算　跨　度	
	梁	板
两端与梁(柱)整体连接	净跨 l_n	净跨 l_n
两端支承在砖墙上	$1.05l_n$ 且 $\leq l_n+b$	l_n+h 且 $\leq l_n+a$
一端与梁(柱)整体连接,另一端支承在砖墙上	$1.025l_n$ 且 $\leq l_n+b/2$	$l_n+h/2$ 且 $\leq l_n+a/2$

注：b 为梁的支承宽度，a 为板的搁置长度，h 为板厚。

表 9-8　连续梁考虑塑性内力重分布的剪力计算系数 α_v

支承情况	截　面　位　置				
	A 支座内侧 A_{in}	离端第二支座		中间支座	
		外侧 B_{ex}	内侧 B_{in}	外侧 C_{ex}	内侧 C_{in}
搁置在墙上	0.45	0.60	0.55	0.55	0.55
与梁或柱整体连接	0.50	0.55			

3. 用调幅法计算不等跨连续梁、板

相邻两跨的长跨与短跨之比小于 1.10 的不等跨连续梁、板，在均布荷载或间距相同、大小相等的集中荷载作用下，各跨跨中及支座截面的弯矩设计值和剪力设计值仍可按上述等跨连续梁、板的规定确定。对于不满足上述条件的不等跨连续梁、板或各跨荷载值相差较大的等跨连续梁、板，现行规范提出了简化方法，可分别按下列步骤进行计算：

(1)计算不等跨连续梁。

1)按荷载的最不利布置，用弹性理论分别求出连续梁各控制截面的弯矩最大值 M_e。

2)在弹性弯矩的基础上，降低各支座截面的弯矩，其调幅系数 β 不宜超过 0.2；在进行正截面受弯承载力计算时，连续梁各支座截面的弯矩设计值可按下列公式计算：

当连续梁搁置在墙上时

$$M=(1-\beta)M_e \tag{9-16}$$

当连续梁两端与梁或柱整体连接时

$$M=(1-\beta)M_e-\frac{V_0 b}{3} \tag{9-17}$$

式中　V_0——按简支梁计算的支座剪力设计值；

　　　b——支座宽度。

3)连续梁各跨中截面的弯矩不宜调整，其弯矩设计值取考虑荷载最不利布置并按弹性理论求得的最不利弯矩值和按式(9-10)算得的弯矩之间的较大值。

4)连续梁各控制截面的剪力设计值，可按荷载最不利布置，根据调整后的支座弯矩用静力平衡条件计算，也可近似取考虑活荷载最不利布置按弹性理论算得的剪力值。

(2)计算不等跨连续板。

1)从较大跨度板开始，在下列范围内选定跨中的弯矩设计值：

边跨

$$\frac{(g+q)l_0^2}{14}\leq M\leq\frac{(g+q)l_0^2}{11} \tag{9-18}$$

中间跨

$$\frac{(g+q)l_0^2}{20}\leq M\leq\frac{(g+q)l_0^2}{16} \tag{9-19}$$

2)按照所选定的跨中弯矩设计值，由静力平衡条件来确定较大跨度的两端支座弯矩设计值，

再以此支座弯矩设计值为已知值，重复上述条件和步骤，确定邻跨的跨中弯矩和相邻支座的弯矩设计值。

四、梁和板的配筋计算

(1)通过内力根据正截面抗弯承载力计算，确定各跨跨中及各支座截面的配筋。板在一般情况下，能满足斜截面受剪承载力要求，设计时不进行受剪承载力计算。

(2)连续次梁、主梁在进行正截面承载力计算时，板可作为梁的翼缘，因此，在跨中正弯矩作用区段，板处在梁的受压区，梁应按 T 形截面计算。而在支座附近(或跨中)的负弯矩作用区段，板处在梁的受拉区，梁应按矩形截面计算。

(3)在进行主梁支座截面承载力计算时，应根据主梁负弯矩纵筋的实际位置来确定截面的有效高度 h_0，如图 9-19 所示。由于在主梁支座处，次梁与主梁负弯矩钢筋相互交叉重叠，而主梁钢筋一般均在次梁钢筋下面，主梁支座截面 h_0 应较一般次梁取值低，具体为(对一类环境)：

当为单排钢筋时 $\qquad\qquad\qquad h_0 = h - (50 \sim 60)\text{mm}$

当为双排钢筋时 $\qquad\qquad\qquad h_0 = h - (70 \sim 80)\text{mm}$

(4)次梁内力可按塑性理论方法计算，而主梁内力则应按弹性理论方法计算。

(5)附加横向钢筋应布置在长度 $s = 2h_1 + 3b$ 的范围内(图 9-20)，以便能充分发挥作用。附加横向钢筋可采用附加箍筋和吊筋，宜优先采用附加箍筋。附加箍筋和吊筋的总截面面积按下式计算：

$$F_l \leqslant 2f_y A_b \sin\alpha + mn f_{yv} A_{sv1} \tag{9-20}$$

式中　F_l——由次梁传递的集中力设计值；

　　　f_y——吊筋的抗拉强度设计值；

　　　f_{yv}——附加箍筋的抗拉强度设计值；

　　　A_b——一根吊筋的截面面积；

　　　A_{sv1}——单肢箍筋的截面面积；

　　　m——附加箍筋的排数；

　　　n——在同一截面内附加箍筋的肢数；

　　　α——吊筋与梁轴线间的夹角。

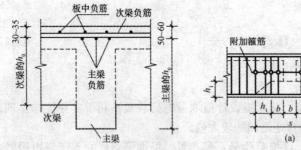

图 9-19　板、次梁、主梁负筋相对位置　　　　图 9-20　附加横向钢筋布置
(a)附加箍筋；(b)吊筋

五、整体式单向板楼盖结构设计实例

某多层厂房的建筑平面如图 9-21 所示，环境类别为一类，楼梯设置在旁边的附属房屋内。楼面均布可变荷载标准值为 8 kN/m^2，楼盖采用现浇钢筋混凝土单向板肋梁楼盖。进行楼盖设计，其中板、次梁按考虑塑性内力重分布设计，主梁按弹性理论设计。

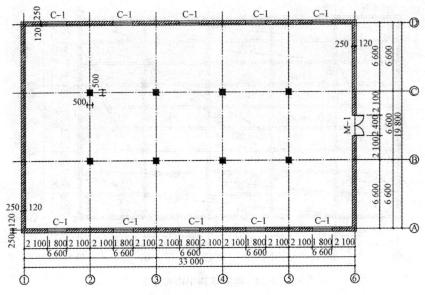

图 9-21 楼盖建筑平面图

1. 设计资料

(1)楼面做法：水磨石面层，钢筋混凝土现浇板，20 mm 石灰砂浆抹底。

(2)材料：混凝土强度等级 C30，梁、板受力钢筋采用 HRB400 级钢筋，梁箍筋采用 HRB335 级钢筋。

2. 楼盖的结构平面布置

主梁沿横向布置，次梁沿纵向布置，主梁的跨度为 6.6 m，次梁的跨度为 6.6 m，主梁每跨内布置 2 根次梁，板的跨度为 2.2 m，$l_{01}/l_{02}=6.6/2.2=3$，因此按单向板设计。

按跨高比条件要求板厚 $h \geqslant 2\ 200/30=73$ mm，对工业建筑的楼盖板，要求 $h \geqslant 80$ mm，取板厚 $h=80$ mm。

次梁截面高度应满足 $h=l_0/18 \sim l_0/12=6\ 600/18 \sim 6\ 600/12=367 \sim 550$ mm，考虑到楼面可变荷载比较大，取 $h=500$ mm。截面宽度取 $b=200$ mm。

主梁截面高度应满足 $h=l_0/15 \sim l_0/10=6\ 600/15 \sim 6\ 600/10=440 \sim 660$ mm，取 $h=650$ mm。截面宽度取 $b=300$ mm。

楼盖结构平面布置如图 9-22 所示。

3. 板的设计

已如前述，轴线①~②、⑤~⑥的板属于边区格单向板；轴线②~⑤的板(除边跨外)属于中间区格单向板。

(1)荷载。

板的永久荷载标准值

水磨石层面	0.65 kN/m^2
80 mm 钢筋混凝土板	0.08×25=2(kN/m^2)
20 mm 石灰砂浆	0.02×17=0.34(kN/m^2)

小计	2.99 kN/m^2
板的可变荷载标准值	8 kN/m^2

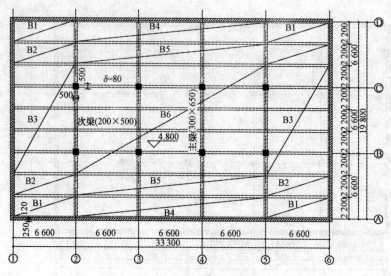

图 9-22　楼盖结构平面布置图

永久荷载分项系数取 1.2；因楼面可变荷载标准值大于 $4.0\ \text{kN/m}^2$，所以可变荷载分项系数应取 1.3。于是板：

永久荷载设计值　　　　　　　　　　　　　　　　$g=2.99\times1.2=3.59(\text{kN/m}^2)$

可变荷载设计值　　　　　　　　　　　　　　　　$q=8\times1.3=10.4(\text{kN/m}^2)$

荷载总设计值　　　　　　$g+q=13.99(\text{kN/m}^2)(\text{近似取为})g+q=14\ \text{kN/m}^2$

(2)计算简图。次梁截面为 200 mm×500 mm，现浇板在墙上的支承长度不小于 100 mm，取板在墙上的支承长度为 120 mm。按塑性内力重分布方法计算内力，板的计算跨度：

边跨

$$l_0=l_n+\frac{h}{2}=2\,200-100-120+80/2=2\,020(\text{mm})<$$

$$l_n+\frac{a}{2}=2\,200-100-120+120/2=2\,040(\text{mm})$$

取 $l_0=2\,020(\text{mm})$

中间跨　　　　　　　　$l_0=l_n=2\,200-200=2\,000(\text{mm})$

因跨度相差小于 10%，可按等跨度连续板计算。取 1 m 宽板带作为计算单元，计算简图如图 9-23 所示。

(3)弯矩设计值。由表 9-5 可查得，板的弯矩系数 α_m 分别为：边跨跨中，1/11；中间支座，−1/14；中间跨跨中，1/16；中间支座，−1/14。故

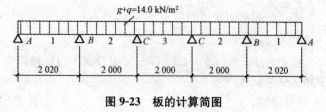

图 9-23　板的计算简图

$$M_1=-M_B=\frac{(g+q)l_{01}^2}{11}=\frac{14.0\times2.02^2}{11}=5.19(\text{kN}\cdot\text{m})$$

$$M_C=\frac{-(g+q)l_{01}^2}{14}=\frac{-14.0\times2.0^2}{14}=4.00(\text{kN}\cdot\text{m})$$

$$M_2=M_3=\frac{(g+q)l_{01}^2}{16}=\frac{14.0\times2.0^2}{16}=3.50(\text{kN}\cdot\text{m})$$

这是对端区单向板而言的，对于中间区格单向板，M_C 和 M_2 以及 M_3 应乘以 0.8，分别为

$$M_C = 0.8 \times (-4.0) = -3.2 (\text{kN} \cdot \text{m}); \quad M_2 = M_3 = 0.8 \times 3.5 = 2.8 (\text{kN} \cdot \text{m})$$

（4）正截面受弯承载力计算。

环境类别一级，C30 混凝土，板的最小保护层厚度 $c=15$ mm。板厚 80 mm，$h_0=80-20=60$ mm；板宽 $b=1\,000$ mm；C30 混凝土，$\alpha_1=1.0$，$f_c=14.3$ N/mm²；HRB400 钢筋，$f_y=360$ N/mm²。板配筋的计算过程见表 9-9。

表 9-9　板的配筋计算

截面		1	B	2(3)	C
弯矩设计值/(kN·m)		5.19	−5.19	3.50	−4.00
$\alpha_s = M/(\alpha_1 f_c b h_0^2)$		0.101	0.101	0.068	0.078
$\xi = 1 - \sqrt{1-2\alpha_s}$		0.106	0.106	0.070	0.081
轴线 ①～②、 ⑤～⑥	计算配筋/mm² $A_s = \xi b h_0 \alpha_1 f_c / f_y$	253.8	253.8	168.0	193.0
	实际配筋/mm²	$\Phi8@190$ $A_s=265$	$\Phi8@190$ $A_s=265$	$\Phi8@190$ $A_s=265$	$\Phi6/8@190$ $A_s=207$
轴线 ②～⑤	计算配筋/mm² $A_s = \xi b h_0 \alpha_1 f_c / f_y$	256.9	256.9	0.8×169.3=135.4	0.8×194.7=55.8
	实际配筋/mm²	$\Phi8@190$ $A_s=265$	$\Phi8@190$ $A_s=265$	$\Phi8@190$ $A_s=265$	$\Phi6@150$ $A_s=189$
注：对轴线②～⑤间的板带，其跨内截面 2、3 和支座截面的弯矩设计值都可以折减 20%。为了方便，近似对钢筋乘 0.8。					

计算结果表明，支座截面的 ξ 均小于 0.35，符合塑性内力重分布的要求，$A_s/bh = 189/(1\,000 \times 80) \times 100\% = 0.24\%$，此值大于 $0.45 f_t/f_y = 0.45 \times 1.43/360 \times 100\% = 0.18\%$，同时大于 0.2%，满足最小配筋率的要求。

4. 次梁设计

按考虑塑性内力重分布方法计算内力。根据车间楼盖的实际使用情况。楼盖的次梁和主梁的可变荷载不考虑梁从属面积的荷载折减。

（1）荷载设计值。

永久荷载设计值	
板传来永久荷载	$3.59 \times 2.2 = 7.90 (\text{kN/m})$
次梁自重	$0.2 \times (0.5-0.08) \times 25 \times 1.2 = 2.52 (\text{kN/m})$
次梁粉刷	$0.02 \times (0.5-0.08) \times 2 \times 17 \times 1.2 = 0.34 (\text{kN/m})$

小计	$g = 10.76$ kN/m
可变荷载设计值	$q = 10.4 \times 2.2 = 22.88 (\text{kN/m})$
荷载总设计值	$g+q = 33.64$ kN/m

（2）计算简图。次梁在砖墙上的支承长度为 240 mm，主梁截面为 300 mm×650 mm，计算跨度：

边跨

$$l_0 = l_n + a/2 = 6\,600 - 120 - 300/2 + 240/2 = 6\,450 (\text{mm}) < 1.025 l_n = 1.025 \times 6\,330 = 6\,488 (\text{mm})$$

取 $l_0 = 6\,450 (\text{mm})$

中间跨　　　　　　　　$l_0 = l_n = 6\,600 - 300 = 6\,300 (\text{mm})$

因跨度相差小于 10%，可按等跨连续梁计算。次梁的计算简图如图 9-24 所示。

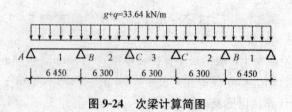

图 9-24　次梁计算简图

（3）内力计算。由表 9-5、表 9-8，可分别查得弯矩系数和剪力系数。

弯矩设计值：

$$M_1 = -M_B = \frac{(g+q)l_{01}^2}{11} = \frac{33.64 \times 6.45^2}{11} = 127.23 (\text{kN} \cdot \text{m})$$

$$M_2 = M_3 = \frac{(g+q)l_{01}^2}{16} = \frac{33.64 \times 6.3^2}{16} = 83.45 (\text{kN} \cdot \text{m})$$

$$M_C = -\frac{(g+q)l_{01}^2}{14} = -\frac{33.64 \times 6.3^2}{14} = -95.37 (\text{kN} \cdot \text{m})$$

剪力设计值：

$$V_A = 0.45(g+q)l_{n1} = 0.45 \times 33.64 \times 6.33 = 95.82 (\text{kN} \cdot \text{m})$$

$$V_{B_{\text{左}}} = 0.60(g+q)l_{n1} = 0.60 \times 33.64 \times 6.33 = 127.76 (\text{kN} \cdot \text{m})$$

$$V_{B_{\text{右}}} = V_C = 0.55(g+q)l_{n2} = 0.55 \times 33.64 \times 6.3 = 116.56 (\text{kN} \cdot \text{m})$$

（4）承载力计算。

1）正截面受弯承载力。正截面受弯承载力计算时，跨内按 T 形截面计算，翼缘宽度取 $b_f' = l/3 = 6\,600/3 = 2\,200(\text{mm})$，又 $b_f' = b + s_n = 200 + 2\,000 = 2\,200(\text{mm})$，故取 $b_f' = 2\,200$ mm。除支座 B 截面纵向钢筋按两排布置外，其余截面布置一排。

环境类别为一级，强度等级为 C30 的混凝土，梁的混凝土最小保护层厚度为 20 mm，假定箍筋直径为 10 mm。当仅布置一排纵筋时，可取 $h_0 = 500 - 20 - 10 - 20/2 = 460(\text{mm})$；布置两排钢筋时，可取 $h_0 = 500 - 20 - 10 - 20/2 - 25 = 435(\text{mm})$。

C30 混凝土，$a_1 = 1.0$，$\beta_c = 1$，$f_c = 14.3 \text{ N/mm}^2$，$f_t = 1.43 \text{ N/mm}^2$；纵向钢筋采用 HRB400 级钢筋，$f_y = 360 \text{ N/mm}^2$，箍筋采用 HRB335 级钢筋，$f_{yv} = 300 \text{ N/mm}^2$，正截面承载力计算公式列于表 9-10 中。经判别，跨内截面均属于第一类 T 形截面。

表 9-10　次梁正截面受弯承载力计算

截面	1	B	2、3	C
弯矩设计值/(kN·m)	127.23	−127.23	83.45	−95.37
$\alpha = M/(\alpha f_c bh_0^2)$ 或 $\alpha = M/(\alpha f_c b_f' h_0^2)$	0.019	0.230	0.012	0.154
$\xi = 1 - \sqrt{1-2\alpha_s}$	0.019	0.265<0.35	0.012	0.168<0.35
$A_s = \xi bh_0 \alpha f_c/f_y$ 或 $A_s = \xi b_f' h_0 \alpha f_c/f_y$	767.3	925.8	501.6	622.1
选定钢筋/mm²	2Φ18+1Φ18(弯) $A_s=763$	3Φ18+1Φ16(弯) $A_s=964$	2Φ14+1Φ16(弯) $A_s=509$	2Φ16+1Φ16(弯) $A_s=603$

计算结果表明，支座截面的 ξ 均小于 0.35，符合塑性内力重分布的要求。

$\dfrac{A_s}{bh_0} = \dfrac{509}{200 \times 500} = 0.51\%$，此值大于 $0.45f_t/f_y = 0.45 \times 1.43/360 = 0.18\%$，同时大于

0.2%，满足最小配筋率的要求。

2)斜截面受剪承载力。斜截面受剪承载力计算包括：截面尺寸的复核、腹筋计算和最小配筋率验算。验算截面尺寸：

$h_w = h_0 - h_f' = 440 - 80 = 360(\text{mm})$，因 $h_w/b = 360/200 = 1.8 < 4$，截面尺寸按下式验算：

$0.25\beta_c f_c b h_c = 0.25 \times 1 \times 14.3 \times 200 \times 435 = 311.03 \times 10^3(\text{N}) > V_{\max} = 127.76 \text{ kN}$

截面尺寸满足要求。

计算所需腹筋。

采用 $\Phi 6$ 双肢箍筋，计算支座 B 左侧截面。$V_{cs} = 0.7 f_t b h_0 + 1.0 f_{yv} \dfrac{A_{sv}}{s} h_0$，可得到箍筋间距

$$s = \frac{1.0 f_{yv} A_{sv} h_0}{V_{B左} - 0.7 f_t b h_0} = \frac{1.0 \times 300 \times 56.6 \times 440}{127.76 \times 10^3 - 0.7 \times 1.43 \times 200 \times 440} = 188.32(\text{mm})$$

调幅后受剪承载力应加强，梁局部范围内将计算的箍筋面积增加 20% 或箍筋间距减小 20%。现调整箍筋间距，$s = 0.8 \times 188.32 = 150.69(\text{mm})$，最后取箍筋间距 $s = 150 \text{ mm}$。为方便施工，沿梁长不变。

验算配筋率下限值：

弯矩调幅时要求的配筋率下限为 $0.36 f_t / f_{yv} = 0.36 \times 1.43/300 = 0.17\%$，实际配筋率 $\rho_{sv} = A_{sv}/(bs) = 56.6/(200 \times 150) = 0.19\% > 0.17\%$，满足要求。

5. 主梁设计

主梁按弹性方法计算内力。

(1)荷载设计值。

为简化计算，将主梁自重等效为集中荷载

次梁传来的永久荷载 $\qquad\qquad\qquad\qquad\qquad$ $10.75 \times 6.6 = 71.02(\text{kN})$

主梁自重(含粉刷)

$[(0.65 - 0.08) \times 0.3 \times 2.2 \times 25 + 2 \times (0.65 - 0.08) \times 0.02 \times 2.2 \times 17] \times 1.2 = 12.31(\text{kN})$

永久荷载设计值 $\qquad\qquad\qquad\qquad\qquad$ $G = 71.02 + 12.31 = 83.26(\text{kN})$ 取 $G = 83\text{kN}$

可变荷载设计值 $\qquad\qquad\qquad\qquad\qquad$ $Q = 22.88 \times 6.6 = 151(\text{kN})$

(2)计算简图。

主梁按连续梁计算，端部支承在砖墙上，支承长度为 370 mm，中间支承在 400 mm×400 mm 的混凝土柱上。其计算跨度

边跨 $l_0 = 6\ 600 - 120 - 120 = 6\ 280(\text{mm})$，因 $0.025 l_n = 157 \text{ mm} < a/2 = 185 \text{ mm}$，取

$l_0 = 1.025 l_n + b/2 = 1.025 \times 6\ 280 + 400/2 = 6\ 637(\text{mm})$，近似取 $l_0 = 6640 \text{ mm}$。

中跨 $l_0 = 6\ 600 \text{ mm}$

主梁的计算简图如图 9-25 所示。因跨度相差不超过 10%，故计算内力。

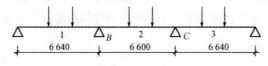

图 9-25　主梁计算简图

(3)内力设计值及包络图。

1)根据附录 9 计算弯矩、剪力设计值。

弯矩设计值 $\qquad\qquad\qquad\qquad\qquad$ $M = k_1 G l_0 + k_2 Q l_0$

式中，系数 k_1、k_2 由附表9相应栏内查得。

$$M_{1,\max}=0.244\times83\times6.64+0.289\times151\times6.64=134.47+289.76=424.23(\text{kN})$$

$$M_{B,\max}=-0.267\times83\times6.64-0.311\times151\times6.64=-147.15-311.82=-458.97(\text{kN})$$

$$M_{2,\max}=0.067\times83\times6.60+0.200\times151\times6.60=36.70+199.32=236.023(\text{kN})$$

剪力设计值 $\qquad\qquad\qquad V=k_3G+k_4Q$

式中，系数 k_3、k_4 由附表9相应栏内查得。

$$V_{A,\max}=0.733\times83+0.866\times151=60.84+130.77=191.61(\text{kN})$$

$$V_{B1,\max}=-1.267\times83-1.311\times151=-105.16-197.96=-303.12(\text{kN})$$

$$V_{Br,\max}=1.0\times83+1.222\times151=83.00+184.52=267.52(\text{kN})$$

2)绘制弯矩、剪力包络图。

弯矩包络图：

①第1、3跨有可变荷载，第2跨没有可变荷载：

由附表9可知，支座 B 或 C 的弯矩值为

$$M_B=M_C=-0.267\times83\times6.64-0.133\times151\times6.64=-280.50(\text{kN})$$

第1跨内以支座弯矩 $M_A=0$，$M_B=-280.50\ \text{kN}\cdot\text{m}$ 的连线为基线，作 $G=83\ \text{kN}$，$Q=151\ \text{kN}$ 的简支梁弯矩图，得第1个集中荷载和第2个集中荷载作用点处弯矩值分别为

$$\frac{1}{3}(G+Q)l_0+\frac{M_B}{3}=\frac{1}{3}\times(83+151)\times6.64-\frac{280.50}{3}=424.50(\text{kN}\cdot\text{m})(\text{与前面计算的 }M_{1,\max}=$$

$424.23\ \text{kN}\cdot\text{m}$ 接近)

$$\frac{1}{3}(G+Q)l_0+\frac{2M_B}{3}=\frac{1}{3}\times(83+151)\times6.64-\frac{280.50\times2}{3}=330.92(\text{kN}\cdot\text{m})$$

在第2跨内以支座弯矩 $M_B=-280.50\ \text{kN}\cdot\text{m}$，$M_C=-280.50\ \text{kN}\cdot\text{m}$ 的连线为基线，作 $G=85\ \text{kN}$，$Q=0$ 的简支弯矩图，得集中荷载作用点处的弯矩值

$$\frac{1}{3}Gl_0+M_B=\frac{1}{3}\times83\times6.60-280.50=-97.90(\text{kN}\cdot\text{m})$$

②第1、2跨有可变荷载，第3跨没有可变荷载：

第1跨内：在第1跨内以支座弯矩 $M_A=0$，$M_B=-458.97\ \text{kN}\cdot\text{m}$ 的连线为基线，作 $G=83\ \text{kN}$，$Q=151\ \text{kN}$ 的简支梁弯矩图，得第1个集中荷载和第2个集中荷载作用点处弯矩值分别为

$$\frac{1}{3}\times(83+151)\times6.64-\frac{458.97}{3}=364.93(\text{kN}\cdot\text{m})$$

$$\frac{1}{3}\times(83+151)\times6.64-\frac{458.97\times2}{3}=211.94(\text{kN}\cdot\text{m})$$

在第2跨内：$M_C=-0.267\times83\times6.60-0.089\times151\times6.60=-234.96(\text{kN}\cdot\text{m})$。以支座弯矩 $M_B=-458.97\ \text{kN}\cdot\text{m}$，$M_C=-234.96\ \text{kN}\cdot\text{m}$ 的连线为基线，作 $G=83\ \text{kN}$，$Q=151\ \text{kN}$ 的简支梁弯矩图，得第1个集中荷载和第2个集中荷载作用点处弯矩值分别为

$$\frac{1}{3}(G+Q)l_0+M_C+\frac{2}{3}(M_B-M_C)$$

$$=\frac{1}{3}(83+151)\times6.60-234.96+\frac{2}{3}\times(-458.97+234.96)=131.45(\text{kN}\cdot\text{m})$$

$$\frac{1}{3}(G+Q)l_0+M_C+\frac{1}{3}(M_B-M_C)$$

$$=\frac{1}{3}(83+151)\times6.60-234.96+\frac{1}{3}\times(-458.97+234.96)=205.17(\text{kN}\cdot\text{m})$$

③第2跨有可变荷载，第1、3跨没有可变荷载：
$$M_B=M_C=-0.267\times83\times6.64-0.133\times151\times6.64=-280.5(\text{kN}\cdot\text{m})$$

第2跨两集中荷载作用点处的弯矩为

$\dfrac{1}{3}(G+Q)l_0+M_B=\dfrac{1}{3}\times(83+151)\times6.60-280.50=234.3(\text{kN}\cdot\text{m})$（与前面计算的$M_{2,\max}=$

$236.023\text{ kN}\cdot\text{m}$接近）

第1、3跨两集中荷载作用点处的弯矩分别为

$$\frac{1}{3}Gl_0+\frac{1}{3}M_B=\frac{1}{3}\times83\times6.64-\frac{1}{3}\times280.50=90.21(\text{kN}\cdot\text{m})$$

$$\frac{1}{3}Gl_0+\frac{2}{3}M_B=\frac{1}{3}\times83\times6.64-\frac{2}{3}\times280.50=-3.29(\text{kN}\cdot\text{m})$$

弯矩包络图如图9-26(a)所示。

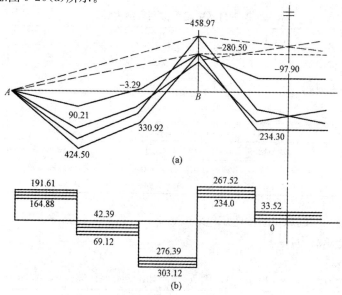

图 9-26　主梁的内力包络图

(a)弯矩包络图；(b)剪力包络图

剪力包络图：

①第1跨：

$V_{A,\max}=191.61\text{ kN}$；过第1个集中荷载后为$191.6-83-151=-42.39(\text{kN})$；过第2个集中荷载后为$-42.39-83-151=-276.39(\text{kN})$。

$V_{Bl,\max}=-303.12\text{ kN}$；过第1个集中荷载后为$-303.12+83+151=-69.12(\text{kN})$；过第2个集中荷载后为$-69.12+83+151=164.88(\text{kN})$。

②第2跨：

$V_{Br,\max}=267.52\text{ kN}$；过第1个集中荷载后为$267.52-83-151=33.52(\text{kN})$。

当可变荷载仅作用在第2跨时$V_{Br}=1.0\times83+1.0\times151=234(\text{kN})$，过第1个集中荷载后为$234-83-151=0$。

剪力包络图如图9-26(b)所示。

(4)承载力计算。

1)正截面受弯承载力：

跨内按T形截面计算。因$b_f'/h_0=80/615=0.13>0.1$，翼缘计算宽度按$l/3=6.6/3=2.2(\text{m})$

和 $b+s_n=6.6$ m 中较小值确定，取 $b_f'=2.2$ m。

主梁混凝土保护层厚度的要求及跨中有效截面高度的计算方法同次梁。主梁支座截面由于板、次梁、主梁在此交叉重叠，有效截面高度的计算方法与次梁有所不同。板的保护层厚度为 15 mm，板上部纵筋直径为 8 mm，次梁上部纵筋为 18 mm，假定主梁上部纵筋为 25 mm，则仅布置一排时，$a_s \geqslant 15+8+18+25/2=53.5$(mm)，$h_0=h-a_s \leqslant 650-53.5=596.5$(mm)，可取 $h_0=595$ mm；当布置两排钢筋时，$a_s \geqslant 15+8+18+25+25/2=78.5$(mm)，$h_0=h-a_s \leqslant 650-78.5=571.5$(mm)，可取 $h_0=570$ mm。

B 支座边的弯矩值 $M_B=M_{B,\max}-\dfrac{V_0 b}{2}=-458.97+234 \times \dfrac{0.40}{2}=-412.17$(kN·m)。纵向受力钢筋除 B 支座截面为 2 排外，其余均为 1 排。跨内截面经判断都属于第一类 T 形截面。正截面受弯承载力的计算过程列于表 9-11 中。

表 9-11　主梁正截面承载力计算

截面	1	B	2	
弯矩设计值(kN·m)	424.50	−458.97	234.3	−97.9
$\alpha=M/(\alpha f_c b h_0^2)$ 或 $\alpha=M/(\alpha f_c b_f' h_0^2)$	$\dfrac{424.50 \times 10^6}{1 \times 14.3 \times 2\,200 \times 595^2}$ $=0.038$	$\dfrac{458.97 \times 10^6}{1 \times 14.3 \times 300 \times 570^2}$ $=0.329$	$\dfrac{234.3 \times 10^6}{1 \times 14.3 \times 2\,200 \times 595^2}$ $=0.021$	$\dfrac{97.9 \times 10^6}{1 \times 14.3 \times 300 \times 570^2}$ $=0.070$
$\gamma_s=(1+\sqrt{1-2\alpha_s})/2$	0.981	0.792	0.989	0.964
$A_s=M/(\gamma f_y h_0)$	2 018.9	2 824.1	1 119.8	494.9
选配钢筋/mm²	2Φ22+3Φ25(弯) $A_s=2\,233$	3Φ25+3Φ25(弯) $A_s=2\,945$	2Φ22+1Φ25(弯) $A_s=1\,251$	2Φ25 $A_s=982$

主梁纵向钢筋的弯起和切断按弯矩包络图确定。

2)斜截面受剪承载力：

①验算截面尺寸：

$h_w=h_0-h_f'=570-80=490$(mm)，因 $h_w/b=490/300=1.63<4$，截面尺寸按下式验算：

$$0.25\beta_c f_c b h_0=0.25 \times 1 \times 14.3 \times 300 \times 570=611.33 \times 10^2 \text{(kN)}>303.12 \text{ kN}$$

截面尺寸满足要求。

②计算所需腹筋：

采用 Φ8@170 双肢箍筋

$$V_{cs}=0.7 f_t b h_0+1.0 f_{yv} \frac{A_{sv}}{s} h_0$$

$$=0.7 \times 1.43 \times 300 \times 570+1.0 \times 300 \times \frac{2 \times 50.3}{170} \times 570$$

$$=272.36 \times 10^3 \text{(N)}$$

$V_{A,\max}=191.61$ kN$<V_{cs}$，$V_{Br,\max}=267.52$ kN$<V_{cs}$，$V_{Bl,\max}=303.12$ kN$>V_{cs}$，支座 B 截面左边尚需配置弯起钢筋，弯起钢筋所需面积(弯起角取 $\alpha_s=45°$)为

$$A_{sb}=\frac{V_{Bl,\max}-V_{cs}}{0.8 f_y \sin \alpha_s}=\frac{(303.12-272.36) \times 10^3}{0.8 \times 360 \times 0.707}=151.07 \text{(mm}^2)$$

主梁剪力图呈矩形，在 B 截面左边的 2.2 m 范围内需布置 3 排弯起钢筋，才能覆盖最大剪力区段，现分 3 批弯起第一跨跨中的 Φ25 钢筋，$A_{sb}=491$ mm²>151.07 mm²。

③验算最小配筋率：

$\rho_{sv}=\dfrac{A_{sv}}{bs}=\dfrac{100.6}{300 \times 200}=0.17\%>0.24\dfrac{f_t}{f_{yv}}=0.11\%$，满足要求。

④次梁两侧附加横向钢筋的计算：

次梁传来的集中力 $F_1 = 71.02 + 151 \approx 222 (\text{kN})$，$h_1 = 650 - 500 = 150 (\text{mm})$，附加箍筋布置范围 $s = 2h_1 + 3b = 2 \times 150 + 3 \times 200 = 900 (\text{mm})$。取附加箍筋 $\Phi 8@200$ 双肢，则在长度 s 内可布置附加箍筋的排数，$m = 900/200 + 1 = 6 (\text{排})$。

另加吊筋 $1\Phi 18$，$A_{sb} = 254.5 \ \text{mm}^2$，得

$$2f_y A_{sb} \sin\alpha + mnf_{yv}A_{sv1} = 2 \times 360 \times 254.5 \times 0.707 + 6 \times 2 \times 300 \times 50.3 = 310.6 \times 10^3 (\text{kN}) > F_1$$

满足要求。

⑤纵向构造钢筋：

因主梁的腹板高度大于 450 mm，需在梁侧设置纵向构造钢筋，每侧纵向构造钢筋的截面面积不小于腹板面积的 0.1%，并且其间距不大于 200 mm。现每侧配置 $2\Phi 14$，$308/(360 \times 570) = 0.15\% > 0.1\%$，满足要求。

6. 绘制施工图

板配筋、次梁配筋和主梁配筋图分别如图 9-27～图 9-29 所示。

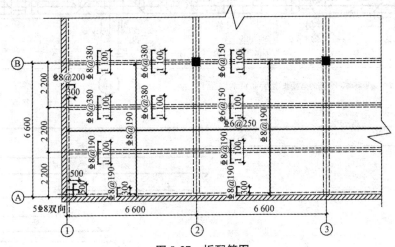

图 9-27 板配筋图

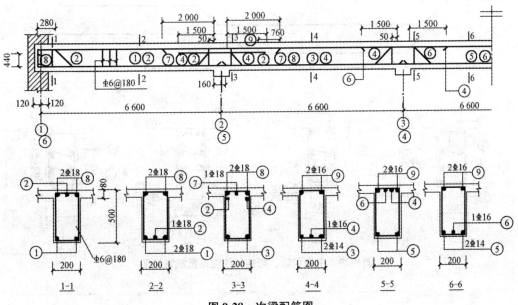

图 9-28 次梁配筋图

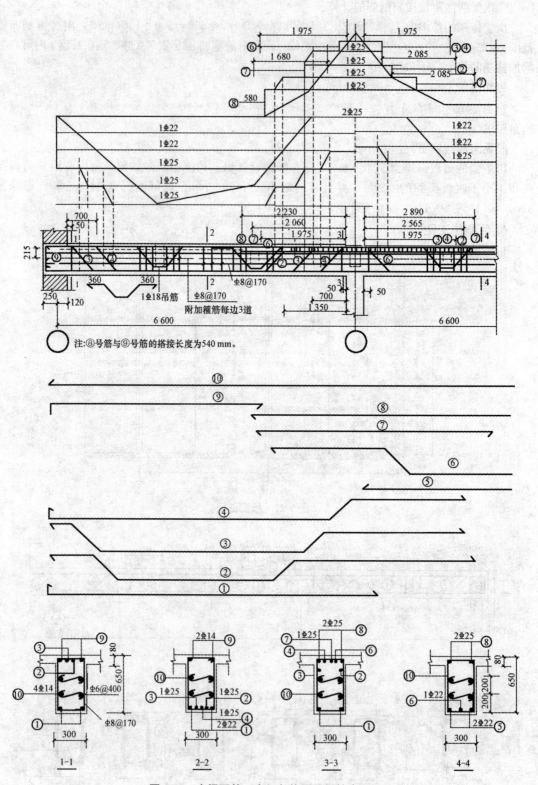

图 9-29　主梁配筋、弯矩包络图及抵抗弯矩图

第三节　双向板肋梁楼盖设计

一、双向板肋梁楼盖的结构平面布置

在肋梁楼(屋)盖中，四边都支承在墙(或梁)上的矩形区格板，当长边与短边长度之比不大于 2.0 时，应按双向板计算；当长边与短边长度之比大于 2.0 但小于 3.0 时，宜按双向板计算。

双向板肋梁楼盖的结构平面布置如图 9-30 所示。当空间不大且接近正方形时(如门厅)，可不设中柱，双向板的支承梁为两个方向均支承在边墙(或柱)上，且截面相同的井式梁[图 9-30(a)]；当空间较大时，宜设中柱，双向板的纵、横向支承梁分别为支承在中柱和边墙(或柱)上的连续梁[图 9-30(b)]；当柱距较大时，还可在柱网格中再设井式梁[图 9-30(c)]。

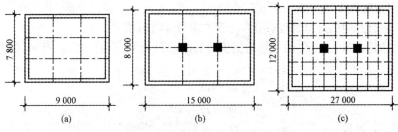

图 9-30　双向板肋梁楼盖结构的布置

双向板肋梁楼盖受力性能较好，可以跨越较大跨度，梁格布置美观，常用于民用房屋跨度较大的房间及门厅等处。另外，由于双向板肋梁楼盖的经济性，也常用于工业房屋楼盖。

二、双向板的受力特点及试验结果

用弹性力学理论来分析，双向板的受力特征不同于单向板，它在两个方向的横截面上都作用有弯矩和剪力，并且还有扭矩；而单向板则只是认为一个方向作用有弯矩和剪力，另一方向不传递荷载，双向板的受力钢筋应沿两个方向配置。双向板中因有扭矩的存在，使板的四角有翘起的趋势。受到墙的约束后，使板的跨中弯矩减小，刚度较大。因此，双向板的受力性能比单向板优越，其跨度可达 5 m 左右(单向板常用跨度仅为 1.7~2.7 m)。

钢筋混凝土双向板的受力情况较为复杂。试验研究表明，在承受均布荷载的四边简支正方形板中[图 9-31(a)]，当荷载逐渐增加时，首先在板底中央出现裂缝，然后沿着对角线方向向四角扩展。在接近破坏时，板的顶面四角附近出现了圆弧形裂缝，它促使板底对角线方向裂缝进一步扩展，最终由于跨中钢筋屈服，导致板的破坏。在承受均布荷载的四边简支矩形板中[图 9-31(b)]，第一批裂缝出现在板底中央且平行于长边方向；当荷载继续增加时，这些裂缝逐渐延伸，并沿 45°方向向四角扩展，然后板顶四角也出现圆弧形裂缝(顶部混凝土受压破坏时)，板达到其极限承载能力，最后导致板的破坏。

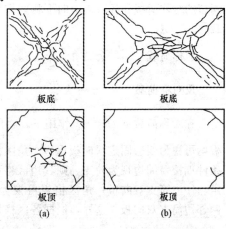

图 9-31　钢筋混凝土板的破坏裂缝

双向板中，钢筋一般都布置成与板的四边平行，以便于施工。在同样配筋率时，采用较细钢筋较为有利；使用同样数量的钢筋时，在板中间部分排列较密些，要比均匀放置适宜。以上试验结果，对双向板的计算和构造都是非常重要的。

三、双向板肋梁楼盖结构内力的计算

1. 单跨与连续双向板的计算

(1)单跨双向板。当板厚远小于板短边边长的1/30、挠度远小于板的厚度时，双向板可搂弹性薄板理论计算，但比较复杂。为了工程应用，对于矩形板已制成表格，见附表10，可供查用。表中，列出在均布荷载作用下六种支承情况板的弯矩系数和挠度系数。计算时，只需根据实际支承情况和短跨与长跨的比值，直接查出弯矩系数，即可算得有关弯矩。

$$m = 表中系数 \times q l_{01}^2 \tag{9-21}$$

式中　m——跨中或支座单位板宽内的弯矩设计值(kN·m/m)；

　　　q——均布荷载设计值(kN/m^2)；

　　　l_{01}——短跨方向的计算跨度(m)，计算方法与单向板相同。

需要说明的是，附表10中的系数是根据材料的泊松比 $\nu = 0$ 制定的。当 $\nu \neq 0$ 时，可按下式计算：

$$m_1^\nu = m_1 + \nu m_2 \tag{9-22}$$

$$m_2^\nu = m_2 + \nu m_1 \tag{9-23}$$

对于混凝土，可取 $\nu = 0.2$。m_1、m_2 为 $\nu = 0$ 时的跨内弯矩。

(2)连续双向板。连续双向板内力的精确计算更为复杂，在设计中一般采用实用计算方法，通过对双向板上活荷载的最不利布置以及支承情况等进行合理的简化，将多区格连续板转化为单区格板进行计算。该法假定其支承梁抗弯刚度很大，梁的竖向变形忽略不计，抗扭刚度很小，可以转动；当在同一方向的相邻最大与最小跨度之差小于20%时，可按下述方法计算：

1)各区格板跨中最大弯矩的计算。多区格连续双向板荷载采用棋盘式布置[图9-32(a)]，此时在活荷载作用的区格内，将产生跨中最大弯矩。

在图9-32(b)所示的荷载作用下，为了能利用单区格双向板的内力计算系数表计算连续双向板，可以采用下列近似方法：将棋盘式布置的荷载分解为各跨满布的对称荷载和各跨向上向下相间作用的反对称荷载[图9-32(c)、(d)]。

对称荷载　　　$g' = g + \dfrac{q}{2}$ 　　　(9-24)

反对称荷载　　$g' = \pm \dfrac{q}{2}$ 　　　(9-25)

在对称荷载 $g' = g + \dfrac{q}{2}$ 作用下，将所有中间区格板均可视为四边固定双向板；边、角区格板的外边界条件如楼盖周边视为简支，则其边区格可视为三边固定、一边简支双向板；角区格板可视为两邻边固定、两邻边简支双向板。这样，根据各区格板的四边支承情况，即可分别求出在 $g' = g + \dfrac{q}{2}$ 作用下的跨中弯矩。

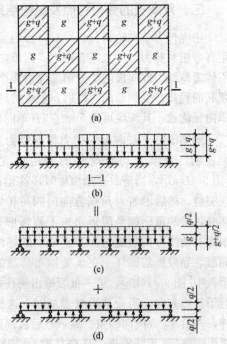

图 9-32　双向板活荷载的最不利布置

在反对称荷载 $g'=g+\dfrac{q}{2}$ 作用下，忽略梁的扭转作用，将所有中间支座均可视为简支支座，如楼盖周边视为简支，则所有各区格板均可视为四边简支板，于是可以求出在 $g'=g+\dfrac{q}{2}$ 作用下的跨中弯矩。

最后，将各区格板在上述两种荷载作用下的跨中弯矩相叠加，即得到各区格板的跨中最大弯矩。

2)支座最大弯矩的计算。求支座最大弯矩，应考虑活荷载的最不利布置。为简化计算，可近似认为恒荷载和活荷载皆满布在连续双向板所有区格时支座产生最大弯矩。此时，可视各中间支座均为固定，各周边支座为简支，求得各区格板中各固定边的支座弯矩。但对某些中间支座，由相邻两个区格板求出的支座弯矩常常并不相等，则可近似地取其平均值作为该支座弯矩值。

2. 双向板支承梁的设计

如果假定塑性铰线上没有剪力，则由塑性铰线划分的板块范围就是双向板支承梁的负荷范围，如图 9-33 所示。近似认为斜向塑性铰线是 45°倾角。沿短跨方向的支承梁承受板面传来的三角形分布荷载；沿长跨方向的支承梁承受板面传来的梯形分布荷载。

按弹性理论设计计算梁的支座弯矩时，可按支座弯矩等效的原则，按下式将三角形荷载和梯形荷载等效为均布荷载 p_e：

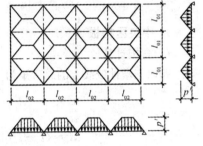

图 9-33　双向板支承梁承受的荷载

三角形荷载作用时
$$p_e=\frac{5}{8}p' \tag{9-26}$$

梯形荷载作用时
$$p_e=(1-2\alpha_1^2+\alpha_1^3)p' \tag{9-27}$$

$$p'=(g+q)\frac{l_{01}}{2} \tag{9-28}$$

四、整体式双向板楼盖设计实例

某厂房双向板楼盖结构平面布置如图 9-34 所示。楼板厚度为 120 mm，两个方向肋梁宽度均为 250 mm，纵向、横向梁截面高度分别为 700 mm 和 600 mm。楼面恒荷载(包括楼板、楼板面层及吊顶抹灰等)为 5.94 kN/m²，楼面活荷载为 2.0 kN/m²。混凝土强度等级为 C25($f_c=11.9$ N/mm²)，钢筋为 HPB300 级($f_y=270$ N/mm²)，环境类别为一类。要求按塑性理论计算内力并配置钢筋。

将楼盖划分为 A、B、C、D 四种区格板，每区格板均取

$$m_y=\alpha m_x,\quad \alpha=(l_x/l_y)^2$$
$$\beta_x'=\beta_x'=\beta_y'=\beta_y'=2.0$$

其中 l_y 为短跨跨长，l_x 为长跨跨长。

将跨内正弯矩区钢筋在离支座边 $l_y/4$ 处截断

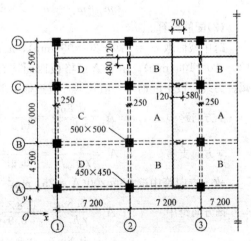

图 9-34　楼盖结构平面图

一半，则跨内正塑性铰线上的总弯矩 M_x、M_y 应按下式计算：

$$M_x = \left(l_y - \frac{l_y}{4} \times 2\right)m_x + \frac{l_y}{4} \times \frac{m_x}{2} \times 2 = \left(l_y - \frac{l_y}{4}\right)m_x$$

同理

$$M_y = \left(l_x - \frac{l_y}{4}\right)m_y$$

作用于板面上的荷载设计值为

$$p = 1.2 \times 5.94 + 1.4 \times 2.0 = 9.93(\text{kN/m}^2)$$

板的计算跨度：

区格 A、C：　$l_x = 7.2 - 0.25 = 6.95(\text{m})$，$l_y = 6.0 - 0.25 = 5.75(\text{m})$，

$$\alpha = (6.95/5.75)^2 = 1.46$$

区格 B、D：　$l_x = 7.2 - 0.25 = 6.95(\text{m})$，$l_y = 4.5 - 0.25 = 4.25(\text{m})$，

$$\alpha = (6.95/4.25)^2 = 2.67$$

1. 中央区格板 A

(1)弯矩计算。

跨内正塑性铰线上的总弯矩为

$$M_x = \frac{3}{4} l_y m_x = \frac{3}{4} \times 5.75 m_x = 4.31 m_x$$

$$M_y = (l_x - l_y/4)m_y = \left(6.95 - \frac{5.75}{4}\right) \times 1.46 m_x = 8.05 m_x$$

支座边负塑性铰线上的总弯矩为

$$M_x' = M_x'' = \beta m_x l_y = 2 \times 5.75 m_x = 11.5 m_x$$

$$M_y' = M_y'' = \beta m_y l_x = 2 \times 1.46 \times 69.5 m_x = 20.29 m_x$$

$$m_x\left[4.31 + 8.05 + \frac{1}{2}(11.5 \times 2 + 20.29 \times 2)\right] = \frac{1}{24} \times 9.93 \times 5.75^2 \times (3 \times 6.95 - 5.75)$$

解上式可得 $m_x = 4.679$ kN·m/m，于是有

$$m_y = \alpha m_x = 1.46 \times 4.679 = 6.831(\text{kN·m/m})$$

$$m_x' = m_x'' = \beta m_x = 2 \times 4.679 = 9.358(\text{kN·m/m})$$

$$m_y' = m_y'' = \beta m_y = 2 \times 6.831 = 13.662(\text{kN·m/m})$$

(2)配筋计算。

跨中截面取 $h_{0x} = 120 - 30 = 90(\text{mm})$，$h_{0y} = 120 - 20 = 100(\text{mm})$；支座截面近似取 $h_{0x} = h_{0y} = 120 - 20 = 100(\text{mm})$。由于 A 区格板四周均有整浇梁支承，故其跨中及支座截面弯矩应予以折减。另外，板中配筋率一般较低，故近似地取内力臂系数 $\gamma_s = 0.9$ 进行计算。

y 方向跨中　　　$A_s = \dfrac{0.8 m_y}{\gamma_s h_{0y} f_y} = \dfrac{0.8 \times 6.831 \times 10^6}{0.9 \times 100 \times 270} = 225(\text{mm}^2/\text{m})$

y 方向支座　　　$A_s = \dfrac{0.9 m_y'}{\gamma_s h_{0y} f_y} = \dfrac{0.9 \times 13.662 \times 10^6}{0.9 \times 100 \times 270} = 506(\text{mm}^2/\text{m})$

故 y 方向跨中选 $\Phi 8@200 (A_s = 251~\text{mm}^2/\text{m})$，支座选 $\Phi 8@100 (A_s = 503~\text{mm}^2/\text{m})$。

x 方向跨中　　　$A_s = \dfrac{0.8 m_x}{\gamma_s h_{0x} f_y} = \dfrac{0.8 \times 4.679 \times 10^6}{0.9 \times 90 \times 270} = 171(\text{mm}^2/\text{m})$

x 方向支座　　　$A_s = \dfrac{0.8 m_x'}{\gamma_s h_{0x} f_y} = \dfrac{0.8 \times 9.358 \times 10^6}{0.9 \times 100 \times 270} = 308(\text{mm}^2/\text{m})$

故 x 方向跨中选 $\Phi 8@200 (A_s = 251~\text{mm}^2/\text{m})$，支座选 $\Phi 8@140 (A_s = 359~\text{mm}^2/\text{m})$。

2. 边区格板 B

(1)弯矩计算。

$$M_x = \frac{3}{4} l_y m_x = \frac{3}{4} \times 4.25 m_x = 3.19 m_x$$

$$M_y = (l_x - l_y/4) m_y = \left(6.95 - \frac{4.25}{4}\right) \times 2.67 m_x = 15.72 m_x$$

$$M_x' = M_x'' = \beta m_x l_y = 2 \times 4.25 m_x = 8.5 m_x$$

$$M_y' = \beta l_x m_y = 2 \times 2.67 \times 6.95 m_x = 37.11 m_x$$

$$M_y'' = l_x m_y'' = 13.662 \times 6.95 = 94.95 (\text{kN} \cdot \text{m/m})$$

$$m_x \left[3.19 + 15.72 + \frac{1}{2} \times (8.5 \times 2 + 37.11) \right] + \frac{1}{2} \times 94.95$$

$$= \frac{1}{24} \times 9.93 \times 4.25^2 \times (3 \times 6.95 - 4.25)$$

由上式得 $m_x = 1.666$ kN·m/m，于是有

$$m_y = \alpha m_x = 2.67 \times 1.666 = 4.448 (\text{kN} \cdot \text{m/m});$$

$$m_x' = m_x'' = 2 \times 1.666 = 3.332 (\text{kN} \cdot \text{m/m});$$

$$m_y' = \beta m_y = 2 \times 4.448 = 8.896 (\text{kN} \cdot \text{m/m});$$

$$m_y'' = 13.662 \text{ kN} \cdot \text{m/m}$$

(2)配筋计算。B区格板四周均有梁支承，其跨中和支座截面弯矩均可折减。沿 y 方向，因 $l_b/l = 6.95/4.25 = 1.64 > 1.5$，故折减系数取 0.9。截面配筋计算如下：

y 方向跨中　　　$A_s = \dfrac{0.9 m_y}{\gamma_s h_{0y} f_y} = \dfrac{0.9 \times 4.448 \times 10^6}{0.9 \times 100 \times 270} = 165 (\text{mm}^2/\text{m})$

y 方向支座　　　$A_s = \dfrac{m_y'}{\gamma_s h_{0y} f_y} = \dfrac{8.896 \times 10^6}{0.9 \times 100 \times 270} = 366 (\text{mm}^2/\text{m})$

考虑到边支座为弹性支承，故宜适当增大跨中截面配筋而减少支座截面配筋。跨中和支座截面均选 Φ8@200（$A_s = 251$ mm^2/m）。

沿 x 方向，B区格板属中间跨，故其跨中及支座截面的弯矩均可降低20%。

x 方向跨中　　　$A_s = \dfrac{0.8 m_x}{\gamma_s h_{0x} f_y} = \dfrac{0.8 \times 1.666 \times 10^6}{0.9 \times 90 \times 270} = 61 (\text{mm}^2/\text{m})$

x 方向 B-B 板共界支座　$A_s = \dfrac{0.8 m_x'}{\gamma_s h_{0x} f_y} = \dfrac{0.8 \times 3.332 \times 10^6}{0.9 \times 100 \times 270} = 122 (\text{mm}^2/\text{m})$

x 方向 B-D 板共界支座，因 D 区格板属于角区格板，支座截面弯矩不应折减，故

$$A_s = \frac{m_x''}{\gamma_s h_{0x} f_y} = \frac{3.332 \times 10^6}{0.9 \times 100 \times 270} = 152 (\text{mm}^2/\text{m})$$

x 方向跨中截面选 Φ8@200（$A_s = 251$ mm^2/m），两对边支座均选 Φ8@200（$A_s = 251$ mm^2/m）。

3. 边区格板 C

(1)弯矩计算。

$$M_x = \frac{3}{4} l_y m_x = \frac{3}{4} \times 5.75 m_x = 4.31 m_x, \quad M_y = 8.05 m_x$$

$$M_x' = \beta m_x l_y = 2 \times 5.75 m_x = 11.5 m_x, \quad M_x'' = 9.358 \times 5.75 = 53.809 (\text{kN} \cdot \text{m})$$

$$M_y' = M_y'' = \beta m_y l_x = 2 \times 1.46 \times 69.5 m_x = 20.29 m_x$$

$$m_x \left[4.31 + 8.05 + \frac{1}{2} \times (11.5 + 20.294 \times 2) \right] + \frac{1}{2} \times 53.809$$

$$= \frac{1}{24} \times 9.93 \times 5.75^2 \times (3 \times 6.95 - 5.75)$$

解上式可得 $m_x = 4.678 \text{ kN} \cdot \text{m/m}$，于是有

$m_y = \alpha m_x = 1.46 \times 4.678 = 6.830 (\text{kN} \cdot \text{m/m})$，$m'_y = m''_y = 2 \times 6.830 = 13.660 (\text{kN} \cdot \text{m/m})$

$m'_x = \beta m_x = 2 \times 4.678 = 9.356 (\text{kN} \cdot \text{m/m})$，$m''_x = 9.356 \text{ kN} \cdot \text{m/m}$

(2)配筋计算。

C 区格板周围均有梁支承，且 $l_b/l = 5.75/6.95 = 0.83 < 1.5$，故对跨中及 x 方向第二内支座弯矩均可折减 20%，因 D 区格板属角区格板，故对 C—D 板共界支座截面弯矩不折减。

y 方向跨中 $\qquad A_s = \dfrac{0.8 m_y}{\gamma_s h_{0y} f_y} = \dfrac{0.8 \times 6.830 \times 10^6}{0.9 \times 100 \times 270} = 225 (\text{mm}^2/\text{m})$

y 方向支座 $\qquad A_s = \dfrac{m'_y}{\gamma_s h_{0y} f_y} = \dfrac{13.660 \times 10^6}{0.9 \times 100 \times 270} = 562 (\text{mm}^2/\text{m})$

故 y 方向跨中选 $\phi 8@200 (A_s = 251 \text{ mm}^2/\text{m})$，支座截面选 $\phi 8/10@100 (A_s = 644 \text{ mm}^2/\text{m})$。

在 x 方向，弯矩计算值与 A 区格板相同，考虑到边支座实际为弹性支座，故宜适当增大跨中配筋而减小边支座配筋。参考 A 区格板的配筋后，对跨中及边支座截面均选 $\phi 8@200$。

4. 角区格板 D

(1)弯矩计算。

$$M_x = \frac{3}{4} l_y m_x = 3.19 m_x, \quad M_y = (l_x - l_y/4) m_y = 15.72 m_x,$$

$$M'_x = \beta m_x l_y = 8.5 m_x, \quad M''_x = 3.332 \times 4.25 = 14.161 (\text{kN} \cdot \text{m/m})$$

$$M'_y = \beta l_x m_y = 37.11 m_x, \quad M''_y = 13.660 \times 6.95 = 94.94 (\text{kN} \cdot \text{m/m})$$

$$m_x \left[3.19 + 15.72 + \frac{1}{2} \times (8.5 + 37.11) \right] + \frac{14.161 + 94.94}{2}$$

$$= \frac{1}{24} \times 9.93 \times 4.25^2 \times (3 \times 6.95 - 4.25)$$

由上式得 $m_x = 1.666 \text{ kN} \cdot \text{m/m}$，则

$m_y = \alpha m_x = 2.67 \times 1.666 = 4.448 (\text{kN} \cdot \text{m/m})$；$m'_x = m''_x = 2 \times 1.666 = 3.332 (\text{kN} \cdot \text{m/m})$；

$m'_y = \beta m_y = 2 \times 4.448 = 8.896 (\text{kN} \cdot \text{m/m})$；$m''_y = 14.787 \text{ kN} \cdot \text{m/m}$

(2)配筋计算。

D 区格板为角区格板，可不进行弯矩折减。截面配筋计算如下：

y 方向跨中 $\qquad A_s = \dfrac{m_y}{\gamma_s h_{0y} f_y} = \dfrac{4.448 \times 10^6}{0.9 \times 100 \times 270} = 183 (\text{mm}^2/\text{m})$

y 方向支座 $\qquad A_s = \dfrac{m'_y}{\gamma_s h_{0y} f_y} = \dfrac{8.896 \times 10^6}{0.9 \times 100 \times 270} = 366 (\text{mm}^2/\text{m})$

故 y 方向跨中和支座选 $\phi 8@200 (A_s = 251 \text{ mm}^2/\text{m})$。

x 方向跨中 $\qquad A_s = \dfrac{m_x}{\gamma_s h_{0x} f_y} = \dfrac{1.666 \times 10^6}{0.9 \times 90 \times 270} = 76 (\text{mm}^2/\text{m})$

x 方向支座 $\qquad A_s = \dfrac{m'_x}{\gamma_s h_{0x} f_y} = \dfrac{3.332 \times 10^6}{0.9 \times 100 \times 270} = 137 (\text{mm}^2/\text{m})$

故 x 方向跨中和支座选 $\phi 8@200 (A_s = 251 \text{ mm}^2/\text{m})$。

考虑到 D 区格两个边支座为弹性支承，故在上述配筋中增大了跨中截面配筋而减小了支座截面配筋，以调整理论计算与实际受力情况的差别。

整个板的配筋图如图 9-35 所示。

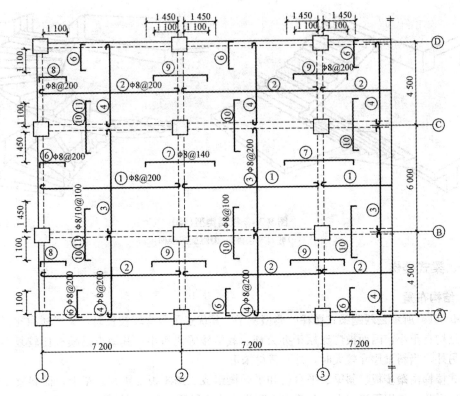

图 9-35 板的配筋平面图

第四节 楼 梯

楼梯是多层及高层房屋建筑的重要组成部分。为满足承重及防火要求，楼梯一般采用钢筋混凝土楼梯。这种楼梯按施工方法的不同，可分为现浇式楼梯和装配式楼梯。其中，现浇式楼梯具有布置灵活、容易满足不同建筑要求等优点，所以，在建筑工程中应用颇为广泛。楼梯按结构受力状态可分为梁式、板式、折板悬挑式（又称剪刀式）和螺旋式等如图 9-36 所示。

本节主要介绍梁式和板式楼梯的设计要点。

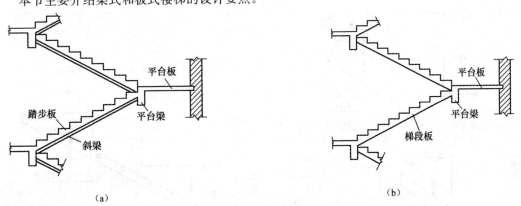

图 9-36 楼梯类型

(a)梁式楼梯；(b)板式楼梯；

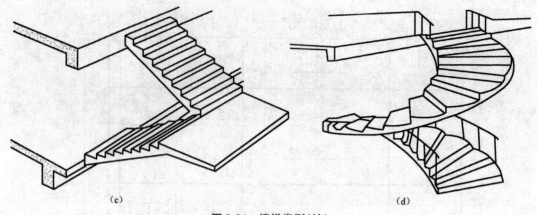

图 9-36 楼梯类型(续)

(c)剪刀式楼梯；(d)螺旋式楼梯

一、梁式楼梯

1. 结构布置

图 9-36(a)所示是两跑梁式楼梯的典型例子。其优点是当梯段较长时，梁式楼梯比板式楼梯经济，结构自重小，因而被广泛用于办公楼、教学楼等建筑中；其缺点是模板比较复杂，施工不便。另外，当斜梁尺寸较大时，外形显得笨重。

梁式楼梯由踏步板、斜梁、平台板和平台梁组成。踏步板支承在斜梁上，而斜梁支承在平台梁上。因此，作用于楼梯上的荷载先由踏步板传给斜梁，再由斜梁传至平台梁。

2. 内力计算与构造

下面说明梁式楼梯的计算方法。

(1)踏步板的计算及构造。设计时，取一个踏步作为计算单元，按两端简支在斜边梁上的单向板计算。踏步板承受均布荷载(包括其自重及可变荷载)，其截面换算如图 9-37 所示。为简化计算，板的折算高度 h 可近似按梯形截面的平均高度取用，即 $h = \dfrac{c}{2} + \dfrac{d}{\cos\alpha}$，其中，$c$ 为踏步厚度，d 为板厚。这样，踏步板就可按承受均布荷载，截面宽度为 b、高度为 h 的简支矩形板进行内力及配筋计算了。

踏步板的高和宽由建筑设计确定，斜板的厚度一般取 30～40 mm。踏步板的受力钢筋除按计算确定外，要求每一级踏步不少于 2 根 φ6 钢筋；而且整个梯段板内还应沿斜向布置 φ6@300 的分布钢筋(图 9-38)。

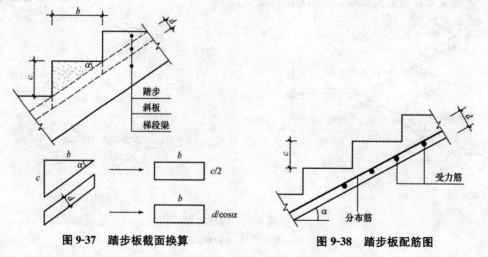

图 9-37 踏步板截面换算   图 9-38 踏步板配筋图

(2)斜梁的计算。楼梯斜梁可简化为两端支承在平台梁上的简支斜梁，承受踏步板传来的均布荷载，包括永久荷载（踏步板、斜梁自重）以及可变荷载。

斜梁是斜向搁置的受弯构件，为了便于求得斜梁的最大弯矩和剪力，通过力学分析（图 9-39），在实际计算中，可将斜梁按跨度为 l、荷载为 q 的水平简支梁计算，此时，水平简支梁的跨中弯矩即为斜梁的跨中弯矩，但算得的剪力应乘以 $\cos\alpha$，即

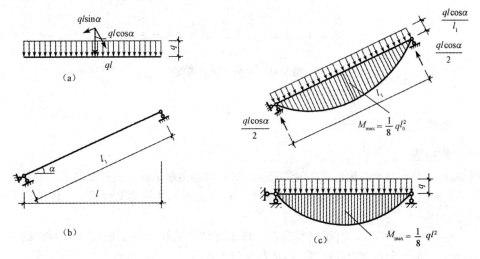

图 9-39 斜梁的弯矩及剪力

$$M_{max} = \frac{1}{8}\frac{ql\cos\alpha}{l_1}l_1^2 = \frac{1}{8}ql(l_1\cos\alpha) = \frac{1}{8}ql^2 \tag{9-29}$$

$$V = \frac{1}{2}\frac{ql\cos\alpha}{l_1}l_1 = \frac{1}{2}ql\cos\alpha \tag{9-30}$$

式中 l——梯段的水平投影长度。

需要注意的是，斜梁的截面计算高度应按垂直斜向的梁高取用，并按倒 L 形截面计算配筋。

(3)平台板的计算。平台板一般为承受均布荷载的单向板，可取 1 m 宽板带进行计算，平台板一端与平台梁整体连接，另一端可能支承在砖墙上，也可能与过梁整浇。跨中弯矩可取 $\frac{1}{8}ql^2$ 或 $\frac{1}{10}ql^2$。

考虑到板支座的转动会受到一定约束，一般应将板下部钢筋在支座附近弯起一半，或在板面支座处另配短钢筋，伸出支承边缘长度为 $l_n/4$（图 9-40）。

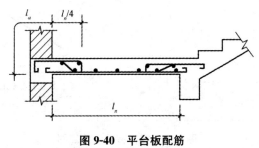

图 9-40 平台板配筋

(4)平台梁计算。平台梁支承于两端墙体，承受平台板传来的均布荷载以及上下楼梯斜梁传来的集中荷载，按简支梁计算内力与配筋。计算简图如图 9-41 所示。

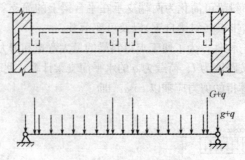

图 9-41　平台梁计算简图

二、板式楼梯

1. 结构布置

图 9-36(b)是典型的两跑板式楼梯的例子。这种楼梯由踏步板、平台板和平台梁组成。作用于踏步板上的荷载直接传至平台梁。踏步板支承在休息板和楼层的平台梁上。休息板支承在休息板平台梁上。

板式楼梯下表面平整，因而模板简单，施工方便；其缺点是斜板较厚（为跨度的 1/30～1/25），导致混凝土和钢材用量较多，结构自重较大，所以，一般多用于踏步板跨度小于 3 m 的情形。由于这种楼梯外形比较轻巧、美观，因此，近年来也广泛应用于一些公共建筑中踏步板跨度较大的楼梯。

2. 内力计算与构造

(1)梯段板的计算及构造。梯段板可以简化成两端支承在平台梁的简支斜板。计算跨度可以近似取平台梁中线之间的斜距离。作用在斜板上的荷载包括梯段板的永久荷载以及可变荷载 q。梯段斜板的受力性能与梁式楼梯的斜梁相似，故两者的内力计算方法相同。但是，考虑到平台梁、板对梯段板两端的嵌固作用，其跨中弯矩相对于简支有所减少，故可近似取为 $\frac{1}{10}ql^2$。其计算简图如图 9-42 所示。

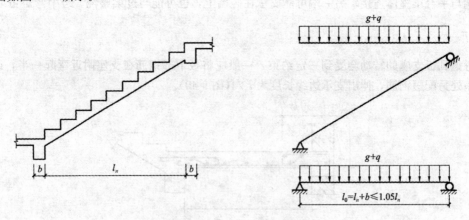

图 9-42　梯段板的计算简图

板式楼梯的踏步板厚度一般取跨度的 1/30～1/25，通常取 100～120 mm，每个踏步需配置 1ϕ8 钢筋作为分布筋。由于梯段板与平台梁整体连接，连接处板面在负弯矩作用下将出现裂缝，故应在斜板上部布置适量的钢筋(图 9-43),或将平台板的负钢筋伸入梯段板,其伸出支座长度为 $l_n/4$。

(2)平台板和平台梁的计算。板式楼梯的平台板计算方法和梁式楼梯的平台板一样。平台梁承受梯段板和平台板传来的均布荷载,一般按简支梁计算内力。

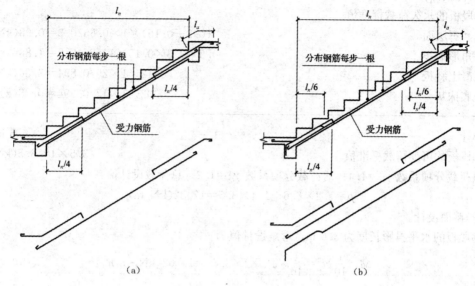

(a)   (b)

图 9-43 梯段板配筋图

三、楼梯设计实例

某建筑现浇板式楼梯,其二层楼梯平面图布置如图 9-44 所示。层高为 3.9 m,踏步尺寸为 150 mm×300 mm。采用强度等级为 C20 的混凝土,板采用 HPB300 级钢筋,梁纵筋采用 HRB400 级钢筋。楼梯上的均布活荷载标准值 $q_k=3.5$ kN/m²,试设计该楼梯。

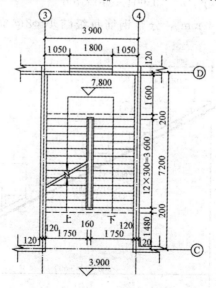

图 9-44 二层楼梯平面图

1. 梯段板设计

取梯段板厚 $h=120$ mm，约为板斜长的 1/30。板倾斜角为 150/300=0.5，$\cos\alpha=0.894$。取 1 m 宽板带计算。

(1)荷载计算。

梯段板的永久荷载标准值

水磨石层面	$(0.3+0.15)\times1\times0.65/0.3=0.98$(kN/m)
三角形踏步	$0.5\times0.3\times0.15\times1\times25/0.3=1.88$(kN/m)
混凝土斜板	$0.12\times1\times25/0.894=3.36$(kN/m)
板底抹灰	$0.02\times1\times17/0.894=0.38$(kN/m)

小计   6.6 kN/m

梯段板的可变荷载标准值 $3.5\times1=3.5$(kN/m)

恒荷载分项系数 $\gamma_G=1.4$；活荷载分项系数 $\gamma_Q=1.2$。总荷载设计值：

$$p=1.2\times6.6+1.4\times3.5=12.82(\text{kN/m})$$

(2)截面设计。

梯段板的水平投影长度为 3.6 m，弯矩设计值为

$$M=\frac{1}{10}pl_n^2=\frac{1}{10}\times12.82\times3.6^2=16.62(\text{kN}\cdot\text{m})$$

板的有效高度 $h_0=120-20=100(\text{mm})$

$$\alpha_s=\frac{M}{\alpha_1 f_c bh_0^2}=\frac{16.62\times10^6}{1.0\times9.6\times1\,000\times100^2}=0.173$$

$$\xi=1-\sqrt{1-2\alpha_s}=1-\sqrt{1-2\times0.173}=0.191$$

$$\gamma_s=\frac{1+\sqrt{1-2\alpha_s}}{2}=0.904$$

$$A_s=\frac{M}{\gamma_s f_y h_0}=\frac{16.62\times10^6}{0.904\times270\times100}=681(\text{mm}^2)$$

选用 $\Phi10@100$，$A_s=714$ mm²，分布钢筋每级踏步 $\Phi8@300$。梯段板配筋如图 9-45 所示。

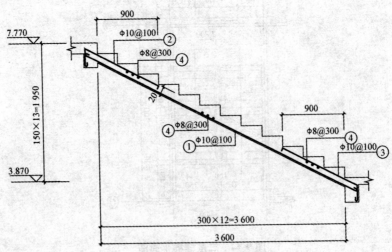

图 9-45 梯段板配筋图

2. 平台板设计

设平台板厚 $h=70$ mm，取 1 m 宽板带计算。

（1）荷载计算。

平台板的永久荷载标准值

水磨石层面	$0.65 \times 1 = 0.65$ (kN/m)
70 mm 厚混凝土斜板	$0.07 \times 25 = 1.75$ (kN/m)
板底抹灰	$0.02 \times 17 = 0.34$ (kN/m)

小计 2.74 kN/m

平台板的可变荷载标准值 3.5 kN/m

恒荷载分项系数 $\gamma_G=1.2$；活荷载分项系数 $\gamma_Q=1.4$。总荷载设计值：
$$p = 1.2 \times 2.74 + 1.4 \times 3.5 = 8.19 \text{(kN/m)}$$

（2）截面设计。

平台板的计算跨度
$$l_0 = 1.6 + \frac{0.07}{2} = 1.635 \text{ m} \leqslant l_n + \frac{a}{2} = 1.6 + \frac{0.12}{2} = 1.66$$

弯矩设计值为
$$M = \frac{1}{10} p l_0^2 = \frac{1}{10} \times 8.19 \times 1.635^2 = 2.189 \text{(kN} \cdot \text{m)}$$

板的有效高度
$$h_0 = 70 - 20 = 50 \text{(mm)}$$

$$\alpha_s = \frac{M}{\alpha_1 f_c b h_0^2} = \frac{2.189 \times 10^6}{1.0 \times 9.6 \times 1\,000 \times 50^2} = 0.091$$

$$\xi = 1 - \sqrt{1 - 2\alpha_s} = 1 - \sqrt{1 - 2 \times 0.091} = 0.096$$

$$\gamma_s = \frac{1 + \sqrt{1 - 2\alpha_s}}{2} = 0.952$$

$$A_s = \frac{M}{\gamma_s f_y h_0} = \frac{2.189 \times 10^6}{0.952 \times 270 \times 50} = 170 \text{(mm}^2)$$

选用 $\phi 6/8@200$，$A_s = 251$ mm²。楼梯的平法施工图如图 9-46 所示。

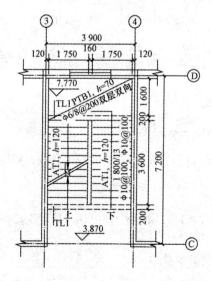

图 9-46　3.870~7.770 m 楼梯平面图

3. 平台梁设计

设平台梁截面尺寸为 200 mm×350 mm。

(1)荷载计算。

平台梁的永久荷载标准值

梁自重	$0.2×(0.35-0.07)×25=1.40(kN/m)$
梁侧粉刷	$0.02×(0.35-0.07)×2×17=0.19(kN/m)$
平台板传来	$2.74×(1.6/2+0.2)=2.74(kN/m)$
梯段板传来	$6.6×3.6/2=11.88(kN/m)$

小计   16.21 kN/m

平台梁的可变荷载标准值 $3.5[(1.6/2+0.2)+3.6/2]=9.8(kN/m)$

恒荷载分项系数 $\gamma_G=1.2$；活荷载分项系数 $\gamma_Q=1.4$。总荷载设计值：

$$p=1.2×16.21+1.4×9.8=33.172(kN/m)$$

(2)内力计算。

平台梁的计算跨度 $l_0=1.05l_n=1.05×(3.9-0.24)=3.843(m)\leqslant l_n+a=3.9(m)$

弯矩设计值 $M=\frac{1}{10}pl_0^2=\frac{1}{8}×33.172×3.843^2=61.24(kN·m)$

剪力设计值 $V=\frac{1}{2}pl_0=\frac{1}{2}×33.172×3.843=63.74(kN)$

(3)正截面受弯承载力计算。

截面按倒 L 形计算，$b'_f=b+5h'_f=200+5×70=550(mm)$，梁的截面有效高度为 $h_0=350-35=315(mm)$。

经判别为第一类 T 形截面

$$\alpha_s=\frac{M}{\alpha_1 f_c bh_0^2}=\frac{61.24×10^6}{1.0×9.6×550×315^2}=0.117$$

$$\xi=1-\sqrt{1-2\alpha_s}=1-\sqrt{1-2×0.117}=0.125$$

$$\gamma_s=\frac{1+\sqrt{1-2\alpha_s}}{2}=0.938$$

$$A_s=\frac{M}{\gamma_s f_y h_0}=\frac{61.24×10^6}{0.938×360×315}=576(mm^2)$$

选用 3Φ16，$A_s=603\ mm^2$。

(4)斜截面受剪承载力计算。

验算截面尺寸 $h_w=h_0=315\ mm$，$\frac{h_w}{b}=\frac{315}{200}<4$，属于厚腹梁。

$$0.25\beta_c f_c bh_0=0.25×1.0×9.6×200×315=151.2(kN)>V=63.74\ kN$$

截面尺寸满足要求。

验算是否按计算配置箍筋

$$0.7f_t bh_0=0.7×1.1×200×315=48.51(kN)<V=63.74\ kN$$

按计算配置箍筋：

配置 Φ6@200，则斜截面受剪承载力

$$V_{cs}=0.7f_t bh_0+1.0f_{yv}\frac{A_{sv}}{s}h_0=48\ 510+1.0×270×\frac{56.6}{200}×315=72.58(kN)>V=63.74\ kN$$

满足要求。

平台梁配筋图如图 9-47 所示。

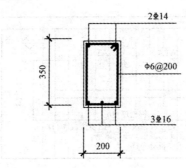

图 9-47　平台梁(TL－1)配筋图

📖 **知识链接**

楼梯平法施工图表示方式

16G101－2 中，楼梯平法施工图表示方式分为平面注写、剖面注写和列表注写三种。

现浇混凝土板式
楼梯平法施工图
制图规则

1. 平面注写方式

平面注写方式是以在楼梯平面布置图上注写截面尺寸和配筋具体数值的方式来表示楼梯施工图，包括集中标注和外围标注，见表 9-12。

表 9-12　平面注写制图规则

	数据项及标注方式	注写方式	可能的情况	备注
集中标注	梯板类型代号	梯板代号＋序号	AT~HT、ATa~ATb	AT1
	梯板厚度	$h=×××$	$h=×××$ $h=×××(P×××)$	$h=120$ $h=120(P150)$
	踏步段总高度和踏步级数	$H_s/(m+1)$		1 600/10
	梯板支座上部纵筋、下部纵筋	上部纵筋；下部纵筋		$\Phi10@200$；$\Phi12@150$
	梯板分布筋	以 F 打头注写	也可在图中统一说明	Fϕ8@250
外围标注	楼梯间的平面尺寸	1.《建筑结构制图标准》(GB/T 50105—2010)。 2.16G101—2 标准图集的尺寸以 mm 为单位，标高以 m 为单位。 3.16G101—2 标准图集中，楼梯均为逆时针上，其制图规则与构造对于顺时针或逆时针上的楼梯均适用		
	楼层结构标高			
	层间结构标高			
	楼梯的上下方向			
	梯板的平面尺寸	国家建筑标准设计图集16G101—2		
	平台板配筋			
	梯梁配筋			
	梯柱配筋			

以 AT 型楼梯为例，平面注写方式如图 9-48 所示。

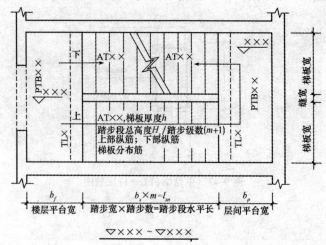

图 9-48　楼梯平面图

楼梯施工图平面注写方式实例如图 9-49 所示。

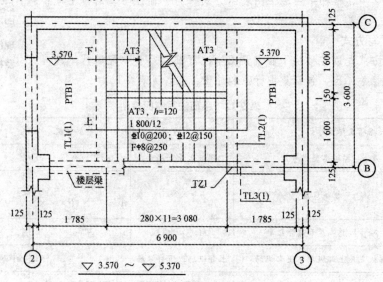

图 9-49　楼梯平面图

图 9-48、图 9-49 所示的工程实例中反映楼梯以下钢筋信息：

(1)梯板类型及编号为 AT3；

(2)踏步段总高度为 1 800 mm，踏步级数为 12 级；

(3)梯板支座上部纵筋为 Φ10@200；

(4)梯板下部纵筋为 Φ12@150；

(5)梯板分布筋为 Φ8@250。

楼梯的平面注写方式适用于梯板类型单一，通过平面就能将施工时所需的楼梯截面尺寸和配筋信息表达完整的情况。

2. 剖面注写方式

剖面注写方式需在楼梯平法施工图中绘制楼梯平面布置图和楼梯剖面图，其注写方式分为平面注写、剖面注写两部分，见表 9-13。

表 9-13 剖面注写制图规则

数据项及标注方式		注写方式	可能的情况	备注
平面图注写	楼梯间的平面尺寸	1.《建筑结构制图标准》(GB/T 50105—2010)。 2. 16G101—2 标准图集的尺寸以 mm 为单位，标高以 m 为单位。 3. 16G101—2 标准图集中，楼梯均为逆时针上，其制图规则与构造对于顺时针与逆时针上的楼梯均适用		
	楼层结构标高			
	层间结构标高			
	楼梯的上下方向			
	梯板的平面尺寸			
	梯板类型及编号	梯板代号＋序号	AT～HT、ATa～ATb	AT1
	平台板配筋	国家建筑标准设计图集 16G101—1		
	梯梁配筋			
	梯柱配筋			
剖面图注写	梯板集中标注	1. 梯板代号＋序号 2. 梯板厚度（平台板厚） 3. 上部纵筋；下部纵筋 4. 梯板分布筋（也可统一说明）		AT1 $h=120(P150)$ $\underline{\Phi}10@200$；$\underline{\Phi}12@150$ FΦ8@250
	梯梁、梯柱编号			TL1、TZ1
	梯板水平及竖向尺寸	水平尺寸：b_{pn}、$b_s \times m$、b_{fn} 竖向尺寸：$H_s/(m+1)$		
	楼层结构标高			
	层间结构标高			

同样，以 AT 型楼梯为例，楼梯施工图剖面图如图 9-50 所示，楼梯平面布置图如图 9-51 所示。

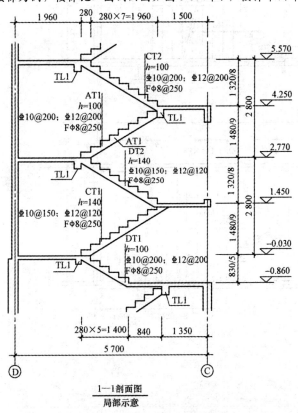

图 9-50 楼梯施工图剖面图

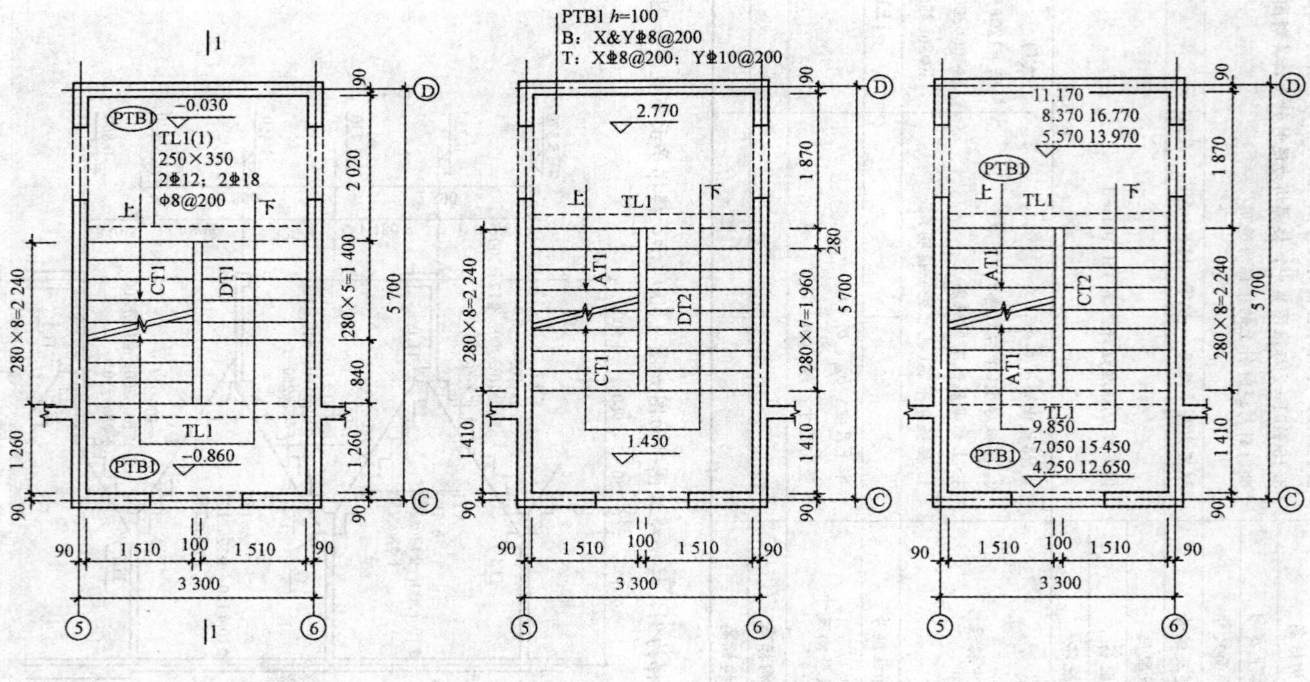

标准层楼梯平面图

1.450~2.770 m楼梯平面图

-0.860~0.030 m楼梯平面图

图 9-51　楼梯平面布置图

图 9-50、图 9-51 的工程实例中反映楼梯以下钢筋信息：

梯板类型及编号：AT1、CT1、CT2、DT1、DT2。

以 AT1 为例：

踏步段总高度为 1 480 mm，踏步级数为 9 级，与平面标注法不同的是，该信息并不是集中注写，而是反映在尺寸标注上。

梯板支座上部纵筋：$\Phi 10@200$。

梯板下部纵筋：$\Phi 12@200$。

梯板分布筋：$\phi 8@250$。

楼梯的剖面注写方式适用于在一个楼梯结构中梯板类型多种，并有标准层的工程，通过剖面及平面将施工时所需的楼梯截面尺寸和配筋信息表达完整的情况。

3. 列表注写方式

列表注写方式是用列表方式注写梯板截面尺寸和配筋具体数值来表达楼梯施工图，包括平面布置图注写、列表注写。平面布置图注写与剖面注写方式相同。

将楼梯施工图剖面注写方式的实例改为列表注写方式，平面布置图同图 9-51。图 9-50 所示的钢筋信息以列表方式注写，见表 9-14。

表 9-14　梯板几何尺寸和配筋表

梯板编号	踏步段总高度/踏步级数	板厚 h/mm	上部纵向钢筋	下部纵向钢筋	分布筋
AT1	1 480/9	100	$\Phi 10@200$	$\Phi 12@200$	$\phi 8@250$
CT1	1 480/9	140	$\Phi 10@150$	$\Phi 12@120$	$\phi 8@250$
CT2	1 320/8	100	$\Phi 10@200$	$\Phi 12@200$	$\phi 8@250$
DT1	830/5	100	$\Phi 10@200$	$\Phi 12@200$	$\phi 8@250$
DT2	1 320/8	140	$\Phi 10@150$	$\Phi 12@120$	$\phi 8@250$

楼梯的列表注写方式适用于在一个楼梯结构中梯板类型多种的工程。没有标准层的工程采用此注写方式，可不受图幅的限制，通过列表及平面注写将施工时所需的楼梯截面尺寸和配筋信息表达完整。

4. 其他

楼层平台梁板的配筋信息可反映在楼梯平面布置图中，也可反映在相应各楼层梁板配筋图中。层间平台梁板的配筋信息应反映在楼梯平面图中。

本章小结

本章介绍单向板肋形楼盖、双向板肋形楼盖以及钢筋混凝土楼梯，重点是单向板肋形楼盖和双向板肋形楼盖的计算和构造要求。

思考练习题

一、填空题

1. 楼盖按结构形式的不同，楼盖可分为 _____ 、_____ 、_____ 、_____

和_____。

2. 楼盖按施工方法的不同，可分为_____、_____和_____三种。

3. 板平面注写主要包括_____和_____。

4. 板支座原位标注的内容为_____和_____。

5. 两边支承的板应按_____计算。

6. 当按单向板设计时，应在垂直于受力的方向布置分布钢筋，单位宽度上的配筋不宜小于单位宽度上的受力钢筋的_____，且配筋率不宜小于_____。

7. 钢筋混凝土连续梁内力计算有_____和_____两种。

8. _____由内力叠合图形的外包线构成。

9. 楼梯按结构受力状态可分为_____、_____、_____和_____等。

二、简答题

1. 常见的单向板肋梁楼盖的结构平面布置方案有哪几种？

2. 简述弯矩调幅的概念、设计原则及步骤。

3. 简述双向板肋梁楼盖的结构平面布置。

4. 简述梁式楼梯的踏步板的计算及构造。

第十章　混凝土多层及高层框架结构设计

第一节　高层建筑结构体系

一、高层建筑的定义

为解决人口密集与城市建设用地有限的矛盾，出现了高层建筑的发展。国际交往的日益频繁和世界各国旅游事业的发展，更促进了高层建筑的蓬勃发展。同时，随着建筑科学技术的不断进步，建筑领域出现了很多新结构、新材料和新工艺，这些又为现代高层建筑的发展创造了新的条件。

从 20 世纪 80 年代开始，高层建筑在我国开始迅猛发展，北京、上海、广州、深圳等大城市都建造了一大批高层建筑，仅上海市目前已建成的高层建筑就有 4 500 幢以上，这在世界大城市中都是少有的。由于经济的迅速发展，目前我国的高层建筑已由大、中城市发展到小城市，在一些经济发达地区的县级城市内也出现了很多的高层建筑。

多少层或多高的建筑物算是高层建筑，世界各国都没有固定的划分标准，随着高层建筑的发展，划分标准也随之相应调整。1972 年召开的国际高层建筑会议建议按高层建筑的层数和高度分为四类：

第一类高层建筑 9～16 层(最高到 50 m)；

第二类高层建筑 17～25 层(最高到 75 m)；

第三类高层建筑 26～40 层(最高到 100 m)；

第四类超高层建筑 40 层以上(高度 100 m 以上)。

《建筑设计防火规范》(GB 50016—2014)规定，10 层及 10 层以上的居住建筑(包括首层设置商业服务网点的住宅)和建筑高度超过 24 m 的公共建筑为高层建筑。建筑物高度超过 100 m 时，无论住宅建筑或公共建筑，均为超高层建筑。为了协调我国现行有关标准，最新修订的行业标准《高层建筑混凝土结构技术规程》(JGJ 3—2010)规定，10 层及 10 层以上或房屋高度大于 28 m

的住宅建筑和房屋高度大于 24 m 的其他高层民用建筑属于高层建筑。这里的建筑高度是指建筑物室外地面到其檐口或屋面板板顶的高度，屋顶上的瞭望塔、水箱间、电梯机房、排烟机房和出屋面的楼梯间等均不计入建筑高度和层数内。

二、高层建筑的结构体系

结构体系是指结构抵抗外部作用的构件类型和组成方式。随着层数和高度的增加，竖向荷载通过水平构件(楼盖)和竖向构件(柱、墙、斜撑等)传递到基础，这是结构最基本的传力体系；而在高层建筑中，房屋承受的水平作用(风荷载、水平地震作用等)则需通过抗侧力体系传到基础，抗侧力体系的选择与组成是高层建筑结构设计的关键问题。高层建筑中基本抗侧力单元是框架、剪力墙、实腹筒(井筒)、框筒及支承，由这些抗侧力单元可以组成多种结构体系，如框架结构、剪力墙结构、框架-剪力墙结构、筒体结构、巨型结构。不同的结构体系适用于不同的设计要求、层数、高度和功能。

(一)框架结构体系

框架是指同一平面内由水平横梁和竖柱通过刚性节点连接在一起，形成矩形网格的一种结构形式，如图 10-1(a)、(b)所示。框架结构体系是指沿房屋的纵向和横向均采用框架作为承重和抵抗侧力的主要构件所构成的结构体系，如图 10-1(c)所示。

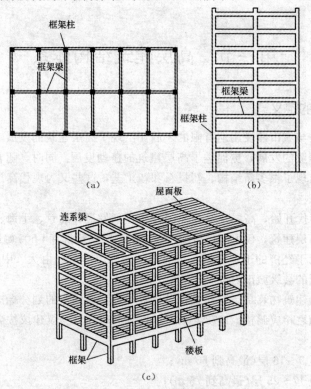

图 10-1 框架结构
(a)框架结构平面图；(b)一榀平面框架；(c)框架结构体系

1. 框架结构受力和变形特点

按照抗震要求设计的钢筋混凝土框架结构都可以成为延性大、耗能能力强的延性框架结构，具有较好的抗震性能。而框架结构的抗侧刚度较小，用于较高建筑时，需要截面较大的钢筋混凝土梁、柱才能满足变形限值的要求，减小了有效使用空间，非结构填充墙和装饰也易损坏。因此，钢筋混凝土框架结构的使用高度受到了限制。

在高度不高的高层建筑中，框架结构体系是一种较好的体系，当有变形性能良好的轻质隔墙及外墙材料时，钢筋混凝土框架结构可建到 30 层左右。但就我国目前的情况而言，框架结构建造高度不宜太高，以 15～20 层为宜。

框架结构在水平荷载作用下的侧移由两部分组成，其中一部分是由于柱子的拉伸和压缩所产生的，侧移曲线为弯曲型，自下而上层间位移增大；另一部分是由梁、柱的弯曲变形产生的，侧移曲线为剪切型，自下而上层间位移减小。随着建筑高度的增大，弯曲变形的比例逐渐加大，一般框架结构体系的水平力作用下的变形以剪切型变形为主。水平均匀荷载作用下框架结构的侧向变形如图 10-2 所示。

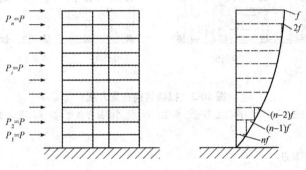

图 10-2　框架结构的侧向变形

2. 框架结构布置方案

在进行框架结构设计时，需要考虑框架结构的承重方案，框架的布置方案可分为即横向框架承重方案、纵向框架承重方案、纵横向框架混合承重方案三种。

(1)横向框架承重方案是在横向上布置主梁，在纵向上布置连系梁。如图 10-3(a)所示，楼板支承在横向框架上，楼面竖向荷载传给横向框架主梁。因为横向框架跨数较少，主梁沿框架横向布置有利于增加房屋横向抗侧移刚度；因为竖向荷载主要通过横梁传递，所以纵向连系梁往往截面尺寸较小，这样有利于建筑物的通风和采光。不利的一面是由于主梁截面尺寸较大，对于给定的净空要求使结构层高增加。

(2)纵向框架承重方案是在纵向上布置框架主梁，在横向上布置连系梁。如图 10-3(b)所示，楼面的竖向荷载主要沿纵向传递。由于连系梁截面尺寸较小，这样对于大空间房屋净空较大，房屋布置灵活。不利的一面是进深尺寸受到板长度的限制，同时房屋的横向刚度较小。

(3)纵横向框架混合承重方案是在纵、横两个方向上均需布置框架承重梁，以承受楼面荷载。楼板的竖向荷载沿两个方向传递。预制楼板通常布置成图 10-3(c)的形式。柱网较大的现浇楼盖，通常布置成图 10-3(d)所示的形式；柱网较小的现浇楼盖，楼板可以不设井字梁，直接支承在框架主梁上。由于这种方案沿两个方向传力，因此，各杆件受力较均匀，整体性能也较好，通常按空间框架体系进行内力分析。

在地震区，考虑到地震方向的随意性以及地震产生的破坏效应较大，应按双向承重进行布置。高层建筑承受的水平荷载较大，应设计为纵横双向梁柱刚接的抗侧力结构体系，而不宜采用一个方向梁柱刚接的抗侧力结构。若有一个方向为铰接时，应在铰接方向设置支承等抗侧力构件。主体结构除个别部位外，不应采用梁柱铰接。

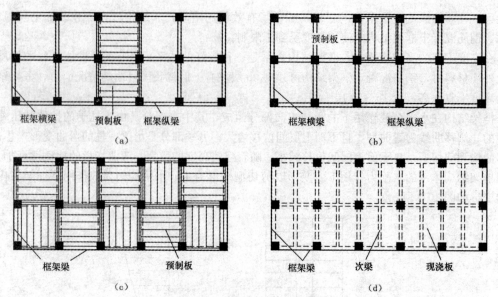

图 10-3 框架结构布置方案

(a)纵向上布置连系梁;(b)横向上布置连系梁;(c)预制楼板布置形式;(d)现浇楼盖布置形式

(二)剪力墙结构体系

剪力墙结构是指用墙板来承受竖向荷载、抵抗水平荷载的空间结构,墙体同时作为围护和分隔构件,如图 10-4 所示。在地震区,因其主要用于承受水平地震力,故也称为抗震墙。

1. 剪力墙结构受力和变形特点

剪力墙结构较框架结构刚度大,空间整体性好,用钢量较省,结构顶点水平位移和层间位移较小。当采用大模板、滑升模板或隧道模板等先进工艺时,施工速度很快。因此,剪力墙结构在 10~30 层住宅及旅馆建筑中得到了广泛应用。

现浇钢筋混凝土剪力墙结构经过合理的设计,能设计成抗震性能好的钢筋混凝土剪力墙。由于它变形小且具有一定的延性,在历次大地震中,剪力墙结构破坏较少,表现出良好的抗震性能。但由于结构自重较大,抗侧刚度大,剪力墙结构的基本周期短,地震惯性力也较大,对于抗震是不利的。当高宽比较大时,剪力墙是一个以受弯为主的悬臂墙,侧向变形以弯曲型为主,剪力墙结构变形特征曲线如图 10-5 所示。

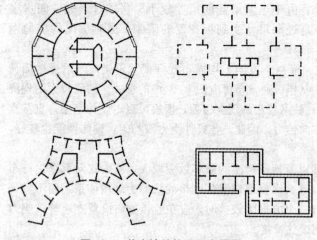

图 10-4 剪力墙结构平面布置图

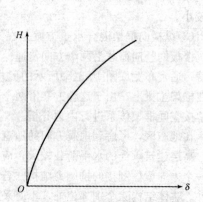

图 10-5 剪力墙结构变形特征曲线

2. 剪力墙结构布置方案

剪力墙宜贯通房屋全高，沿高度方向连续布置，避免刚度突变。剪力墙经常需要开洞作为门窗，洞口宜上下对齐，成列布置，形成具有规则洞口的联肢剪力墙，避免出现洞口不规则布置的错洞墙，如图 10-6 所示。当墙肢的长度很长，其高宽比（墙的总高度与墙的长度之比）不大于 3 时，可以在墙上开设洞口，洞口上设置跨高比大、受弯承载力小的连梁，地震中这些连梁首先破坏，将长墙分成较短的墙段。墙段的高宽比不宜小于 3，水平力作用下以弯曲变形为主。为避免发生剪切破坏，应设计成抗震性能好的延性剪力墙。在楼、电梯间，两个方向的墙相互连接成井筒，以增大结构的抗扭能力。

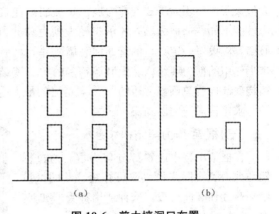

图 10-6　剪力墙洞口布置
(a)规则洞口的联肢剪力墙；(b)不规则的错洞墙

由于框架支层与上部剪力墙层的结构形式以及结构构件布置不同，因而在两者连接处需设置转换层。但是剪力墙转换为框架后，结构的侧向刚度变小，楼层受剪承载力也变小，形成软弱层和薄弱层，在地震作用下，转换层及以下结构的层间变形大，框架柱破坏严重，有可能引起局部倒塌甚至整体倒塌。因此，地震区不允许采用底层或底部若干层全部为框架的框支剪力墙结构。

为了改善这种结构的抗震性能，底层或底部几层须采用部分框支剪力墙、部分落地剪力墙，形成底部大空间剪力墙结构，如图 10-7 所示。在底部大空间剪力墙结构中，一般应将落地剪力墙布置在两端或中部，并将纵、横向墙围成筒体，如图 10-7(a)所示；另外，还应采取增大墙体厚度、提高混凝土强度等措施加大落地墙体的侧向刚度，使整个结构的上、下部侧向刚度差别减小，上部则宜采用开间较大的剪力墙布置方案，如图 10-7(b)所示。

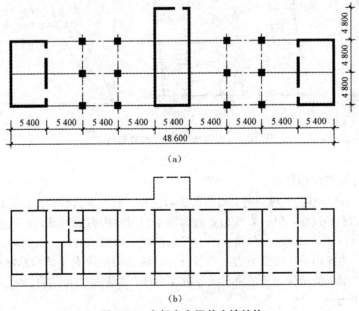

图 10-7　底部大空间剪力墙结构

当房屋高度不大但仍需采用剪力墙结构，或带转换层结构需控制转换层上、下结构的侧向**刚度**(一般是增大下部结构的侧向刚度，减小上部结构的侧向刚度)时，可采用短肢剪力墙结构。

短肢剪力墙结构墙截面厚度不大于 300 mm、一道联肢剪力墙的各墙肢截面长度与厚度之比的最大值大于 4 但不大于 8 的剪力墙，短肢墙沿建筑高度可能有较多楼层的墙肢会出现反弯点，受力性能不如普通剪力墙，还承担较大轴力和剪力。因此，抗震设计的高层建筑不应全部采用短肢墙，应设置一定数量的普通剪力墙或井筒，形成短肢剪力墙与井筒(或普通剪力墙)共同抵抗水平作用的剪力墙结构。短肢墙较多的剪力墙结构，短肢墙承担的底部地震倾覆力矩不宜大于结构底部地震总倾覆力矩的 50%，房屋的最大适用高度比普通剪力墙结构低，短肢墙的抗震设计要求比普通剪力墙高。

(三)框架-剪力墙结构体系

在框架结构中设置部分剪力墙，通过框架和剪力墙协同工作，取长补短，共同抵抗水平荷载和竖向荷载，这种结构称为框架-剪力墙结构，如图 10-8 所示。

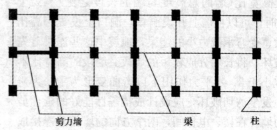

剪力墙　　　　梁　　　　柱

图 10-8　框架-剪力墙结构

1. 框架-剪力墙结构受力和变形特点

框架-剪力墙结构作为一种双重抗侧力结构，剪力墙承担了大部分层剪力，框架承担的侧向力相对较小；在罕遇地震作用下，剪力墙的连梁往往先屈服，使剪力墙的刚度降低，由剪力墙抵抗的部分层剪力转移到框架。如果框架具有足够承载力和延性抵抗地震作用，则双重抗侧力结构的优势可以得到充分发挥，避免在罕遇地震作用下严重破坏，甚至倒塌。

水平荷载作用下，框架结构和剪力墙结构的变形曲线分别是剪切型和弯曲型。框架-剪力墙结构由于楼板的作用，变形必须协调，在结构的底部，框架的侧移减小；在结构的顶部，剪力墙的侧移减小。因此，框架-剪力墙的侧移曲线呈弯剪型如图 10-9 所示。

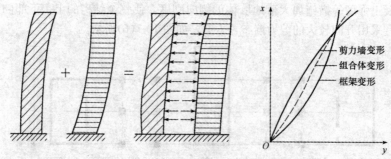

图 10-9　框架-剪力墙结构变形特点

2. 框架-剪力墙结构布置

框架-剪力墙结构布置的关键是剪力墙的数量和位置。剪力墙的数量多，有利于增大结构的刚度、减小结构的水平位移，但过多地布置剪力墙不但对使用造成困难，而且也没有必要。通常，剪力墙的数量以使结构的层间位移角不超过规范规定的限值为宜。剪力墙的数量也不能过少。在规定的水平力作用下，底层剪力墙部分分担的倾覆力矩应大于结构总倾覆力矩的 50%，否则，该结构为少墙框架结构，其适用高度等参数不同于框架-剪力墙结构。

(四)筒体结构体系

随着建筑层数、高度增长和抗震设防要求的提高，以平面工作状态的框架、剪力墙来组成高层建筑结构体系便往往不能满足要求。这时，由剪力墙可以构成空间薄壁筒体，成为竖向悬臂箱形梁；框架加密柱子、加强梁的刚度，也可以形成空间整体受力的框筒。由一个或多个筒体为主要抵抗水平力的结构称为筒体结构。筒体的基本形式有三种：实腹筒、框筒和桁架筒。由剪力墙围成的筒体称为实腹筒，如图 10-10(a)所示。通过在实腹筒的墙体上开出规则排列的窗洞所形成的开孔筒体称为框筒，框筒实际上是由排列很密的柱和刚度很大的窗裙梁形成的密柱深梁框架围成的筒体，如图 10-10(b)所示。四周由竖杆和斜杆形成的桁架组成的筒体称为桁架筒，如图 10-10(c)所示。

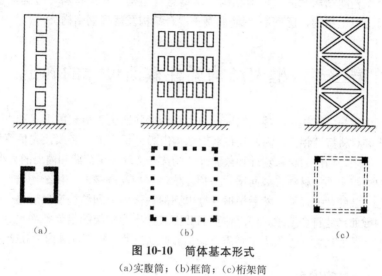

图 10-10　筒体基本形式

(a)实腹筒；(b)框筒；(c)桁架筒

根据筒的布置、组成和数量等又可分为框架-筒体结构、筒中筒结构、束筒结构体系等，如图 10-11 所示。

(1)框架-筒体结构。一般中央布置剪力墙薄壁筒，承受大部分水平力；周边布置大柱距的稀柱框架，它的受力特点类似于框架-剪力墙结构。也有把多个筒体布置在结构的端部，中部为框架-筒体结构形式，如图 10-11(a)所示。

(2)筒中筒结构。筒中筒结构通常采用框筒和桁架筒作为外筒，实腹筒作为内筒，当采用钢结构时，内筒也可采用框筒，如图 10-11(b)所示。在筒中筒结构中，当外筒采用框筒时，侧向变形仍以剪切型为主，而内部核心筒侧向变形通常是以弯曲型为主。在楼板的连系下，内筒和外筒共同抵抗水平力，这种协同工作的原理与框架-剪力墙结构类似。在结构下部，核心筒承担大部分的水平剪力；在结构上部，水平剪力逐渐向外框筒上转移。内筒和外筒协同工作后，结构的整体刚度加大、层间变形减小。因此，筒中筒结构成为 50 层以上的高层建筑的主要结构体系。

(3)束筒结构。两个以上框筒(或其他筒体)排列在一起成束状，称为束筒。束筒结构中的每一个框筒，可以是方形、矩形或者三角形，如图 10-11(c)所示；多个框筒可以组成不同的平面形状，其中任意一个框筒都可以根据需要在任何高度终止。由于集中了多个筒体共同抵抗外部荷载，因而束筒结构具有比筒中筒结构更大的抗侧能力，常用于 75 层以上的高层建筑中。

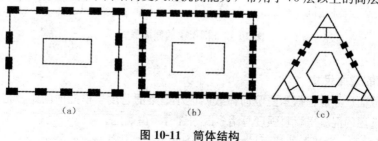

图 10-11　筒体结构

(五)巨型结构体系

由若干个巨大的竖向支承结构(组合柱、角筒体、边筒体等)与梁式或桁架式转换层结合形成一级结构,承受主要的水平和竖向荷载,普通的楼层梁柱为二级结构,将楼面质量以及承受的水平力传递到一级结构上去,这种多级结构体系就是巨型结构体系。巨型结构按主要受力体系形成可分为巨型桁架结构、巨型框架结构、巨型悬挂结构;其按材料可分为巨型钢筋混凝土结构、巨型钢骨混凝土结构、巨型钢-钢筋混凝土混合结构及巨型钢结构。

第二节 框架结构梁柱截面尺寸的确定

框架结构属于超静定结构,超静定结构的内力和变形除取决于荷载的形式和大小之外,还与构件的截面形式和材料特性相关。因此,在框架结构内力分析之前,必须预先估算结构的材料特性和截面尺寸。反之,构件的材料特性和截面尺寸的选择又取决于荷载和内力的大小。由此可见,结构的荷载、内力与构件的材料、截面尺寸是相互依赖、相互影响的。在结构设计中,一般是先根据经验估算梁、柱的截面尺寸,然后根据计算得到的构件内力和结构变形对梁、柱尺寸进行校核。如果估算的截面尺寸符合要求,便以估算的截面尺寸作为框架的最终截面尺寸。如果所需的截面尺寸与估算的截面尺寸相差很大,则需重新估算截面尺寸、重新计算内力和变形。

一、框架梁尺寸的确定

1. 框架梁的截面形式

框架梁的截面形式与楼盖施工方法有关。

多层和高层建筑中的楼面可以做成装配式、装配整体式和现浇式三种形式。装配式楼面是将楼面板直接搁置在框架梁上,楼面板与框架梁柱通过预埋钢片连接,整体性较差,抗震能力弱,不宜在抗震区使用,一般只用于多层建筑中。现浇楼面中,梁、柱的钢筋与楼面的钢筋交织在一起,混凝土同时浇筑,整体性好,故房屋高度超过 50 m 的高层建筑,宜采用现浇楼面结构。装配整体式楼盖,框架节点的形成是通过在节点区焊接或绑扎钢筋,而后浇筑混凝土而成,具有良好的整体性和抗震能力。故房屋高度不超过 50 m 的高层建筑,除现浇楼面外,还可以采用装配整体式楼面,也可以采用与框架梁有可靠连接的预制楼面。

当采用现浇楼盖时,现浇板可视为梁的翼缘参加工作,两侧有板的中框架梁的截面形式宜为 T 形,仅一侧有板的边框架梁宜为倒 L 形;当采用预制板时,框架梁截面可做成矩形、T 形、花篮形和十字形等;当采用装配整体式楼盖时,框架梁形式有花篮形和十字形。各种框架梁的截面形式如图 10-12 所示。

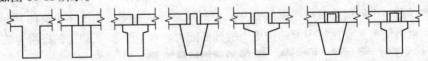

图 10-12 框架梁的截面形式

2. 框架梁的截面尺寸

框架梁的截面尺寸应根据承受竖向荷载的大小、梁的跨度、框架的间距、是否考虑抗震设防要求,以及选用的混凝土材料强度等诸多因素综合考虑确定。

(1)一般情况下,框架梁的截面尺寸可按以下两个计算式估算:

$$h_b = \left(\frac{1}{10} \sim \frac{1}{18}\right) l_0 \qquad (10\text{-}1)$$

$$b_b = \left(\frac{1}{2} \sim \frac{1}{4}\right) h_b \qquad (10\text{-}2)$$

式中　l_0——梁的计算跨度；

　　　h_b——梁的截面高度，不宜大于梁净跨的 1/4；

　　　b_b——梁的截面宽度，不宜小于 200 mm。

（2）扁梁的截面尺寸按以下两式估算：

$$h_b = \left(\frac{1}{18} \sim \frac{1}{25}\right) l_0 \qquad (10\text{-}3)$$

$$b_b = (1 \sim 3) h_b \qquad (10\text{-}4)$$

扁梁主要应用于高层建筑中，采用宽度较大的扁梁可降低楼层的高度，或者便于管道的敷设。

根据《建筑抗震设计规范（2016 年版）》（GB 50011—2010）规定，采用扁梁的楼、屋盖应现浇，梁中线宜与柱中线重合，扁梁应双向布置。扁梁不宜用于一级框架结构。扁梁的截面尺寸应符合下列要求，并应满足现行有关规范对挠度和裂缝宽度的规定：

$$b_b \leqslant 2b_c \qquad (10\text{-}5)$$

$$b_b \leqslant b_c + h_b \qquad (10\text{-}6)$$

$$h_b \geqslant 16d \qquad (10\text{-}7)$$

式中　b_c——柱截面宽度，圆形截面取柱直径的 0.8 倍；

　　　d——柱纵筋直径。

（3）框架梁的水平加腋（图 10-13）尺寸确定。

1）梁的水平加腋厚度可取梁截面高度，其水平尺寸宜满足下列要求：

$$b_x/l_x \leqslant 1/2 \qquad (10\text{-}8)$$

$$b_x/b_b \leqslant 2/3 \qquad (10\text{-}9)$$

$$b_b + b_x + x \geqslant b_c/2 \qquad (10\text{-}10)$$

式中　b_x——梁水平加腋宽度（mm）；

　　　l_x——梁水平加腋长度（mm）；

　　　b_c——沿偏心方向柱截面宽度（mm）；

　　　x——非加腋侧梁边到柱边的距离（mm）。

2）梁采用水平加腋时，框架节点有效高度宜符合下列要求：

当 $x = 0$ 时，b_j 按下式计算：

$$b_j \leqslant b_b + b_x \qquad (10\text{-}11)$$

当 $x \neq 0$ 时，b_j 取式（10-12）和式（10-13）两式计算的较大值，且应满足式（10-14）的要求：

$$b_j \leqslant b_b + b_x + x \qquad (10\text{-}12)$$

$$b_j \leqslant b_b + 2x \qquad (10\text{-}13)$$

$$b_j \leqslant b_b + 0.5h_c \qquad (10\text{-}14)$$

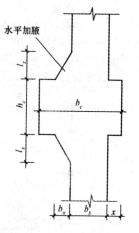

图 10-13　水平加腋梁

式中　h_c——柱截面高度。

二、框架柱尺寸的确定

1. 框架柱的截面形式

框架柱一般采用矩形、方形或圆形截面。

2. 框架柱的截面尺寸

(1)柱截面尺寸宜符合下列规定：

1)矩形截面柱的边长，非抗震设计时不宜小于 250 mm，抗震设计四级时不宜小于 300 mm，一、二、三级时不宜小于 400 mm；圆柱直径，非抗震和四级抗震设计时不宜小于 350 mm，一、二、三级时不宜小于 450 mm。

2)柱剪跨比宜大于 2。

3)柱截面高宽比不宜大于 3。

(2)抗震设计时，钢筋混凝土柱轴压比不宜超过表 10-1 规定；对于Ⅳ类场地上较高的高层建筑，其轴压比限值应适当减小。

表 10-1　柱轴压比限制

结构类型	抗 震 等 级			
	一	二	三	四
框架结构	0.65	0.75	0.85	0.90

注：1. 轴压比指柱考虑地震作用组合的轴压力设计值与柱全截面面积和混凝土轴心抗压强度设计值乘积的比值；

2. 表内数值适用于剪跨比大于 2、混凝土强度等级不高于 C60 的柱；剪跨比不大于 2 的柱，其轴压比限值应比表中数值减小 0.05；剪跨比小于 1.5 的柱，其轴压比限值应专门研究并采取特殊构造措施；

3. 当沿柱全高采用井字复合箍，箍筋间距不大于 100 mm、肢距不大于 200 mm、直径不小于 12 mm，或当沿柱全高采用复合螺旋箍，箍筋螺距不大于 100 mm、肢距不大于 200 mm、直径不小于 12 mm，或当沿柱全高采用连续复合矩形螺旋箍，且螺距不大于 80 mm、肢距不大于 200 mm、直径不小于 10 mm 时，轴压比限值可增加 0.10；

4. 当柱截面中部设置由附加纵向钢筋形成的芯柱，且附加纵向钢筋的截面面积不小于柱截面面积的 0.8% 时，柱轴压比值可增加 0.050；当本项措施与注 3 的措施共同采用时，柱轴压比限值可比表中数值增加 0.15，但箍筋的配箍特征值仍可按轴压比增加 0.10 的要求确定；

5. 调整后的柱轴压比限值不应大于 1.05。

(3)柱截面尺寸估算。在多层框架结构中，框架柱的截面尺寸可按下列两个计算式估算：

$$b_c = \left(\frac{1}{10} \sim \frac{1}{15}\right) H_i \tag{10-15}$$

$$h_c = (1 \sim 2) b_c \tag{10-16}$$

式中　H_i——第 i 层层高(m)；

　　　b_c——柱截面宽度(mm)；

　　　h_c——柱截面高度(mm)。

在高层框架结构中，由于竖向荷载较大，按式(10-15)和式(10-16)估算的柱截面尺寸可能偏小，可按下式估算：

$$A_c \geqslant \frac{N}{f_c} \tag{10-17}$$

式中　f_c——混凝土轴心抗压强度设计值；

　　　N——柱中轴向力，可近似按下式计算：

$$N = (1.1 \sim 1.2) N_v \tag{10-18}$$

　　　N_v——柱支承的楼面荷载面积上的竖向荷载产生的轴向力设计值，求 N_v 时，可近似将楼面板沿柱轴线之间的中线划分，恒荷载和活荷载的分项系数均取 1.25 或近似取 12～14 kN/m² 进行计算。

(4)为了减少构件类型，方便施工，对于多层框架结构，房屋中柱截面沿房屋高度不宜改变。对于高层框架结构，柱截面沿房屋高度可根据层数、高度、荷载等情况保持不变或做 1 次或 2 次改变。当柱截面沿房屋高度变化时，中间柱宜使上、下柱轴线重合，边柱和角柱宜使截面外边线重合，上层柱内侧缩小。柱边长每次缩小的尺寸宜为 100～150 mm。

三、梁截面惯性矩

对现浇楼盖和装配整体式楼盖，宜考虑楼板作为翼缘使梁的惯性矩增大的有利影响。设计中，为简化计算，也可按下式近似确定梁截面惯性矩 I 为

$$I = \beta I_0 \tag{10-19}$$

式中　I——考虑楼板作为翼缘使梁的惯性矩增大的有利影响后的截面惯性矩；

　　　β——楼面梁刚度增大系数（应根据梁翼缘尺寸与梁截面尺寸的比例确定，当梁截面较小、楼板较厚时，宜取较大值，而梁截面较大、楼板较薄时，宜取较小值）；

　　　I_0——按梁实际截面尺寸计算所得的截面惯性矩，$I_0 = \dfrac{bh^3}{12}$（b、h 分别为梁的截面宽度、高度）。

β 的取值：

(1)现浇楼盖结构，框架梁两边有楼板时，取 2.0；一边有楼板时，取 1.5。

(2)装配整体式楼盖，楼面梁两边有楼板时，取 1.5；一边有楼板时，取 1.2。

(3)装配式楼盖，不考虑楼板的作用，取 1.0。

第三节　框架结构计算简图的确定

框架结构是由横向框架和纵向框架构成的空间结构，故对其进行结构分析应按照空间受力体系分析，例如，采用纵横向框架承重方案的框架结构，如图 10-14 所示。但当框架布置较规则，且每层楼盖在其自身平面内刚度很大时，可简化成平面结构分析，而忽略纵向和横向框架之间的空间联系和各构件的抗扭作用，分别按照平面纵向框架和横向框架[图 10-14(c)、(d)]进行分析计算。

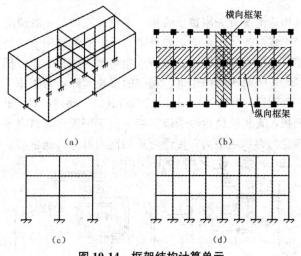

图 10-14　框架结构计算单元

一、计算单元的确定

计算单元一般取相邻柱距的中线与中线的距离，平面框架承受的水平荷载为图 10-14(b)所示

阴影范围内的荷载。而平面框架所承受的竖向荷载与楼盖结构的布置方案相关，可根据楼盖的类型确定平面框架的竖向荷载。

在实际工程中，通常横向框架的间距相同，作用于各横向框架上的荷载相同，各榀框架的抗侧刚度相同。因此，各榀横向框架都将产生相同的内力与变形。结构设计时一般取中间有代表性的一榀横向框架进行计算即可。而作用于纵向框架上的荷载则各不相同，设计时应分别进行计算。

二、计算简图的确定

计算简图是忽略一些次要因素将实际的空间结构抽象后的力学模型，以简化计算，同时又与结构的实际受力和变形相差不多，满足结构的工作状态。框架结构计算简图中用单线条即各构件的形心轴来代替框架梁、柱。

框架节点根据其实际的施工方案和构造情况简化为刚接、铰接或半刚接。一般情况下，现浇钢筋混凝土框架节点可视为刚接；装配式框架结构在实际计算时常简化为完全刚接或铰接；装配整体式框架结构节点通常认为是刚接节点，但刚性不如现浇式框架，节点处梁端的实际负弯矩要小于按刚性节点假定所得到的计算值。框架的底层柱与基础的连接可按固接简化。

框架的计算跨度取相邻框架柱形心线之间的距离，当上、下柱截面尺寸不同时，取较小截面的形心轴线作为计算简图上的柱单元。待框架内力计算完成后，构件内力计算时，要考虑上柱的轴力对下柱形心产生的偏心影响。当各跨跨度相差不大于10%时，可近似按等跨框架计算。

框架中间各层柱的高度取相应各层层高，即本层楼面至相邻上层楼面之间的垂直高度；框架底层柱的高度，为简化计算，取基础顶面至二层楼面的垂直距离，当设有整体刚度很大的地下室时，可取地下室结构的顶部至二层楼面的垂直距离；顶层柱高可取顶层楼面至屋面的垂直距离。

另外，在确定结构的计算简图时，还应注意：当框架梁的坡度 $i \leqslant 1/8$ 时，可近似按水平梁计算；当梁在端部加腋，且端部截面高度与跨中截面高度之比小于1.6时，可不考虑加腋的影响，按等截面梁计算。

三、节点形式

框架节点可根据其构造情况分为刚接、铰接、半铰接三种。一般情况下，梁柱节点为整体浇筑，为刚性节点；对于装配整体式框架，如果梁、柱中的钢筋在节点处为焊接或搭接，并在现场浇筑部分混凝土使节点成为整体，则这种节点也可视为刚接节点。但是，这种节点的刚性不如现浇混凝土框架好，在竖向荷载作用下，相应的梁端实际负弯矩小于计算值，而跨中实际正弯矩则大于计算值，截面设计时应予以调整[图10-15(a)、(b)]；对于装配式框架，一般是在构件的适当部位预埋钢板，安装就位后再予以焊接。由于钢板在其自身平面外的刚度很小，故这种节点可有效地传递竖向力和水平力，传递弯矩的能力有限。通常视具体构造情况，将这种节点模拟为铰接[图10-15(c)]或半铰接[图10-15(d)]。

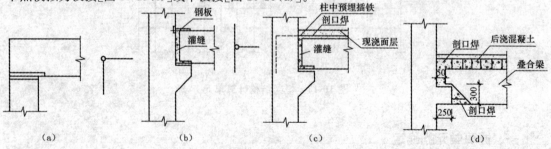

图10-15　梁柱节点形式

框架柱与基础的连接也有刚接和铰接两种。当框架柱与基础现浇为整体[图 10-16(a)]，且基础具有足够的转动约束作用时，柱与基础的连接应视为刚接，相应的支座为固定支座。对于装配式框架，如果柱插入基础杯口有一定的深度，并用细石混凝土与基础浇捣成整体，则柱与基础的连接可视为刚接[图 10-16(b)]；如用沥青麻丝填实，则预制柱与基础的连接可视为铰接[图 10-16(c)]。

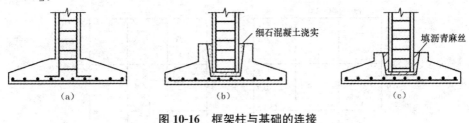

图 10-16　框架柱与基础的连接

第四节　框架结构内力分析

框架结构的内力计算可分为竖向荷载(作用)下的内力计算和水平荷载作用下的内力计算，其内力分析均采用弹性方法，框架梁及连系梁等构件可考虑局部塑性变形引起的内力重分布，框架梁、柱均采用弹性刚度。

一、竖向荷载作用下的内力分析

竖向荷载作用下框架内力分析的近似方法有分层法、迭代法、系数法等。

1. 分层法

(1)基本假定。

1)在竖向荷载作用下，框架所产生的侧移很小，因而忽略不计，即按照无侧移框架进行内力分析。

2)每层框架梁上的竖向荷载对其他各层框架梁、柱的影响很小，可以忽略不计。因此，每层框架梁上的竖向荷载只在该层梁及与该层梁相连的上、下层柱上分配和传递弯矩。

根据上述假定，可把一个 n 层框架分解成 n 个独立框架，其中第 i 个框架仅包含第 i 层的梁以及与这些梁相连接的柱，并且将这些柱的远端假定为固接；而原框架的弯矩和剪力即为这 n 个独立框架的弯矩和剪力的叠加。例如，图 10-17 所示的四层框架可简化成四个只带一层横梁的框架进行分析，分别计算，然后将内力叠加。单元之间内力不相互传递。

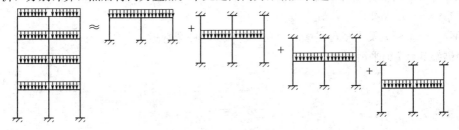

图 10-17　分层法计算示意图

(2)注意事项。

1)采用分层法计算时，假定各分层框架的上、下柱均为远端嵌固，而事实上，除底层柱的下端嵌固外，其他各柱的柱端均会产生转角，应为弹性约束状态。因此，分层法适用于节点梁柱线刚度比 $\sum i_b / \sum i_c \geqslant 3$，结构与荷载沿高度分布比较均匀的多层框架的内力分析。同时为了消除此项误差，在对每一个独立框架求解时，对柱的线刚度和传递系数进行了如下修正：除底层外，其余各层柱的线刚度乘以 0.9 的修正系数，且其传递系数由 $\frac{1}{2}$ 改为 $\frac{1}{3}$，如图 10-18 所示。

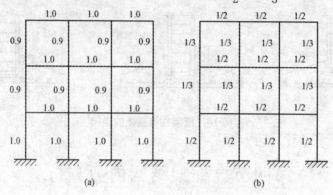

图 10-18　框架各杆的线刚度修正系数与传递系数

(a)线刚度修正系数；(b)传递系数修正

2)按分层法计算的各梁弯矩为最终弯矩，各柱的最终弯矩为与各柱相连接的两层计算弯矩叠加。

若节点弯矩不平衡，可将节点不平衡弯矩再进行一次分配。

3)在内力与位移计算中，所有构件均可采用弹性刚度。

2. 迭代法

当框架的层数较多，且中间若干层的分层框架相同时，采用分层法比较简单，即需单独计算的分层框架数量较少，如果分层框架的数量与整个框架层数相近，此时分层法并不简便，可采用迭代法。

(1)单根杆件的角度位移方程式(图 10-19)。

$$M_{ik} = M_{ik}^F + 2M_{ik}' + M_{ki}' + M_{ik}'' \qquad (10\text{-}20)$$

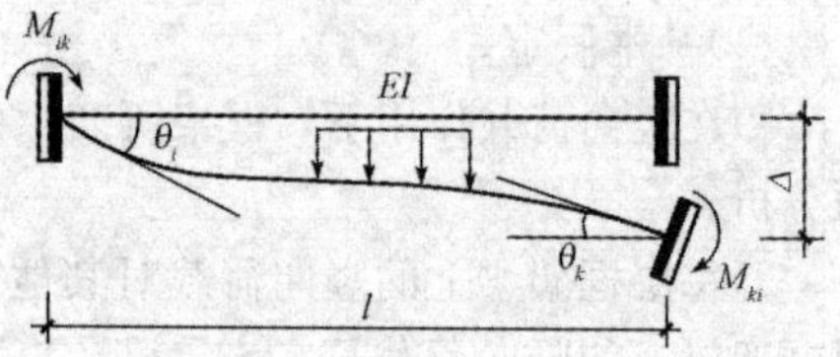

图 10-19　单跨固结梁变形情况

式中　　M_{ik}——等截面直杆 ik 的 i 端最终杆端弯矩；

$\quad\quad M_{ik}^F$——由于荷载引起的 i 端固端弯矩；

$\quad\quad M_{ik}'$——近端角变弯矩，$M_{ik}' = 2i_{ik}\theta_i$；

$\quad\quad M_{ki}'$——远端角变弯矩，$M_{ki}' = 2i_{ik}\theta_k$；

$\quad\quad M_{ik}''$——ik 两端发生相对位移 Δ 时在 i 端引起的杆端弯矩。

(2)框架节点 i 的平衡关系。

$$\sum_i M_{ik} = 0 \qquad (10\text{-}21)$$

令

$$\sum_i M_{ik}^F = M_i^F \qquad (10\text{-}22)$$

由式(10-20)可得：

$$M_i^F + 2\sum_i M_{ik}' + \sum_i M_{ki}' + \sum_i M_{ik}'' = 0 \qquad (10\text{-}23)$$

或

$$\sum_i M_{ik}' = -\frac{1}{2}\left(M_i^F + \sum_i M_{ki}' + \sum_i M_{ik}''\right) \qquad (10\text{-}24)$$

将 $\sum\limits_i M'_{ik}$ 按各杆的相对刚度分配给节点 i 的每一根杆件，则有

$$M'_{ik} = \mu_{ik}\left[M_i^F + \sum_i (M'_{ki} + M'_{ik})\right] \qquad (10\text{-}25)$$

当不考虑杆端相对位移时，得

$$M'_{ik} = \mu_{ik}\left(M_i^F + \sum_i M'_{ki}\right) \qquad (10\text{-}26)$$

式中 μ_{ik} ——杆件 ik 的弯矩分配系数或转角分配系数。

$$\mu_{ik} = -\frac{i_{ik}}{2\sum\limits_i i_{ik}} \qquad (10\text{-}27)$$

(3)无侧移刚架迭代法的计算步骤。

竖向荷载作用下，当不考虑刚架的侧移影响时，可按下列步骤进行计算：

1)绘出结构的计算简图，在每个节点上绘两个方框。

2)按式(10-27)计算汇交于每一节点的各杆的转角分配系数，并检查是否满足 $\sum \mu_{ik} = \dfrac{1}{2}$，以作校核。注意：当框架中出现铰接情况及利用对称性时，要注意对有关杆件的线刚度 i_{ik} 进行修正，如当一端为铰接时，乘以 3/4 的修正系数，当利用对称的奇数跨框架时，中间跨横。梁的线刚度要乘以 0.5 的修正系数。

3)计算荷载作用下各杆端产生的固端弯矩 M_{ik}^F，并写在相应的各杆端部，求出汇交于每一节点的各杆固端弯矩之和 M_i^F，把它写在该节点的内框中。

4)按式(10-26)计算每一杆件的近端转角弯矩 M'_{ik}，式中 $\sum\limits_i M'_{ki}$ 即汇交于节点 i 各杆的远端转角弯矩之和，最初可假定为零。

按式(10-26)进行迭代时，可选择任意节点开始循环若干轮，直至全部节点上的弯矩值达到要求的精度为止。但是一般可从不平衡弯矩较大的节点开始，以减少迭代的次数。最后将每次算得的值 M'_{ik} 记在相应的杆端处。

5)按下式计算每一杆端的最后弯矩值，即

$$M_{ik} = M_{ik}^F + 2M'_{ik} + M'_{ki} \qquad (10\text{-}28)$$

6)根据算得的各杆端弯矩值，作最后的弯矩图并求得相应的剪力图和轴力图。

二、水平荷载作用下的内力分析

多层多跨框架所受水平荷载主要是风荷载及水平地震作用，一般可简化为作用在框架节点上的集中荷载。常用的近似算法有反弯点法、D 值法和门架法等。

1. 反弯点法

当梁的线刚度比柱的线刚度大很多时(如 $i_b/i_c > 3$)，梁柱节点的转角很小，可以忽略此转角的影响。这种忽略梁柱节点转角影响的计算方法称为反弯点法。

按反弯点法计算框架内力的步骤如下：①确定各柱反弯点位置；②分层取脱离体计算各反弯点处剪力；③先求柱端弯矩，再由节点平衡求梁端弯矩，当为中间节点时，按梁的相对线刚度分配节点处的柱端不平衡弯矩。

详细介绍如下：

(1)反弯点位置。在确定柱的侧向刚度时，按反弯点法假定各柱上、下端都不产生转动，即认为梁柱线刚度比为无限大。故除底层柱外，其他各层柱的反弯点均在柱中点($h/2$)；底层柱，由于实际是下端固定，柱上端的约束刚度相对较小，因此反弯点向上移动，一般取离柱下端 2/3

柱高处为反弯点位置。

（2）反弯点处的剪力计算。反弯点处弯矩为零，剪力不为零。反弯点处的剪力可按下述方法确定。

假设有一$(m-1)$跨、n层的框架（图 10-20），将框架沿第 i 层各柱的反弯点处切开，取其上部脱离体，受力如图 10-21 所示，根据水平力的平衡条件有

$$\sum X = 0, \sum_{j=1}^{m} V_{ij} = \sum_{j=i}^{n} F_j \tag{10-29}$$

又有 $V_{ij} = D_{ij}\Delta_i$，故

$$\Delta_i = \frac{\sum\limits_{j=i}^{n} F_j}{\sum\limits_{j=1}^{m} D_{ij}} \tag{10-30}$$

式中　D——柱的抗侧移刚度。

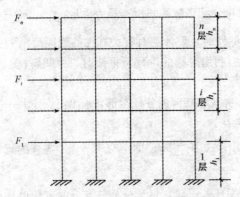

图 10-20　水平荷载作用下的框架

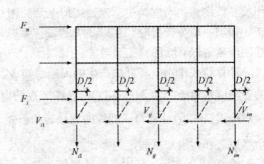

图 10-21　第 i 层各层的反弯点处脱离体

柱抗侧移刚度为使柱顶产生单位位移所需的水平力（图 10-22），按式（10-31）计算：

$$D = \frac{\dfrac{6EI}{h^2} + \dfrac{6EI}{h^2}}{h} = \frac{12EI}{h^3} \tag{10-31}$$

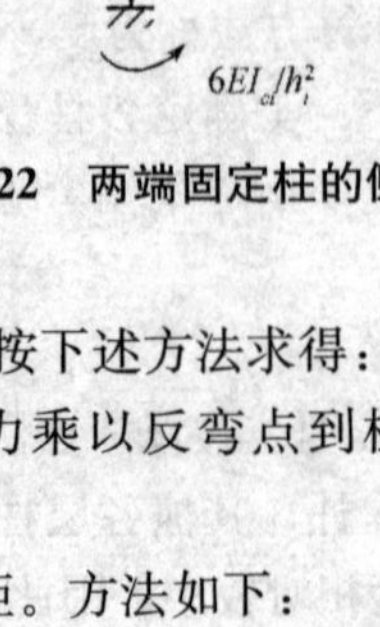

图 10-22　两端固定柱的侧向刚度

（3）框架弯矩。框架各杆的弯矩可按下述方法求得：

1）先求各柱弯矩。将反弯点处剪力乘以反弯点到柱顶或柱底距离，可以得到柱顶和柱底弯矩。

2）再由节点弯矩平衡求各梁端弯矩。方法如下：

①边节点：

顶部边节点[图 10-23(a)] $\qquad M_b = M_c$ $\qquad$ (10-32)

一般边节点[图 10-23(b)] $\qquad M_b = M_d + M_{c2}$ $\qquad$ (10-33)

②中节点：中节点[图 10-23(c)]处的梁端弯矩可将该节点处的柱端不平衡弯矩按梁的相对线刚度进行分配，故

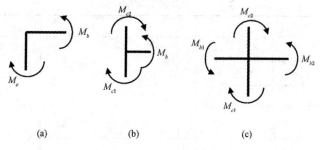

| (a) | (b) | (c) |

图 10-23　节点脱离体图

$$M_{b1} = \frac{i_{b1}}{i_{b1} + i_{b2}} (M_{c1} + M_{c2}) \qquad (10\text{-}34)$$

$$M_{b2} = \frac{i_{b2}}{i_{b1} + i_{b2}} (M_{c1} + M_{c2}) \qquad (10\text{-}35)$$

(4)框架剪力及轴力。框架梁的剪力以各个梁为脱离体，将梁的左、右端弯矩之和除以该梁的跨度便得其剪力。

求柱内轴向力可自上而下逐层叠加节点左右的梁端剪力。

(5)反弯点法的适用范围。反弯点法适用于结构布置比较规则均匀、层高和跨度变化不大且层数不多的框架结构。一般认为，当梁的线刚度与柱的线刚度之比不小于 3 时，由反弯点法计算得到框架结构在水平荷载下的内力误差能够满足工程设计的精度要求，否则，反弯点法计算得到的构件内力误差太大，不能满足要求。

反弯点法常用于初步设计中估算梁和柱在水平荷载作用下的弯矩值。

2. D 值法

反弯点法概念简单、思路清晰、应用方便，但是计算精度不够，特别是当柱截面较大，梁柱线刚度比较小时，节点转角较大，用反弯点法计算的内力误差较大，因此，在反弯点法的基础上加以修正，成为改进的反弯点法——D 值法。

在一般情况下，柱的抗侧移刚度还与梁的线刚度有关；柱的反弯点高度也与梁柱线刚度比、上下层梁的线刚度比、上下层的层高变化有关。因此，D 值法对反弯点法进行这两方面的修正：一是柱的抗侧移刚度的修正；二是柱的反弯点位置的修正。

D 值法除进行柱剪力分配时用修正后的抗侧移刚度 D 值，以及反弯点位置为变量外，其计算思路、计算步骤与反弯点法完全相同。

D 值法继承了反弯点法概念简单、思路清晰、计算简便的特点，同时精度又比反弯点法更高，适用于 $i_b/i_c < 3$ 的情况，高层结构，特别是考虑抗震要求，有强柱弱梁的框架。D 值法在实际中得到了广泛的应用。

(1)修正后的柱抗侧移刚度 D。柱的抗侧移刚度取决于柱两端的支承情况及两端被嵌固的程度。在反弯点法中，框架柱的抗侧移刚度 $D = \dfrac{12EI}{h^3}$ 是按柱上下端均为嵌固这一特定条件确定的。

实际上，在荷载作用下，框架的节点均有转角，则柱的侧移刚度应降低，它取决于框架梁、柱

的线刚度比。降低后的柱抗侧移刚度 D 可按式(10-36)计算：

$$D=\alpha_c D_1 = \alpha_c \frac{12EI}{h^3} \qquad (10-36)$$

式中　α_c——柱抗侧移刚度修正系数，按表 10-2 选用。

表 10-2　节点转动影响系数 α_c

柱位置		简图	$\bar{i}$	α_c
一般层		$\begin{array}{c} i_1 \quad i_2 \\ i_c \\ i_3 \quad i_4 \end{array}$	$\bar{i}=\dfrac{i_1+i_2+i_3+i_4}{2i_c}$	$\alpha_c=\dfrac{\bar{i}}{2+\bar{i}}$
底层	固接	$\begin{array}{c} i_1 \quad i_2 \\ i_c \end{array}$	$\bar{i}=\dfrac{i_1+i_2}{i_c}$	$\alpha_c=\dfrac{0.5+\bar{i}}{2+\bar{i}}$
	铰接	$\begin{array}{c} i_1 \quad i_2 \\ i_c \end{array}$	$\bar{i}=\dfrac{i_1+i_2}{i_c}$	$\alpha_c=\dfrac{0.5\bar{i}}{1+2\bar{i}}$

系数 α_c 反映了节点转动降低了柱的抗侧移能力，即梁柱线刚度比值对柱侧移刚度的影响，是用位移法对规则框架中典型柱的内力推导得到的，此处推导过程省略，可自行推导。导出过程中做了如下假定：

1)所求柱及与之相邻的各杆件杆端转角相等均为 θ；

2)所求柱及与之相邻的上下层柱的旋转角相等均为 φ，即这些柱的层间位移均相等；

3)所求柱及与之相邻的上、下层柱的高度均为 h_j；线刚度相等均为 i_c。

综上所述，影响柱抗侧移刚度的主要因素有：柱的线刚度 i_c、梁的线刚度、层高 h 和梁柱线刚度比 $\bar{i}$。

另外，当底层柱不等高(图 10-24)或为复式框架(图 10-25)时，D' 分别按式(10-37)和式(10-38)计算确定。

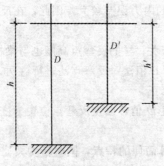

图 10-24　底层柱不等高

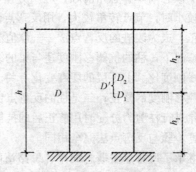

图 10-25　底层为复式框架

$$D'=\alpha_c' \frac{12EI}{(h')^3} \qquad (10-37)$$

式中，$\alpha_c' = \alpha_c \left(\dfrac{h}{h'}\right)^2$。

$$D' = \frac{1}{\frac{1}{D_1} + \frac{1}{D_2}} = \frac{D_1 D_2}{D_1 + D_2} \qquad (10\text{-}38)$$

(2)修正的反弯点高度。多层框架在节点水平集中力作用下，柱中反弯点的位置取决于其上下端转角的大小，若上下端转角相同，则反弯点就在柱高的中点；若一端的转角大，则反弯点就向另一端移动。而柱端转角的大小与其他杆件对其转动的约束程度有关，所以，影响柱反弯点位置的因素有：侧向外荷载的形式、梁柱线刚度比 $\bar{i}$、结构总层数及该柱所在的位置、上下层层高的变化等。

综上所述，柱底至反弯点的高度 yh 可由下式求出：

$$yh = (y_0 + y_1 + y_2 + y_3)h \qquad (10\text{-}39)$$

式中 y——修正后的反弯点高度比；

       y_0——标准反弯点高度比，是在各层等高、各跨相等、各层梁和柱线刚度都不改变的情况下求得的反弯点高度比；

       y_1——因上、下层梁线刚度比变化的修正值；

       y_2——因上层层高变化的修正值；

       y_3——因下层层高变化的修正值。

三、内力组合

在框架结构上除恒荷载外还有可变荷载，因此，进行内力组合就是要求出构件可能发生的最不利内力，并据此进行杆件设计。但没有必要对每一个截面进行内力组合，若某截面的内力对杆件起控制作用，则只对该截面进行内力组合即可，即对每根杆件的几个主要截面进行内力组合，这几个主要截面的内力求出后，按此内力进行杆件的配筋便可以保证此杆件有足够的可靠度。这些主要截面称为杆件的控制截面。

(一)控制截面的确定

一般情况下，框架中的梁主要承受弯矩，且梁的弯矩呈抛物线形变化，因此，对于梁，一般有三个控制截面：左端控制截面、跨中截面和右端控制截面。

框架中的柱除承受压力外还要承受弯矩，但是柱的弯矩呈线性变化，因此，每一根柱一般只有两个控制截面：柱顶截面和柱底截面。

(二)控制截面的最不利内力分析

1. 最不利内力组合的类型

梁的支座截面一般要考虑两个最不利内力：一个是支座截面可能的最不利负弯矩 $-M_{max}$，另一个是支座截面可能的最不利剪力 M_{max}。应用前一个最不利内力进行支座截面的正截面设计，用后一个最不利内力进行支座截面的斜截面设计，以保证支座截面有足够的承载力。梁的跨中截面一般只要考虑截面可能的最不利正弯矩 M_{max}。

如果由于荷载的作用，有可能使梁的支座截面出现正弯矩和跨中截面出现负弯矩时，也应进行支座截面正弯矩和跨中截面负弯矩的组合。

与梁相比，柱属于偏心受压构件，其最不利内力类型要复杂一些。即柱的正截面设计不仅与截面上弯矩 M 和轴力 N 的大小有关，还与弯矩 M 与轴力 N 的比值即偏心距有关。因此，柱控制截面上最不利内力的组合与单层厂房柱的组合类型相同：

(1)$+M_{max}$ 及相应的轴力 N 和剪力 V；

(2)$-M_{max}$ 及相应的轴力 N 和剪力 V；

(3)N_{max}及相应的弯矩M和剪力V；

(4)N_{min}及相应的弯矩M和剪力V；

(5)N_{max}及相应的弯矩M和轴力N。

实际设计时，为了施工的简便以及避免施工过程中可能出现的错误，框架柱通常采用对称配筋。此时，第(1)、(2)两组最不利内力组合可合并为弯矩绝对值最大的内力$|M_{max}|$及相应的轴力N。

2. 荷载效应组合

结构设计时，必须考虑各种荷载同时作用时的最不利情况。《高层建筑混凝土结构技术规程》(JGJ 3—2010)对荷载组合和地震作用组合的效应做了如下规定：

(1)持久设计状况和短暂设计状况下，当荷载与荷载效应按线性关系考虑时，荷载基本组合的效应设计值应按下式确定：

$$S_d = \gamma_G S_{Gk} + \gamma_L \psi_Q \gamma_Q S_{Qk} + \psi_w \gamma_w S_{wk} \tag{10-40}$$

式中 S_d——荷载组合的效应设计值；

γ_G——永久荷载分项系数，当其效应对结构承载力不利时，对由可变荷载效应控制的组合应取 1.2，对由永久荷载效应控制的组合应取 1.35；当其效应对结构承载力有利时，应取 1.0；

γ_Q——楼面活荷载分项系数，一般情况下应取 1.4，对结构的倾覆、滑移或漂浮验算，应取 0.9；对于标准值大于 4 kN/m² 的工业房屋楼面结构的活荷载应取 1.3；

γ_w——风荷载的分项系数，应取 1.4；

γ_L——考虑结构设计使用年限的荷载调整系数，设计使用年限为 50 年时取 1.0，设计使用年限为 100 年时取 1.1；

S_{Gk}——永久荷载效应标准值；

S_{Qk}——楼面活荷载效应标准值；

S_{wk}——风荷载效应标准值；

ψ_Q, ψ_w——分别为楼面活荷载组合值系数和风荷载组合值系数，当永久荷载效应起控制作用时应分别取 0.7 和 0.0；当可变荷载效应起控制作用时应分别取 1.0 和 0.6 或 0.7 和 1.0。

注：对书库、档案库、储藏室、通风机房和电梯机房，本条楼面活荷载组合值系数取 0.7 的场合应取为 0.9。

(2)地震设计状况下，当作用与作用效应按线性关系考虑时，荷载和地震作用基本组合的效应设计值应按下式确定：

$$S_d = \gamma_G S_{GE} + \gamma_{Eh} S_{Ehk} + \gamma_{Ev} S_{Evk} + \psi_w \gamma_w S_{wk} \tag{10-41}$$

式中 S_d——荷载和地震作用组合的效应设计值；

S_{GE}——重力荷载代表值的效应；

S_{Ehk}——水平地震作用标准值的效应，尚应乘以相应的增大系数、调整系数；

S_{Evk}——竖向地震作用标准值的效应，尚应乘以相应的增大系数、调整系数；

γ_G——重力荷载分项系数，按表 10-3 采用；当其效应对结构承载力有利时，不应大于 1.0；

γ_w——风荷载分项系数，按表 10-3 采用；

γ_{Eh}——水平地震作用分项系数，按表 10-3 采用；

γ_{Ev}——竖向地震作用分项系数，按表 10-3 采用；

ψ_w——风荷载组合值系数，应取 0.2。

表 10-3　地震设计状况时荷载和作用的分项系数

参与组合的荷载和作用	γ_G	γ_{Eh}	γ_{Ev}	γ_w	说明
重力荷载及水平地震作用	1.2	1.3	—	—	抗震设计的高层建筑结构均应考虑
重力荷载及竖向地震作用	1.2	—	1.3	—	9 度抗震设计时考虑；水平长悬臂和大跨度结构 7 度 (0.15g)、8 度、9 度抗震设计时考虑
重力荷载、水平地震作用及竖向地震作用	1.2	1.3	0.5	—	9 度抗震设计时考虑；水平长悬臂和大跨度结构 7 度 (0.15g)、8 度、9 度抗震设计时考虑
重力荷载、水平地震作用及风荷载	1.2	1.3	—	1.4	60 m 以上的高层建筑考虑
重力荷载、水平地震作用、竖向地震作用及风荷载	1.2	1.3	0.5	1.4	60 m 以上的高层建筑，9 度抗震设计时考虑；水平长悬臂和大跨度结构 7 度 (0.15g)、8 度、9 度抗震设计时考虑
	1.2	0.5	1.3	1.4	水平长悬臂和大跨度结构，7 度 (0.15g)、8 度、9 度抗震设计时考虑

注：1. g 为重力加速度；
　　2. "—"表示组合中不考虑该项荷载或作用效应。

非抗震设计时，应按式(10-40)的规定进行荷载组合的效应计算。抗震设计时，应同时按式(10-40)和式(10-41)的规定进行荷载和地震作用组合的效应计算。

3. 内力组合时注意问题

(1)在竖向荷载作用下，可考虑框架梁端塑性变形内力重分布对梁端负弯矩乘以调幅系数进行调幅，并应符合下列规定：

1)装配整体式框架梁端负弯矩调幅系数可取为 0.7～0.8，现浇框架梁端负弯矩调幅系数可取为 0.8～0.9；

2)框架梁端负弯矩调幅后，梁跨中弯矩应按平衡条件相应增大；

3)应先对竖向荷载作用下框架梁的弯矩进行调幅，再与水平作用产生的框架梁弯矩进行组合。

(2)截面设计时，框架梁跨中截面正弯矩设计值不应小于竖向荷载作用下按简支梁计算的跨中弯矩设计值的 50%。

四、侧移验算

一般情况下，框架结构在竖向荷载作用下的侧移很小，可以忽略不计，因此，框架结构的侧移主要由风荷载和水平地震作用所引起。

在正常的使用条件下，框架应具有足够的刚度，避免产生过大的位移而影响结构的承载力、稳定性和使用要求，例如，框架结构的最大位移为顶层位移，若顶层位移过大会影响正常使用；若层间相对侧移过大则会使填充墙开裂、外墙饰面脱落等。所以在设计时，还需要分别对框架的层间位移及其顶点侧移进行限制，使其满足有关要求。

1. 框架侧移变形曲线的形式

框架结构在水平荷载作用下的侧移，可以看作是由梁、柱的弯曲变形[图 10-26(a)]和柱的轴向变形[图 10-27(a)]所引起的侧移叠加。梁、柱杆件的弯曲变形是由水平荷载产生的层间剪力引起的，特点是层间位移上小下大，框架的整体变形曲线如同单根等截面悬臂柱在水平作用下剪切型变形[图 10-26(b)]；柱的轴向变形主要是由水平荷载产生的倾覆力矩引起的，特点是层间位移上大下小，框架的整体变形曲线如同单根等截面悬臂柱在水平作用下的弯曲型变形

［图 10-27(b)］。即框架结构整体的侧移曲线由弯曲型变形和剪切型变形两部分组成。

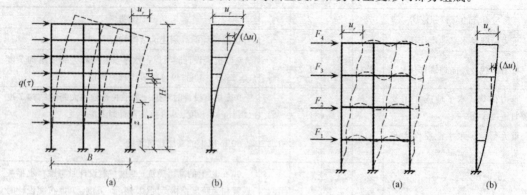

图 10-26　框架的弯曲型变形　　　　　图 10-27　框架的剪切型变形

　　在多层框架结构中，框架的整体侧移主要是由梁、柱的弯曲变形引起，柱的轴向变形引起的侧移很小，可以忽略不计，因此，对于层数不多的框架结构，其侧移曲线是以总体剪切变形为主；当框架结构的层数较多、高度较大或结构的总体高宽比增大时，柱轴力加大，总体弯曲变形的成分也将增大。当总高度＞50 m 或 $H/B>4$ 时，一般就应考虑由柱的轴向变形引起的侧移，但一般情况下，框架剪切型变形和弯曲型变形叠加形成的框架的整体侧移曲线总是以剪切型变形为主。

　　综上所述，框架结构的变形特点是：梁、柱杆件的变形是以弯曲为主，但框架整体的变形却是剪切型的。房屋高度增大时，其受力特点的变化是由受竖向荷载为主变为受侧向荷载为主，同时整体变形的弯曲成分也将增大。

2. 框架结构的弹性侧移计算——剪切型变形

　　框架结构的剪切型变形，即由梁、柱的弯曲变形引起的框架侧移可利用柱的抗侧移刚度 D 值计算。

　　当框架结构某一层层剪力和所有柱的侧移刚度 D 值已知时，可根据侧移刚度的定义得到该层框架的层间相对侧移，例如，对第 i 层，其层间相对侧移为

$$\Delta u_i = \frac{V_i}{D_i} = V_i / \sum_{j=1}^n D_{ij} \qquad (10\text{-}42)$$

式中　V_i——第 i 层的总剪力；

　　　　D_{ij}——第 i 层第 j 列柱的侧移刚度；

　　　　n——框架第 i 层的总柱数。

　　每一层的层间侧移值求出以后，就可以计算各层楼板标高处的侧移值和框架的顶点侧移值，各层楼板标高处的侧移值是该层以下各层层间侧移之和。顶点侧移是所有各层层间侧移之和。

　　j 层侧移：

$$\Delta u_j = \sum_{i=1}^j \Delta u_i \qquad (10\text{-}43)$$

　　结构顶点的总水平侧移：

$$\Delta u = \sum_{j=1}^n \Delta u_j \qquad (10\text{-}44)$$

3. 框架结构的层间弹性位移验算

　　正常使用条件下限制框架结构的层间位移主要是为了保证梁、柱等主要结构构件不至于产

生过大裂缝,同时避免非结构构件(填充墙、隔墙、幕墙等)产生明显损伤。框架结构在正常使用条件下的变形验算,要求按弹性方法计算的风荷载或多遇地震标准值作用下的楼层层间最大水平侧移与该层的层高之比 $\Delta u/h$,不宜超过下列限值:

(1)高度不大于 150 m 的框架结构:$\Delta u/h \leqslant 1/550$。

(2)高度不小于 250 m 的框架结构:$\Delta u/h \leqslant 1/500$。

(3)高度为 150~250 m 的框架结构:按前两条线性插入取用。

五、重力二阶效应及结构稳定

1. 重力二阶效应

框架结构在水平荷载作用下将产生侧移,如果侧移量比较大,由结构重力荷载产生的附加弯矩也将较大,危及结构的安全与稳定。这个附加弯矩称为重力二阶效应或 P-Δ 效应。

当框架结构满足式(10-45)规定时,弹性计算分析时可不考虑重力二阶效应的不利影响。

$$D_i \geqslant 20 \sum_{j=i}^{n} G_j/h_i \quad (i=1,2,\cdots,n) \tag{10-45}$$

式中 G_j——第 j 层重力荷载设计值,取 1.2 倍的永久荷载标准值和 1.4 倍的楼面活荷载标准值的组合值;

h_i——第 i 楼层层高;

D_i——第 i 楼层的弹性等效侧向刚度,可取该层剪力与层间位移的比值;

n——结构计算总层数。

当高层建筑结构不满足式(10-45)的规定时,结构弹性计算时应考虑重力二阶效应对水平力作用下结构内力和位移的不利影响。

高层建筑结构的重力二阶效应可采用有限元方法进行计算;也可采用对未考虑重力二阶效应的计算结果乘以增大系数的方法近似考虑。近似考虑时,结构位移增大系数 F_{1i} 以及结构构件弯矩和剪力增大系数 F_{2i} 可分别按下列规定计算,位移计算结果仍应满足本节"四"的规定。

$$F_{1i} = \frac{1}{1-\sum_{j=i}^{n} G_j/(D_i h_i)} \quad (i=1,2,\cdots,n) \tag{10-46}$$

$$F_{2i} = \frac{1}{1-2\sum_{j=i}^{n} G_j/(D_i h_i)} \quad (i=1,2,\cdots,n) \tag{10-47}$$

2. 结构稳定

高层框架结构的整体稳定性应符合下列要求:

$$D_i \geqslant 10 \sum_{j=i}^{n} G_j/h_i \quad (i=1,2,\cdots,n) \tag{10-48}$$

一般来说,重力二阶效应及结构稳定在多层框架结构中影响较小,可不考虑;在高层框架结构中则影响较大,不能被忽略。

六、多层框架结构设计实例

1. 工程概况

本工程为钢筋混凝土框架结构体系,共三层,层高为 3.6 m,室内外高差为 0.6 m,基础顶面至室外地面距离为 0.5 m。框架平面柱网布置图如图 10-28 所示,选择典型一榀框架进行计算。框架梁、柱、屋面板、楼面板全部现浇。基本雪压为 0.3 kN/m²，基本风压为 0.35 kN/m²，地面粗糙度类别为 B 类。不考虑抗震设防。混凝土强度等级采用 C30；受力钢筋采用 HRB335 级。

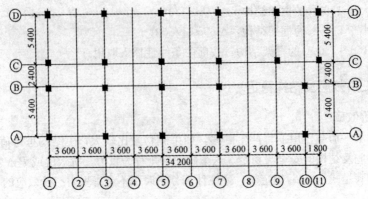

图 10-28　框架平面柱网布置图

屋面做法：20 mm 厚板底抹灰，钢筋混凝土板厚为 100 mm，120 mm 厚水泥膨胀珍珠岩保温层，20 mm 厚水泥砂浆找平层，4 mm 厚 SBS 卷材防水层。不上人屋面，屋面活荷载为 0.5 kN/m²。

楼面做法：20 mm 厚板底抹灰，钢筋混凝土板厚 100 mm，30 mm 厚水磨石面层。梁柱表面采用 20 mm 厚抹灰。楼面活荷载为 3.0 kN/m³。

荷载取值：钢筋混凝土重度 25 kN/m³，水泥膨胀珍珠岩砂浆 15 kN/m³，水泥砂浆重度 20 kN/m³，石灰砂浆重度 17 kN/m³，4 mm 厚卷材防水层 0.30 kN/m²，水磨石自重 0.65 kN/m²。恒荷载分项系数为 1.2，活荷载分项系数为 1.4。

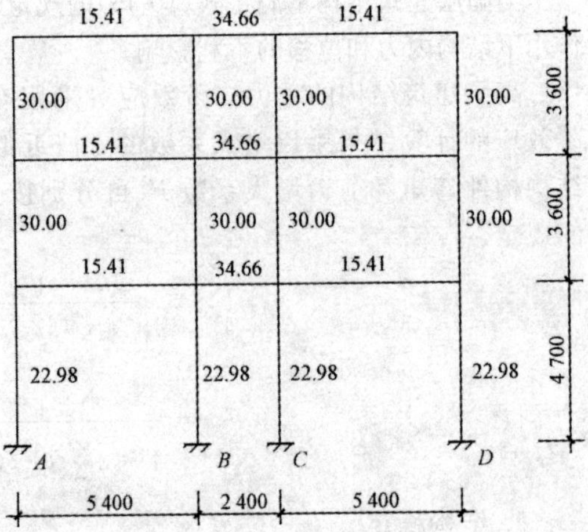

2. 梁柱尺寸及计算简图

构件尺寸和材料强度：梁 300 mm×550 mm；柱 600 mm×600 mm。

根据地质资料，确定基础顶离外地面为 500 mm，由此求得底层层高为 4.7 m。各梁柱构件的线刚度经计算后列于图 10-29 中。其中在求梁截面惯性矩时考虑到现浇板的作用，取 $I=2I_0$（I_0 为不考虑楼板翼缘作用的梁截面惯性矩）。

图 10-29　结构计算简图
（图中数字为线刚度）

AB、CD 跨梁：$i=2E_c \times \frac{1}{12} \times 0.3 \times 0.55^3/5.4=15.41 \times 10^{-4}E_c$（m³）

BC 跨梁：$i=2E_c \times \frac{1}{12} \times 0.3 \times 0.55^3/2.4=34.66 \times 10^{-4}E_c$（m³）

上部结构各层柱：$i=E_c \times \frac{1}{12} \times 0.6 \times 0.6^3/3.6=30.00 \times 10^{-4}E_c$（m³）

底层柱：$i=E_c \times \frac{1}{12} \times 0.6 \times 0.6^3/4.7=22.98 \times 10^{-4}E_c$（m³）

3. 荷载计算

(1)恒荷载计算。

1)屋面框架梁线荷载标准值。

20 mm 厚板底抹灰：$0.02 \times 17 = 0.34 (kN/m^2)$

100 mm 厚钢筋混凝土板：$0.10 \times 25 = 2.5 (kN/m^2)$

120 mm 厚水泥膨胀珍珠岩保温层：$0.12 \times 15 = 1.8 (kN/m^2)$

20 mm 厚水泥砂浆找平层：$0.02 \times 20 = 0.4 (kN/m^2)$

4 mm 厚 SBS 卷材防水层：$0.3 \ kN/m^2$

屋面恒荷载：$5.34 \ kN/m^2$

框架梁自重：$0.3 \times 0.55 \times 25 = 4.125 (kN/m)$

梁侧粉刷：$2 \times (0.55 - 0.1) \times 0.02 \times 17 = 0.306 (kN/m)$

框架梁自重及梁侧粉刷：$0.306 + 4.125 = 4.431 (kN/m)$

因此，作用在屋顶框架梁上的线荷载为

$g_{3AB1} = g_{3BC1} = g_{3CD1} = 4.43 \ kN/m$

$g_{3AB2} = g_{3CD2} = 5.34 \times 3.6 = 19.22 (kN/m)$

$g_{3BC2} = 5.34 \times 2.4 = 12.82 (kN/m)$

2)楼面框架梁线荷载标准值。

20 mm 厚板底抹灰：$0.02 \times 17 = 0.34 (kN/m^2)$

100 mm 厚钢筋混凝土板：$0.10 \times 25 = 2.5 (kN/m^2)$

30 mm 厚水磨石面层：$0.65 \ kN/m^2$

20 mm 厚梁柱表面抹灰：$0.02 \times 17 = 0.34 (kN/m^2)$

楼面恒荷载：$3.83 \ kN/m^2$

框架梁自重及梁侧粉刷：$4.43 \ kN/m$

因此，作用在中间层框架梁上的线荷载为

$g_{AB1} = g_{CD1} = 4.43 \ kN/m$

$g_{BC1} = 4.43 \ kN/m$

$g_{AB2} = g_{CD2} = 3.83 \times 3.6 = 13.79 (kN/m)$

$g_{BC2} = 3.83 \times 2.4 = 9.19 (kN/m)$

3)屋面框架节点集中荷载标准值。

边柱连系梁自重：$0.3 \times 0.55 \times 7.2 \times 25 = 29.70 (kN)$

粉刷：$0.02 \times (0.55 - 0.10) \times 7.2 \times 2 \times 17 = 2.20 (kN)$

边柱连系梁传来屋面自重：$\frac{1}{2} \times (7.2 + 7.2 - 5.4) \times 2.7 \times 4.43 = 53.82 (kN)$

边柱次梁自重：$0.3 \times 0.55 \times 5.4 \times 25 = 22.28 (kN)$

粉刷：$0.02 \times (0.55 - 0.10) \times 5.4 \times 2 \times 17 = 1.65 (kN)$

边柱次梁传来屋面自重：$2 \times \frac{1}{2} \times (2.7 + 2.7 - 1.8) \times 1.8 \times 4.43 = 28.71 (kN)$

顶层边节点集中荷载：$G_{6A} = G_{6D} = 138.36 \ kN$

中柱连系梁自重：$0.3 \times 0.55 \times 7.2 \times 25 = 29.70 (kN)$

粉刷：$0.02 \times (0.55 - 0.10) \times 7.2 \times 2 \times 17 = 2.20 (kN)$

中柱连系梁传来屋面自重：$\frac{1}{2} \times (7.2 + 7.2 - 5.4) \times 2.7 \times 4.43 = 53.82 (kN)$

$$2 \times \frac{1}{2} \times (3.6+3.6-1.2) \times 1.2 \times 4.43 = 31.90(\text{kN})$$

中柱次梁自重：$0.3 \times 0.55 \times 2.4 \times 25 = 9.90(\text{kN})$

粉刷：$0.02 \times (0.55-0.10) \times 2.4 \times 2 \times 17 = 0.73(\text{kN})$

边柱次梁传来屋面自重：$2 \times \frac{1}{2} \times (2.7+2.7-1.8) \times 1.8 \times 4.43 = 28.71(\text{kN})$

$$\frac{1}{2} \times 2.4 \times \frac{1}{2} \times 2.4 \times 4.43 = 6.38(\text{kN})$$

顶层中节点集中荷载：$G_{6B} = G_{6C} = 163.34 \text{ kN}$

4）楼面框架节点集中荷载标准值。

边柱连系梁自重：$0.3 \times 0.55 \times 7.2 \times 25 = 29.70(\text{kN})$

粉刷：$0.02 \times (0.55-0.10) \times 7.2 \times 2 \times 17 = 2.20(\text{kN})$

边柱连系梁传来楼面自重：$\frac{1}{2} \times (7.2+7.2-5.4) \times 2.7 \times 3.83 = 46.53(\text{kN})$

边柱次梁自重：$0.3 \times 0.55 \times 5.4 \times 25 = 22.28(\text{kN})$

粉刷：$0.02 \times (0.55-0.10) \times 5.4 \times 2 \times 17 = 1.65(\text{kN})$

边柱次梁传来楼面自重：$2 \times \frac{1}{2} \times (2.7+2.7-1.8) \times 1.8 \times 3.83 = 24.82(\text{kN})$

框架柱自重：$0.6 \times 0.6 \times 3.6 \times 25 = 32.40(\text{kN})$

粉刷：$(0.6+0.6) \times 2 \times 0.02 \times 3.6 \times 17 = 2.94(\text{kN})$

中间层边节点集中荷载：$G_A = G_D = 162.52 \text{ kN}$

中柱连系梁自重：$0.3 \times 0.55 \times 7.2 \times 25 = 29.70(\text{kN})$

粉刷：$0.02 \times (0.55-0.10) \times 7.2 \times 2 \times 17 = 2.20(\text{kN})$

中柱连系梁传来楼面自重：$\frac{1}{2} \times (7.2+7.2-5.4) \times 2.7 \times 3.83 = 46.53(\text{kN})$

$$2 \times \frac{1}{2} \times (3.6+3.6-1.2) \times 1.2 \times 3.83 = 27.58(\text{kN})$$

中柱次梁自重：$0.3 \times 0.55 \times 2.4 \times 25 = 9.90(\text{kN})$

粉刷：$0.02 \times (0.55-0.10) \times 2.4 \times 2 \times 17 = 0.73(\text{kN})$

边柱次梁传来楼面自重：$2 \times \frac{1}{2} \times (2.7+2.7-1.8) \times 1.8 \times 3.83 = 24.82(\text{kN})$

$$\frac{1}{2} \times 2.4 \times \frac{1}{2} \times 2.4 \times 3.83 = 5.52(\text{kN})$$

框架柱自重：$0.6 \times 0.6 \times 3.6 \times 25 = 32.40(\text{kN})$

粉刷：$(0.6+0.6) \times 2 \times 0.02 \times 3.6 \times 17 = 2.94(\text{kN})$

中间层中节点集中荷载：$G_B = G_C = 182.32 \text{ kN}$

5）恒荷载作用下的结构计算简图。

恒荷载作用下的结构计算简图如图 10-30 所示。

（2）活荷载计算。

1）屋面活荷载计算。

活荷载作用在顶层屋面上的线荷载：$P_{3AB} = P_{3CD} = 0.5 \times 3.6 = 1.8(\text{kN/m})$

$$P_{3BC} = 0.5 \times 2.4 = 1.2(\text{kN/m})$$

边柱次梁传来屋面活荷载：$2 \times \frac{1}{2} \times (2.7+2.7-1.8) \times 1.8 \times 0.5 = 3.24(\text{kN})$

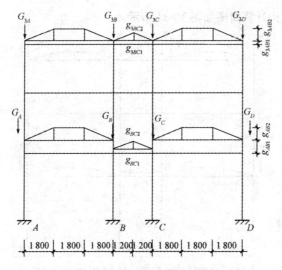

图 10-30   恒荷载作用下的结构计算简图

边柱连系梁传来屋面活荷载：$\frac{1}{2} \times (7.2 + 7.2 - 5.4) \times 2.7 \times 0.5 = 6.08(kN)$

顶层边节点集中活荷载：$P_{3A} = P_{3D} = 9.32 \ kN$

中柱次梁传来屋面活荷载：$2 \times \frac{1}{2} \times (2.7 + 2.7 - 1.8) \times 1.8 \times 0.5 = 3.24(kN)$

$$\frac{1}{2} \times 2.4 \times \frac{1}{2} \times 2.4 \times 0.5 = 0.72(kN)$$

中柱连系梁传来屋面活荷载：$\frac{1}{2} \times (7.2 + 7.2 - 5.4) \times 2.7 \times 0.5 = 6.08(kN)$

$$2 \times \frac{1}{2} \times (3.6 + 3.6 - 1.2) \times 1.2 \times 0.5 = 3.60(kN)$$

顶层中节点集中活荷载：$P_{3B} = P_{3C} = 13.64 \ kN$

2）楼面活荷载计算。

活荷载作用在楼面上的线荷载：$P_{AB} = P_{CD} = 3 \times 3.6 = 10.8(kN/m)$

$$P_{BC} = 3 \times 2.4 = 7.2(kN/m)$$

边柱次梁传来楼面活荷载：$2 \times \frac{1}{2} \times (2.7 + 2.7 - 1.8) \times 1.8 \times 3 = 19.44(kN)$

边柱连系梁传来楼面活荷载：$\frac{1}{2} \times (7.2 + 7.2 - 5.4) \times 2.7 \times 3 = 36.45(kN)$

中间层边节点集中活荷载：$P_A = P_D = 55.89 \ kN$

中柱次梁传来屋面活荷载：$2 \times \frac{1}{2} \times (2.7 + 2.7 - 1.8) \times 1.8 \times 3 = 19.44(kN)$

$$\frac{1}{2} \times 2.4 \times \frac{1}{2} \times 2.4 \times 3 = 4.32(kN)$$

中柱连系梁传来屋面活荷载：$\frac{1}{2} \times (7.2 + 7.2 - 5.4) \times 2.7 \times 3 = 36.45(kN)$

$$2 \times \frac{1}{2} \times (3.6 + 3.6 - 1.2) \times 1.2 \times 3 = 21.6(kN)$$

中间层中节点集中活荷载：$P_B = P_C = 81.81 \ kN$

3）活荷载作用下的结构计算简图。

活荷载作用下的结构计算简图如图 10-31 所示。

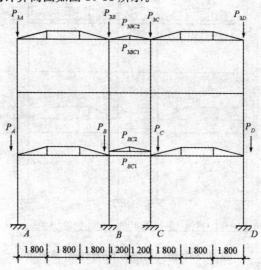

图 10-31　活荷载作用下的结构计算简图

(3)风荷载计算。风压标准值计算公式为

$$\omega = \beta_z \mu_s \mu_z \omega_0$$

因结构高度 $H = 11.9$ m<30 m，可取 $\beta_z = 1.0$；对于矩形平面 $\mu_s = 1.3$；μ_z 可按线性插入法求得。将风荷载换算成作用于框架每层节点上的集中荷载，计算过程见表 10-4。

表 10-4　沿房屋高度风荷载计算值

层次	β_z	μ_s	z/m	μ_z	ω_0/(kN·m^{-2})	A/m^2	P_w/kN
3	1.0	1.3	11.4	1.038	0.35	12.96	6.12
2	1.0	1.3	7.8	0.912	0.35	13.16	5.38
1	1.0	1.3	4.2	0.642	0.35	14.04	4.10

注：表中 z 为框架节点至室外地面的高度，A 为一榀框架各层节点的受风面积，计算结果如图 10-32 所示。

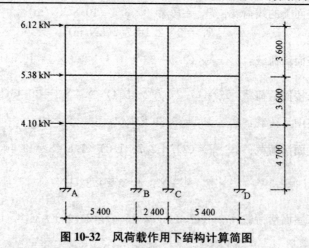

图 10-32　风荷载作用下结构计算简图

4. 内力计算

(1)恒荷载作用下的内力计算。恒荷载(竖向荷载)作用下的内力计算采用分层法。计算中柱的线刚度取框架柱实际线刚度的 0.9 倍。

　　梁上分布荷载由矩形和梯形两部分组成，在求固端弯矩时可直接根据图示荷载计算，也可根据固端弯矩相等的原则，先将梯形分布荷载及三角形分布荷载转化为等效均布荷载，然后再进行计算。

　　注：按照支座弯矩等效的原则，按下式将三角形荷载和梯形荷载等效为均布荷载 p_e。

三角形荷载作用时：

$$p_e = \frac{5}{8} p'$$

梯形荷载作用时：

$$p_e = (1 - 2\alpha_1^2 + \alpha_1^3) p'$$

式中　p'——$p' = p \cdot \dfrac{l_{01}}{2} = (g+q) \cdot \dfrac{l_{01}}{2}$

　　　　g，q——板面的均布恒荷载和均布活荷载；

　　　　l_{01}——长跨与短跨的计算跨度。

将梯形荷载转化成等效均布荷载为

$$\alpha_1 = 0.5 \times \frac{3.6}{5.4} = 0.333$$

$$\begin{aligned} g'_{3边} &= g_{3AB1} + (1 - 2\alpha_1^2 + \alpha_1^3) g_{3AB2} \\ &= 4.43 + (1 - 2 \times 0.333^2 + 0.333^3) \times 19.22 \\ &= 20.10 (\text{kN/m}) \end{aligned}$$

$$g'_{3中} = g_{3BC1} + \frac{5}{8} g_{3BC2} = 4.43 + \frac{5}{8} \times 12.82 = 12.44 (\text{kN/m})$$

$$\begin{aligned} g'_{边} &= g_{AB1} + (1 - 2\alpha_1^2 + \alpha_1^3) g_{AB2} \\ &= 4.43 + (1 - 2 \times 0.333^2 + 0.333^3) \times 13.79 \\ &= 15.67 (\text{kN/m}) \end{aligned}$$

$$g'_{中} = g_{BC1} + \frac{5}{8} g_{BC2} = 4.43 + \frac{5}{8} \times 9.19 = 10.17 (\text{kN/m})$$

结构内力可用弯矩分配法计算并可利用结构对称性去二分之一结构计算。各杆的固端弯矩为

$$M_{3AB} = \frac{1}{12} g'_{3边} l_{边}^2 = \frac{1}{12} \times 20.10 \times 5.4^2 = 48.84 (\text{kN} \cdot \text{m})$$

$$M_{3BC} = \frac{1}{3} g'_{3中} l_{中}^2 = \frac{1}{3} \times 12.44 \times 1.2^2 = 5.97 (\text{kN} \cdot \text{m})$$

$$M_{AB} = \frac{1}{12} g'_{边} l_{边}^2 = \frac{1}{12} \times 15.67 \times 5.4^2 = 38.08 (\text{kN} \cdot \text{m})$$

$$M_{BC} = \frac{1}{3} g'_{中} l_{中}^2 = \frac{1}{3} \times 10.17 \times 1.2^2 = 4.88 (\text{kN} \cdot \text{m})$$

1）顶层弯矩计算。顶层弯矩图如图 10-33 所示，弯矩分配法计算内力过程见表 10-5。

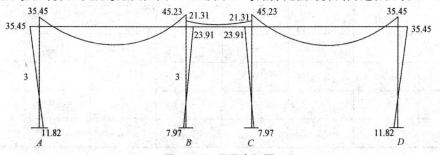

图 10-33　顶层弯矩图

表 10-5　恒荷载作用顶层弯矩　　　　　　　　　　　　kN・m

A−3	A−B		B−A	B−3	B−C
0.637	0.363		0.258	0.452	0.290
	−48.84		48.84		−5.97
31.10	17.73	→	8.87		
	−6.68	←	−13.35	−23.39	−15.00
4.25	2.42	→	1.21		
	−0.16	←	−0.31	−0.53	−0.34
	0.05	→	0.03		
35.35	−35.45		45.23	−23.92	−21.31

2)中间层弯矩计算。中间层弯矩图如图 10-34 所示，弯矩分配法计算内力过程见表 10-6。

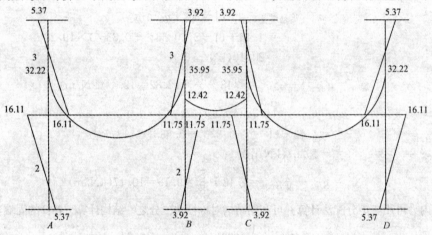

图 10-34　中间层弯矩图

表 10-6　恒荷载作用中间层弯矩　　　　　　　　　　kN・m

A−2	A−3	A−B		B−A	B−2	B−3	B−C
0.389	0.389	0.222		0.178	0.311	0.311	0.200
		−38.08		38.08			−4.88
14.81	14.81	8.45	→	4.23			
		−3.33	←	−6.66	−11.64	−11.64	−7.49
1.30	1.30	0.74	→	0.37			
				−0.07	−0.11	−0.11	0.07
16.11	16.11	−32.22		35.95	−11.75	−11.75	−12.30

3)底层弯矩计算。底层弯矩图如图 10-35 所示，弯矩分配法计算内力过程见表 10-7。

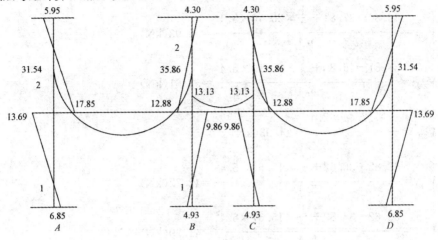

图 10-35 底层弯矩图

表 10-7 恒荷载作用底层弯矩　　　　　　　　　　　　　　　　　　kN·m

A—1	A—2	A—B		B—A	B—1	B—2	B—C
0.328	0.428	0.244		0.192	0.257	0.336	0.215
		−38.08		38.08			−4.88
12.49	16.30	9.29	→	4.70			
		−3.64	←	−7.28	−9.74	−12.73	−8.15
1.20	1.55	0.89	→	0.45			
				−0.09	−0.12	−0.15	−0.1
13.69	17.85	−31.54		35.86	−9.86	−12.88	−13.13

考虑二次分配不平衡弯矩，标准层传给顶层的弯矩分配，底层、顶层传递给标准层的弯矩也分配，计算过程从略。恒荷载弯矩图如图 10-36 所示。

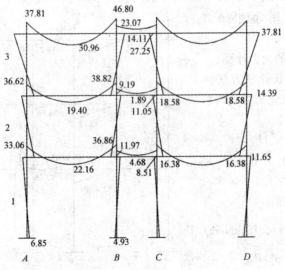

图 10-36 恒荷载弯矩图

①剪力计算。

$$V_{3BA}=\cfrac{46.80-37.81+\cfrac{1}{2}\times20.10\times5.4^2}{5.4}=55.93(\text{kN})$$

$$V_{3AB}=\cfrac{37.81-46.80+\cfrac{1}{2}\times20.10\times5.4^2}{5.4}=52.61(\text{kN})$$

$$V_{3BC}=\cfrac{\cfrac{1}{2}\times12.44\times2.4^2}{2.4}=14.93(\text{kN})$$

$$V_{2BA}=\cfrac{38.82-36.62+\cfrac{1}{2}\times15.67\times5.4^2}{5.4}=42.72(\text{kN})$$

$$V_{2AB}=\cfrac{36.62-38.82+\cfrac{1}{2}\times15.67\times5.4^2}{5.4}=41.90(\text{kN})$$

$$V_{1BC}=V_{2BC}=\cfrac{\cfrac{1}{2}\times10.13\times2.4^2}{2.4}=12.16(\text{kN})$$

$$V_{2BA}=\cfrac{36.86-33.06+\cfrac{1}{2}\times15.67\times5.4^2}{5.4}=43.01(\text{kN})$$

$$V_{2AB}=\cfrac{33.06-36.86+\cfrac{1}{2}\times15.67\times5.4^2}{5.4}=41.61(\text{kN})$$

②轴力计算。

$N_{A3}=138.36+52.60=190.96(\text{kN})$

$N_{B3}=163.34+55.93+14.93=234.20(\text{kN})$

$N_{A2}=190.96+162.52+41.90+32.40+2.94=430.72(\text{kN})$

$N_{B2}=234.20+182.34+42.72+12.16+32.40+2.94=506.76(\text{kN})$

$N_{A1}=430.72+162.52+41.61+32.40+2.94=670.19(\text{kN})$

$N_{B1}=506.76+182.34+43.01+12.16+32.40+2.94=779.61(\text{kN})$

梁剪力、柱轴力图如图 10-37 所示。

(2)活荷载作用下的内力计算。

计算方法与恒荷载计算方法一样，也是将梯形荷载转化为等效均布荷载。

$$P'_{3边}=(1-2\alpha_1^2+\alpha_1^3)P_{3AB}$$
$$=(1-2\times0.333^2+0.333^3)\times1.8$$
$$=1.47(\text{kN/m})$$

$$P'_{3中}=\cfrac{5}{8}P_{3BC}=\cfrac{5}{8}\times1.2=0.75(\text{kN/m})$$

$$P'_{边}=(1-2\alpha_1^2+\alpha_1^3)P_{AB}$$
$$=8.8(\text{kN/m})$$

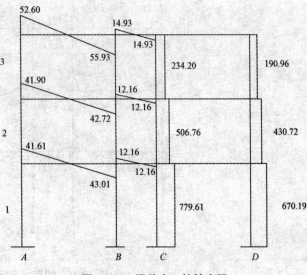

图 10-37　梁剪力、柱轴力图

$$P'_{中}=\frac{5}{8}P_{BC}=\frac{5}{8}\times7.2=4.5(\text{kN/m})$$

弯矩计算：

$$M_{3AB}=\frac{1}{12}\times1.47\times5.4^2=3.57(\text{kN}\cdot\text{m})$$

$$M_{3BC}=\frac{1}{3}\times0.75\times1.2^2=0.36(\text{kN}\cdot\text{m})$$

$$M_{AB}=\frac{1}{12}\times8.8\times5.4^2=21.38(\text{kN}\cdot\text{m})$$

$$M_{BC}=\frac{1}{3}\times4.5\times1.2^2=2.16(\text{kN}\cdot\text{m})$$

用分层弯矩分配法计算内力，并二次分配不平衡弯矩，计算过程从略。活荷载弯矩图如图 10-38 所示。

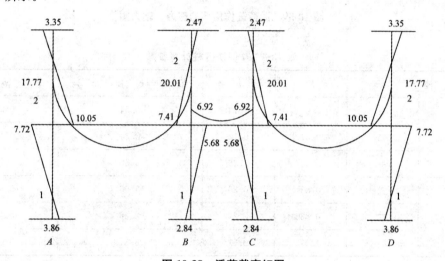

图 10-38　活荷载弯矩图

1）跨中弯矩计算。

$M_{3AB}=1.27$ kN·m	$M_{3BC}=0.06$ kN·m
$M_{2AB}=12.08$ kN·m	$M_{2BC}=-2.55$ kN·m
$M_{1AB}=12.48$ kN·m	$M_{1BC}=-3.02$ kN·m

2）剪力计算。

$V_{3AB}=3.93$ kN	$V_{3BA}=4.00$ kN	$V_{3BC}=0.90$ kN
$V_{2AB}=23.46$ kN	$V_{2BA}=24.06$ kN	
$V_{1AB}=21.78$ kN	$V_{1BA}=25.74$ kN	$V_{1BC}=V_{2BC}=5.40$ kN

3）轴力计算（剪力、轴力计算结果如图 10-39 所示）。

$N_{A3}=13.25$ kN	$N_{B3}=18.54$ kN
$N_{A2}=127.97$ kN	$N_{B2}=165.18$ kN
$N_{A1}=241.01$ kN	$N_{B1}=313.50$ kN

（3）风荷载作用下的内力计算。风荷载内力计算采用 D 值法，各柱计算参数见表 10-8，计算过程如图 10-40、图 10-41 所示，计算结果如图 10-42、图 10-43 所示。

3.93
0.90
0.90
4.00
13.25
18.54
3
23.46
5.40
5.40
24.06
2
127.97
165.18
21.78
5.40
5.40
25.74
1
241.01
313.50
A
B
C
D

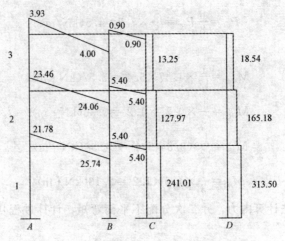

图 10-39　活荷载作用下的剪力、轴力图

表 10-8　*D* 值法各柱计算参数

楼　层		K	α	$D\times10^{-4}E_c/(\text{kN}\cdot\text{m}^{-1})$	y_0
边柱	三	0.27	0.12	3.34	0.20
	二	0.27	0.12	3.34	0.47
	一	0.33	0.36	4.50	0.79
中柱	三	0.83	0.29	8.06	0.35
	二	0.83	0.29	8.06	0.45
	一	1.07	0.51	6.37	0.60

$$V_{Pi}=\sum_{i=n}^{5}P_i \text{ 或 } V_{ik}=\frac{D_k}{\sum D}\cdot V_{Pi}$$

P3=6.12kN
VP3=6.12kN
K=0.27
αc=0.12
V3=1.83
K=0.83
αc=0.29
V3=2.19
P2=5.38kN
VP2=11.50kN
K=0.27
αc=0.12
V2=3.44
K=0.83
αc=0.29
V2=4.12
P1=4.10kN
VP1=15.60kN
K=0.33
αc=0.36
V1=6.28
K=1.07
αc=0.51
V1=4.42
A
B

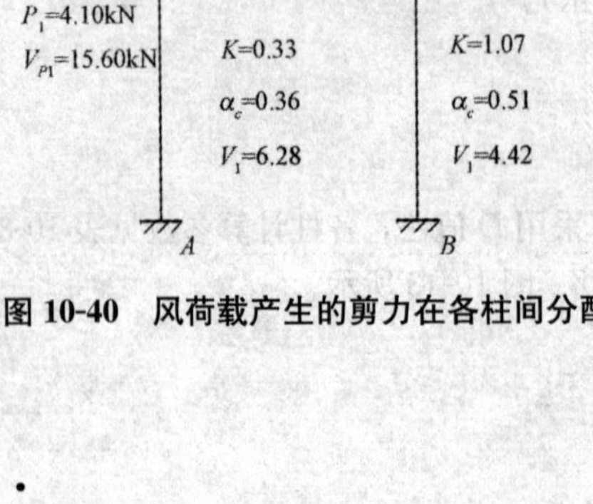

图 10-40　风荷载产生的剪力在各柱间分配

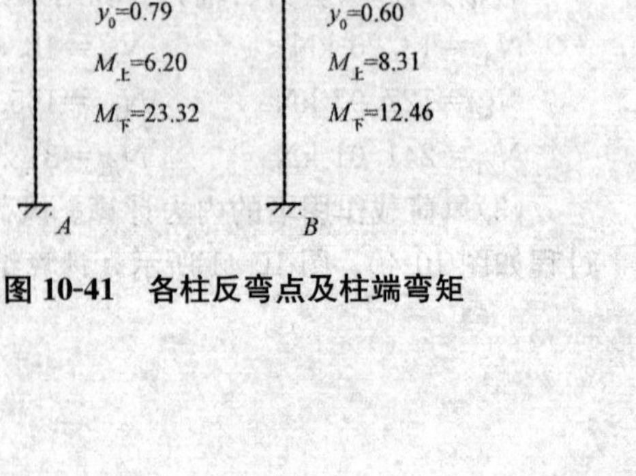

y0=0.20
M上=5.27
M下=1.32
y0=0.35
M上=5.12
M下=2.76
y0=0.47
M上=6.56
M下=5.82
y0=0.45
M上=8.16
M下=6.67
y0=0.79
M上=6.20
M下=23.32
y0=0.60
M上=8.31
M下=12.46
A
B

图 10-41　各柱反弯点及柱端弯矩

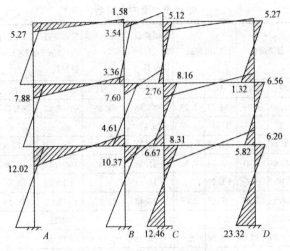

图 10-42　风荷载产生的弯矩图

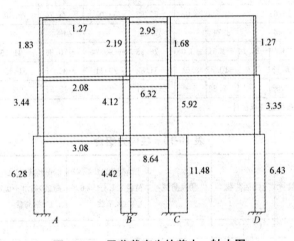

图 10-43　风荷载产生的剪力、轴力图

5. 内力组合

根据上述内力计算结果，即可进行框架各梁柱各控制截面上的内力组合，其中梁的控制截面为梁端柱边及跨中，由于对称性，每层梁取 5 个控制截面。柱分为边柱和中柱，每根柱有 2 个控制截面。内力组合控制截面如图 10-44 所示。

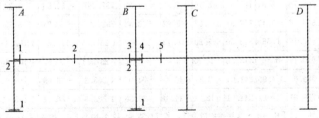

图 10-44　内力组合控制截面

内力组合的计算过程及配筋见表 10-9、表 10-10(考虑可变荷载效应控制的组合，为简化本例未考虑"恒荷载×1.35＋活荷载×1.4×0.7"组合项)。

表 10-9　梁内力组合

楼层	截面	①恒荷载		②活荷载		③风荷载		④恒荷载×1.2+活荷载×1.4+0.6×1.4×风荷载		⑤恒荷载×1.2+风荷载×1.4+0.7×1.4×活荷载		梁受拉区纵向配筋		
		M	N	M	N	M	N	M	N	M	N	需A	配筋	供A
三	·1	−37.81	52.60	−3.99	3.93	−5.27	1.27	−55.26	69.69	−56.66	68.75	372	2Φ16	402
	2	30.96	—	1.27	—	1.85	—	39.21	—	40.99	—	263	2Φ16	402
	3	−46.80	−55.93	−4.18	−4.00	−1.58	−1.27	−63.34	−73.78	−62.47	−72.81	423	3Φ14	462
	4	−23.07	14.93	−0.48	0.90	−3.54	2.95	−31.33	21.65	−33.11	22.93	212	2Φ16	402
	5	−14.11	—	0.06	—	−1.70	—	−18.44	—	−19.25	—	117	2Φ16	402
二	1	−35.62	41.90	−19.19	23.46	−7.88	2.08	−77.43	84.87	−73.78	76.18	525	3Φ16	603
	2	19.40	—	12.08	—	2.26	—	42.09	—	38.28	—	263	2Φ16	402
	3	−38.82	−42.72	−20.81	−24.06	−3.36	−2.08	−78.54	−86.69	−71.68	−77.75	532	3Φ16	603
	4	−9.19	12.16	−6.44	5.40	−7.60	6.32	−26.43	27.46	−27.98	28.73	182	2Φ16	402
	5	−1.89	—	−2.55	—	−2.14	—	−6.35	—	−7.76	—	39	2Φ16	402
一	1	−33.06	41.61	−18.61	21.78	−12.02	3.08	−75.82	83.01	−74.74	75.59	503	2Φ18	509
	2	22.16	—	12.48	—	3.71	—	47.18	—	44.02	—	306	2Φ16	402
	3	−36.86	−43.01	−20.59	−25.74	−4.61	−3.08	−76.93	−90.24	−70.86	−81.15	511	2Φ18	509
	4	−11.97	12.16	−6.25	5.4	−10.37	8.64	−31.82	29.41	−35.01	31.98	226	2Φ16	402
	5	−4.68	—	−3.02	—	−2.88	—	−12.61	—	−12.61	—	78	2Φ16	402

注：纵向受压钢筋与腹筋均按构造要求设计。

表 10-10　柱内力组合

楼层	柱	截面	①恒荷载		②活荷载		③风荷载		④恒荷载×1.2+活荷载×1.4+0.6×1.4×风荷载		⑤恒荷载×1.2+风荷载×1.4+0.7×1.4×活荷载		柱纵向配筋		
			M	N	M	N	M	N	M	N	M	N	需A	配筋	供A
三	A	2	37.81	100.96	3.99	18.54	−5.27	−1.27	46.53	254.04	41.9	245.54			
		1	18.58	190.96	11.17	18.54	−1.32	−1.37	36.83	254.04	31.39	245.54			
	B	2	−27.25	234.20	−3.70	13.25	−5.12	−1.68	−42.18	298.18	−43.5	291.67			
		1	−18.58	234.20	−7.08	13.25	−2.76	−1.68	−34.53	298.18	−33.1	291.67			
二	A	2	14.39	430.12	8.02	165.18	−6.56	−3.35	22.99	744.58	15.94	673.33	底层柱贯通		
		1	16.38	430.12	12.05	165.18	−5.82	−3.35	31.64	744.58	23.32	673.33			
	B	2	−11.05	506.76	−8.01	127.97	−8.16	−5.92	−31.33	782.297	−32.53	725.23			
		1	−16.38	506.76	−9.43	127.97	−6.67	−5.92	−38.46	782.297	−38.24	725.23			
一	A	2	11.65	670.19	6.56	313.50	−6.20	−6.43	17.96	1 237.73	11.73	1 102.46	1 080	4Φ20	1 256
		1	6.85	670.19	3.86	313.50	−23.32	−6.43	−5.96	1 237.73	−20.65	1 102.46	1 080	4Φ20	1 256
	B	2	−8.51	779.61	−4.90	241.01	−8.31	−11.48	−24.05	1 263.3	−26.65	1 155.65	1 080	4Φ20	1 256
		1	−4.93	779.61	−2.84	241.01	−12.46	−11.48	−20.36	1 263.3	−26.14	1 155.65	1 080	4Φ20	1 256

注：弯矩以顺时针为正，轴力以受压为正；箍筋按构造设计，若经计算 A_s 和 A_s' 均小于 0，则均按最小配筋率设计。

6. 梁柱截面尺寸

(1)梁截面受弯承载力配筋计算。梁跨中按 T 形截面算，支座按矩形截面算。

材料采用强度等级为 C30 混凝土；HRB335 级钢筋。由表 10-9 可知，三层 AB 跨跨中及支座有最不利内力，即 AB 跨跨中截面 $M=40.99$ kN·m；支座截面 $M_1=-56.66$ kN·m；$M_3=-63.34$ kN·m。

先计算跨中截面。因梁板现浇，故跨中按 T 形梁截面计算。屋面楼面板厚 100 mm，按梁内只有一排受拉钢筋考虑，$h_0=550-40=510$(mm)。

因 $100/510=0.196>0.1$，故受弯构件受压区有效翼缘计算宽度为

$$b'_f=\frac{1}{3}l_0=\frac{1}{3}\times5\,400=1\,800\text{(mm)}<b+s_n=300+5\,100=5\,400\text{(mm)}$$

故取 $b'_f=1\,800$ mm，同理对于 BC 跨 $b'_f=800$ mm。

$$\alpha_1 f_c b'_f h'_f(h_0-h'_f/2)=1.0\times14.3\times1800\times1\,00\times(510-100/2)$$
$$=1184\times10^6\text{(kN·m)}>40.99\text{ kN·m}$$

故属第一类 T 形截面。

框架梁正截面配筋计算见表 10-11。

表 10-11　框架梁正截面配筋计算

层　数	计算公式	梁 AB			梁 BC	
		左支座	跨中	右支座	左支座	跨中
3	$M/$(kN·m)	−56.66	40.99	−63.34	33.11	−19.25
	$\alpha_s=M/\alpha_1 f_c b(b'_f)h_0^2$	0.05	0.006	0.056	0.029	0.006
	$\xi=1-\sqrt{1-2\alpha_s}$	0.051	0.006	0.058	0.029	0.006
	ξ_b	0.550				
	$A_s=\alpha_1 f_c b(b'_f)h_0\xi/f_y$	372	262.5	423	211.5	116.7
	选配钢筋	2Φ16	2Φ16	3Φ14	2Φ16	2Φ16
	实配钢筋/mm²	402	402	462	402	402
	$A_{smin}/$mm²	330				

其余梁计算过程略，计算结果见表 10-9。

(2)框架柱截面设计。

1)判断是否需要考虑附加弯矩。

A 轴底层柱：$N_{max}=1\,237.73$ kN

轴压比：$\qquad\qquad\mu_N=\dfrac{1\,237.73\times10^3}{14.3\times600^2}=0.24<0.9$

B 轴底层柱：$\qquad\qquad N_{max}=1\,263.3$ kN

轴压比 ：$\qquad\qquad\mu_N=\dfrac{1\,263.3\times10^3}{14.3\times600^2}=0.25<0.9$

$$\frac{M_1}{M_2}=-\frac{17.96}{20.65}=-0.87$$

$$34-12(M_1/M_2)=34+12\times0.87=44.44$$

$$i=\sqrt{\frac{I}{A}}=\sqrt{\frac{\frac{1}{12}\times600^4}{600^2}}=173\text{(mm)}$$

$$\frac{l_c}{i}=\frac{4\,700}{173}=27.17<44.44$$

故不需要考虑杆件自身挠曲变形的影响。

2)柱截面配筋计算。

对于 A 柱，$M=M_2=20.65$ kN·m，不考虑自身构件弯曲产生的附加弯矩。

$$e_0=\frac{M}{N}=\frac{20.65}{1\ 102.46}\times 10^3=19(\mathrm{mm}) \qquad e_a=\min\left(200\ \mathrm{mm},\frac{600}{30}\mathrm{mm}\right)=20(\mathrm{mm})$$

$$e_i=e_0+e_a=19+20=39(\mathrm{mm})$$

$$e=e_i+\frac{h}{2}-a_s=39+\frac{600}{2}-40=299(\mathrm{mm})$$

$$\xi=\frac{N}{\alpha_1 f_c bh_0}=\frac{1\ 102.46\times 10^3}{14.3\times 600\times 560}=0.23<\xi_b$$

$$A_s=A_s'=\frac{Ne-\alpha_1 f_c bh_0^2\xi(1-0.5\xi)}{f_y(h_0-a_s')}$$

$$=\frac{1\ 102.46\times 10^3\times 299-14.3\times 600\times 560^2\times 0.23\times(1-0.5\times 0.23)}{300\times(560-40)}<0$$

故按最小配筋率配筋 $\rho_{\min}=0.6\%$。

$$A_{smin}=A_{smin}'=0.6\%\times 600^2/2=1\ 080(\mathrm{mm}^2)$$

(实配 4Φ20，$A_s=A_s'=1\ 256$ mm^2)

其余计算从略。

本章小结

本章主要介绍了高层建筑结构体系、框架结构梁柱截面尺寸的确定和框架结构计算简图的确定；重点介绍框架结构内力分析。

思考练习题

一、填空题

1. _____的居住建筑(包括首层设置商业服务网点的住宅)和建筑高度超过_____的公共建筑为高层建筑。

2. _____是指结构抵抗外部作用的构件类型和组成方式。

3. 随着层数和高度的增加，竖向荷载通过水平构件(楼盖)和竖向构件(柱、墙、斜撑等)传递到基础，这是结构最基本的_____。

4. _____是指沿房屋的纵向和横向均采用框架作为承重和抵抗侧力的主要构件所构成的结构体系。

5. _____是指用墙板来承受竖向荷载、抵抗水平荷载的空间结构，墙体同时作为围护和分隔构件。

6. 框架柱一般采用_____、_____或_____截面。

7. 框架节点可根据其构造情况分为_____、_____、_____三种。

8. 竖向荷载作用下框架内力分析的近似方法有_____、_____、_____等。

二、简答题

1. 简述框架结构受力和变形特点。

2. 简述框架结构布置方案。

3. 简述框架-剪力墙结构受力和变形特点。

附录　常用数据

附表1　混凝土强度标准值、设计值和弹性模量　　　　　N/mm²

强度种类与弹性模量		混凝土强度等级													
		C15	C20	C25	C30	C35	C40	C45	C50	C55	C60	C65	C70	C75	C80
强度标准值	轴心抗压 f_{ck}	10.0	13.4	16.7	20.1	23.4	26.8	29.6	32.4	35.5	38.5	41.5	44.5	47.4	50.2
	轴心抗拉 f_{tk}	1.27	1.54	1.78	2.01	2.20	2.39	2.51	2.64	2.74	2.85	2.93	2.99	3.05	3.11
强度设计值	轴心抗压 f_c	7.2	9.6	11.9	14.3	16.7	19.1	21.1	23.1	25.3	27.5	29.7	31.8	33.8	35.9
	轴心抗拉 f_t	0.91	1.10	1.27	1.43	1.57	1.71	1.80	1.89	1.96	2.04	2.09	2.14	2.18	2.22
弹性模量 $E_c(\times10^4)$		2.20	2.55	2.80	3.00	3.15	3.25	3.35	3.45	3.55	3.60	3.65	3.70	3.75	3.80

附表2　普通钢筋强度设计值　　　　　MPa

牌号	抗拉强度设计值 f_y	抗压强度设计值 f'_y
HPB300	270	270
HRB335	300	300
HRB400、HRBF400、RRB400	360	360
HRB500、HRBF500	435	435

附表3　预应力筋强度设计值　　　　　MPa

种类	极限强度标准值 f_{ptk}	抗拉强度设计值 f_{py}	抗压强度设计值 f'_{py}
中强度预应力钢丝	800	510	410
	970	650	
	1 270	810	
消除应力钢丝	1 470	1 040	410
	1 570	1 110	
	1 860	1 320	
钢绞线	1 570	1 110	390
	1 720	1 220	
	1 860	1 320	
	1 960	1 390	
预应力螺纹钢筋	980	650	400
	1 080	770	
	1 230	900	
注：当预应力筋的强度标准值不符合本表的规定时，其强度设计值应进行相应的比例换算。			

附表 4　钢筋混凝土矩形截面受弯构件正截面受弯承载力计算系数表

ξ	γ_s	α_s	ξ	γ_s	α_s
0.01	0.995	0.010	0.32	0.840	0.269
0.02	0.990	0.020	0.33	0.835	0.276
0.03	0.985	0.030	0.34	0.830	0.282
0.04	0.980	0.039	0.35	0.825	0.289
0.05	0.975	0.049	0.36	0.820	0.295
0.06	0.970	0.058	0.37	0.815	0.302
0.07	0.965	0.068	0.38	0.810	0.308
0.08	0.960	0.077	0.39	0.805	0.314
0.09	0.955	0.086	0.40	0.800	0.320
0.10	0.950	0.095	0.41	0.795	0.326
0.11	0.945	0.104	0.42	0.790	0.332
0.12	0.940	0.113	0.43	0.785	0.338
0.13	0.935	0.122	0.44	0.780	0.343
0.14	0.930	0.130	0.45	0.775	0.349
0.15	0.925	0.139	0.46	0.770	0.354
0.16	0.920	0.147	0.47	0.765	0.360
0.17	0.915	0.156	0.48	0.760	0.365
0.18	0.910	0.164	0.49	0.755	0.370
0.19	0.905	0.172	0.50	0.750	0.375
0.20	0.900	0.180	0.51	0.745	0.380
0.21	0.895	0.188	0.518	0.741	0.384
0.22	0.890	0.196	0.52	0.740	0.385
0.23	0.885	0.204	0.53	0.735	0.390
0.24	0.880	0.211	0.54	0.730	0.394
0.25	0.875	0.219	0.55	0.725	0.399
0.26	0.870	0.226	0.56	0.720	0.403
0.27	0.865	0.234	0.57	0.715	0.408
0.28	0.860	0.241	0.58	0.710	0.412
0.29	0.855	0.248	0.59	0.705	0.416
0.30	0.850	0.255	0.60	0.700	0.420
0.31	0.845	0.262	0.614	0.693	0.426

注：当混凝土强度等级为 C50 以下时，表中 ξ＝0.576、0.550、0.518，分别为 HPB300 级、HRB335 级、HRB400 级和 RRB400 级钢筋的界限相对受压区高度。

附表 5　钢筋混凝土结构构件中纵向受力钢筋的最小配筋百分率　　　　%

受力类型			最小配筋百分率
受压构件	全部纵向钢筋	强度等级 500 MPa	0.5
		强度等级 400 MPa	0.55
		强度等级 300 MPa、335 MPa	0.6
	一侧纵向钢筋		0.2
受弯构件、偏心构件、轴心受拉构件一侧的受拉钢筋			0.2 和 $45f_t/f_y$ 中的较大值

注：1. 受压构件全部纵向钢筋最小配筋百分率，当混凝土强度等级为 C60 及以上时，应按表中规定增大 0.1；

2. 板类受弯构件(不包括悬臂板)的受拉钢筋，当采用强度等级 400 MPa、500 MPa 的钢筋时，其最小配筋百分率应允许采用 0.15 和 $45f_t/f_y$ 中的较大值；

3. 偏心受拉构件中的受压钢筋，应按受压构件一侧纵向钢筋考虑；

4. 受压构件的全部纵向钢筋和一侧纵向钢筋的配筋率以及轴心受拉构件和小偏心受拉构件一侧受拉钢筋的配筋率应按构件的全截面面积计算；受弯构件、大偏心受拉构件一侧受拉钢筋的配筋率应按全截面面积和扣除受压翼缘面积$(b_f' - b)h_f'$后的截面面积计算；

5. 当钢筋沿构件截面周边布置时，"一侧纵向钢筋"是指沿受力方向两个对边中的一边布置的纵向钢筋。

附表 6　结构构件的裂缝控制等级及最大裂缝宽度的限值 w_{lim}　　　　mm

环境类别	钢筋混凝土结构		预应力混凝土结构	
	裂缝控制等级	w_{lim}	裂缝控制等级	w_{lim}
一	三级	0.30(0.40)	三级	0.20
二 a				0.10
二 b		0.20	二级	—
二 a、三 b			一级	—

注：1. 表中的规定适用于采用热轧钢筋的钢筋混凝土构件和采用预应力钢丝、钢绞线及预应力螺纹钢筋的预应力混凝土构件，当采用其他类别的钢丝或者钢筋时，其裂缝控制要求可按专门标准确定；

2. 对处于年平均相对湿度小于 60% 地区一级环境下的钢筋混凝土受弯构件，其最大裂缝宽度限值可采用括号内的数值；

3. 在一类环境下，对钢筋混凝土屋架、托架及需做疲劳验算的吊车梁，其最大裂缝宽度限值应取为 0.20 mm；对钢筋混凝土屋面梁和托梁，其最大裂缝宽度限值应取为 0.30 mm；

4. 在一类环境下，对预应力混凝土屋架、托架及双向板体系，应按二级裂缝控制等级进行验算；对于预应力混凝土屋面梁、托梁、单向板，按表中二 a 级环境的要求进行验算；在一类和二类环境下，对需做疲劳验算的预应力混凝土吊车梁，应按一级裂缝控制等级进行验算；

5. 表中规定的预应力混凝土构件的裂缝控制等级和最大裂缝宽度限值仅适用于正截面的验算；预应力混凝土构件的斜截面裂缝控制验算尚应符合构件的要求；

6. 对于烟囱、筒仓和处于液体压力下的结构构件，其裂缝控制要求应符合专门标准的有关规定；

7. 对于处于四、五类环境下的结构构件，其裂缝控制要求应符合专门标准的有关规定；

8. 混凝土保护层厚度较大的构件，可根据实践经验将表中的最大裂缝宽度限值适当放宽。

附表 7　预应力钢筋强度标准值　　　　　　　　　　　　　　N/mm²

种类		符号	公称直径 d/mm	屈服强度标准值 f_{pyk}	极限强度标准值 f_{ptk}
中强度预应力钢丝	光圆 螺旋肋	ϕ^{PM} ϕ^{HM}	5、7、9	620	800
				780	970
				980	1 270
预应力螺纹钢筋	螺纹	ϕ^T	18、25、 32、40、 50	785	980
				930	1 080
				1 080	1 230
消除应力钢丝	光圆 螺旋肋	ϕ^P ϕ^H	5	—	1 570
				—	1 860
			7	—	1 570
			9	—	1 470
				—	1 570
钢绞线	1×3 (三股)	ϕ^S	8.6、10.8、 12.9	—	1 570
				—	1 860
				—	1 960
	1×7 (七股)		9.5、12.7、 15.2、17.8	—	1 720
				—	1 860
				—	1 960
			21.6	—	1 860

注：极限强度标准值为 1 960 N/mm² 的钢绞线作后张预应力配筋时，应有可靠的工程经验。

附表 8　受弯构件的挠度限值

构件类型		挠度限值
吊车梁	手动吊车	$l_0/500$
	电动吊车	$l_0/600$
屋盖、楼盖 及楼梯构件	当 $l_0 < 7$ m 时	$l_0/200(l_0/250)$
	当 7 m $\leqslant l_0 \leqslant 9$ m 时	$l_0/250(l_0/300)$
	当 $l_0 > 9$ m 时	$l_0/300(l_0/400)$

注：1. 表中 l_0 为构件的计算跨度(计算悬臂构件的挠度限值时，其计算跨度 l_0 按实际悬臂长度的 2 倍取用)；
　　2. 表中括号内的数值适用于使用上对挠度有较高要求的构件；
　　3. 如果构件预制时预先起拱，且使用上也允许，则在验算挠度时，可将计算所得的挠度值减去起拱值，对预应力混凝土构件，尚可减去预应力所产生的反拱值；
　　4. 构件制作时的起拱值和预加力所产生的反拱值，不宜超过构件在相应荷载作用下的计算挠度值。

附表9 均布荷载和集中荷载作用下等跨连续梁的内力系数

均布荷载：　　　　　　　　$M=Kql^2$　　　　　　　$V=K_1ql$

集中荷载：　　　　　　　　$M=KPl$　　　　　　　　$V=K_1P$

式中　q——单位长度上的均布荷载；

　　　P——集中荷载；

　　　K，K_1——内力系数，由表中相应栏内查得。

内力正负号规定：

　　　M——使截面上部受压、下部受拉为正；

　　　V——对邻近截面所产生的力矩沿顺时针方向者为正。

(1)两跨梁

序号	荷载简图	跨内最大弯矩		支座弯矩	横向剪力			
		M_1	M_2	M_B	V_A	$V_{B左}$	$V_{B右}$	V_C
1		0.070	0.070	−0.125	0.375	−0.625	0.625	−0.375
2		0.096	−0.025	−0.063	0.437	−0.563	0.063	0.063
3		0.156	0.156	−0.188	0.312	−0.688	0.688	−0.312
4		0.203	−0.047	−0.094	0.406	−0.594	0.094	0.094
5		0.222	0.222	−0.333	0.667	−1.334	1.334	−0.667
6		0.278	−0.056	−0.167	0.833	−1.167	0.167	0.167

(2)三跨梁

序号	荷载简图	跨内最大弯矩		支座弯矩		横向剪力				
		M_1	M_2	M_B	M_C	V_A	$V_{B左}$	$V_{B右}$	$V_{C左}$	$V_{C右}$	V_D
1		0.080	0.025	−0.100	−0.100	0.400	−0.600	0.500	−0.500	−0.600	−0.400

序号	荷载简图	跨内最大弯矩		支座弯矩		横向剪力					
		M_1	M_2	M_B	M_C	V_A	$V_{B左}$	$V_{B右}$	$V_{C左}$	$V_{C右}$	V_D
2		0.101	−0.050	−0.050	−0.050	0.450	−0.550	0.000	0.000	0.550	−0.450
3		−0.025	0.075	−0.050	−0.050	−0.050	−0.050	0.005	0.050	0.050	0.050
4		0.073	0.054	−0.117	−0.033	0.383	−0.617	0.583	−0.417	0.033	0.033
5		0.094	—	−0.067	−0.017	0.433	−0.567	0.083	0.083	−0.017	−0.017
6		0.175	0.100	−0.150	−0.150	0.350	−0.650	0.500	−0.500	0.650	−0.350
7		0.213	−0.075	−0.075	−0.075	0.425	−0.575	0.000	0.000	0.575	−0.425
8		−0.038	0.175	−0.075	−0.075	−0.075	−0.075	0.500	−0.500	0.075	0.075
9		0.162	0.137	−0.175	0.050	0.325	−0.675	0.625	−0.375	0.050	0.050
10		0.200	—	−0.100	0.025	0.400	−0.600	0.125	0.125	−0.025	−0.025
11		0.244	0.067	−0.267	−0.267	0.733	−1.267	1.000	−1.000	1.267	−0.733
12		0.289	−0.133	−0.133	−0.133	0.866	−1.134	0.000	0.000	1.134	−0.866
13		−0.044	0.200	−0.133	−0.133	−0.133	−0.133	1.000	−1.000	0.133	0.133
14		0.229	0.170	−0.311	0.089	0.689	−1.311	1.222	−0.778	0.089	0.089
15		0.274	—	−0.178	0.044	0.822	−1.178	0.222	0.222	−0.044	−0.044

(3) 四跨梁

序号	荷载简图	跨内最大弯矩				支座弯矩			横向剪力							
		M_1	M_2	M_3	M_4	M_B	M_C	M_D	V_A	$V_{B左}$	$V_{B右}$	$V_{C左}$	$V_{C右}$	$V_{D左}$	$V_{D右}$	V_E
1		0.077	−0.036	0.036	0.077	−0.107	−0.071	−0.107	0.393	−0.607	0.536	−0.464	0.464	−0.536	0.607	−0.393
2		0.100	0.045	0.081	−0.023	−0.107	−0.036	−0.054	0.446	−0.554	0.018	0.018	0.482	−0.518	0.054	0.054
3		0.072	0.061	—	0.098	−0.121	−0.018	−0.058	0.380	−0.020	0.603	−0.397	−0.040	−0.040	0.558	−0.442
4		—	0.056	0.056	—	−0.036	−0.107	−0.036	−0.036	−0.036	0.429	−0.571	0.571	−0.429	0.036	0.036
5		0.094	—	—	—	−0.067	0.018	−0.004	0.433	−0.567	0.085	0.085	−0.022	−0.022	0.004	0.004
6		—	0.071	—	—	−0.049	−0.054	0.013	−0.049	−0.049	0.496	−0.504	0.067	0.067	−0.013	−0.013
7		0.169	0.116	0.116	−0.169	−0.161	−0.107	−0.161	0.339	−0.661	0.553	−0.446	0.446	−0.554	0.661	−0.339
8		0.210	0.067	0.183	−0.040	−0.080	−0.054	−0.080	0.420	−0.580	0.027	0.027	0.473	0.527	0.080	0.080
9		0.159	0.146	—	0.206	−0.181	−0.027	−0.087	0.319	−0.681	0.654	−0.346	−0.060	−0.060	0.587	−0.413

序号	荷载简图	跨内最大弯矩				支座弯矩			横向剪力							
		M_1	M_2	M_3	M_4	M_B	M_C	M_D	V_A	$V_{B左}$	$V_{B右}$	$V_{C左}$	$V_{C右}$	$V_{D左}$	$V_{D右}$	V_E
10		—	0.142	0.142	—	−0.054	−0.161	−0.054	−0.054	−0.054	0.393	−0.607	0.607	−0.393	0.054	0.054
11		0.202	—	—	—	−0.100	0.027	−0.007	0.400	−0.600	0.127	0.127	−0.033	−0.033	0.007	0.007
12		—	0.173	—	—	−0.074	−0.080	0.020	−0.074	−0.074	0.493	−0.507	0.100	0.100	−0.020	−0.020
13		0.238	0.111	0.111	0.238	−0.286	−0.191	−0.286	0.714	−1.286	1.095	−0.905	0.905	−0.095	1.286	−0.714
14		0.286	−0.111	0.222	−0.048	−0.143	−0.095	−0.143	0.875	−1.143	0.048	0.048	0.952	1.048	0.143	0.143
15		0.226	0.194	—	0.282	−0.321	−0.048	−0.155	0.679	−1.321	1.274	−0.726	−0.107	−0.107	1.155	−0.845
16		—	0.175	0.175	—	−0.095	−0.286	−0.095	−0.095	−0.095	0.810	−1.190	0.190	−0.810	0.095	0.095
17		0.274	—	—	—	−0.178	0.048	−0.012	0.822	−1.178	0.226	0.226	−0.060	−0.060	0.012	0.012
18		—	0.198	—	—	−0.131	−0.143	−0.036	−0.131	−0.131	0.988	−1.012	0.178	0.178	−0.036	−0.036

(4)五跨梁

序号	荷载简图	跨内最大弯矩			支座弯矩				横向剪力									
		M_1	M_2	M_3	M_B	M_C	M_D	M_E	V_A	$V_{B左}$	$V_{B右}$	$V_{C左}$	$V_{C右}$	$V_{D左}$	$V_{D右}$	$V_{E左}$	$V_{E右}$	V_F
1		0.078 1	0.033 1	0.046 2	−0.105	−0.079	−0.079	−0.105	0.394	−0.606	0.526	−0.474	0.500	−0.500	0.474	−0.526	0.606	−0.394
2		0.100 0	−0.046 1	0.085 5	−0.053	−0.040	−0.040	−0.053	0.447	−0.553	0.013	0.013	0.500	−0.500	−0.013	−0.013	0.553	−0.447
3		−0.026 3	0.078 7	−0.039 5	−0.053	−0.040	−0.040	−0.053	−0.053	−0.053	0.513	−0.487	0.000	0.000	0.487	−0.513	0.053	0.053
4		0.073	0.059	—	−0.119	−0.022	−0.044	−0.051	0.380	−0.620	0.598	−0.402	−0.023	−0.023	0.493	−0.507	0.052	0.052
5		—	0.055	0.064	−0.035	−0.111	−0.020	−0.057	−0.035	−0.035	0.424	−0.576	−0.591	−0.049	−0.037	−0.037	0.557	−0.443
6		0.094	—	—	−0.067	0.018	−0.005	0.001	0.433	−0.567	0.085	0.085	−0.023	−0.023	0.006	0.006	−0.001	−0.001
7		—	0.074	0.072	−0.049	−0.054	−0.014	−0.004	−0.049	−0.049	0.495	−0.505	0.068	−0.068	−0.018	0.018	0.004	0.004
8		—	—	—	0.013	−0.053	−0.053	0.013	0.013	0.013	−0.066	−0.066	0.500	−0.500	0.066	0.066	−0.013	−0.013
9		0.171	0.112	0.132	−0.158	−0.118	−0.118	−0.158	0.342	−0.658	0.540	−0.460	0.500	−0.500	0.460	−0.540	0.658	−0.342
10		0.211	−0.069	0.191	−0.079	−0.059	−0.059	−0.079	0.421	−0.579	0.020	0.020	0.500	−0.500	−0.020	−0.020	0.579	−0.421
11		0.039	0.181	−0.059	−0.079	−0.059	−0.059	−0.079	−0.079	−0.079	0.520	−0.480	0.000	0.000	0.480	−0.520	0.079	0.079
12		0.160	0.144	—	−0.179	−0.032	−0.066	−0.077	0.321	−0.679	0.647	−0.353	−0.034	−0.034	0.489	−0.511	0.077	0.077

序号	荷载简图	跨内最大弯矩			支座弯矩				横向剪力									
		M_1	M_2	M_3	M_B	M_C	M_D	M_E	V_A	$V_{B左}$	$V_{B右}$	$V_{C左}$	$V_{C右}$	$V_{D左}$	$V_{D右}$	$V_{E左}$	$V_{E右}$	V_F
13		—	0.140	0.151	−0.052	−0.167	−0.031	−0.086	−0.052	−0.052	0.385	−0.615	0.637	−0.363	−0.056	−0.056	0.586	−0.414
14		0.200	—	—	−0.100	0.027	−0.007	0.002	0.400	−0.600	0.127	0.127	−0.034	−0.034	0.009	0.009	−0.002	−0.002
15		—	0.173	0.171	−0.073	−0.081	0.022	−0.005	−0.073	−0.073	0.493	−0.507	0.102	0.102	−0.027	−0.027	0.005	0.005
16		—	—	—	0.020	0.079	−0.079	0.020	0.020	0.020	−0.099	−0.099	0.500	−0.500	0.099	0.099	−0.020	−0.020
17		0.240	0.100	0.122	−0.281	−0.211	−0.211	−0.281	0.719	−1.281	1.070	−0.930	1.000	−1.000	0.930	−1.070	1.281	−0.719
18		0.287	−0.117	0.228	−0.140	−0.105	−0.105	−0.140	0.860	−1.140	0.035	0.035	1.000	−1.000	−0.035	−0.035	1.140	−0.860
19		−0.047	−0.216	−0.105	−0.140	−0.105	−0.105	−0.140	−0.140	−0.140	1.035	−0.965	0.000	0.000	0.965	−1.035	0.140	0.140
20		0.227	0.189	—	−0.319	−0.057	−0.118	−0.137	0.681	−1.319	1.262	−0.738	−0.061	−0.061	0.981	−1.019	0.137	0.137
21		—	0.172	0.198	−0.093	−0.297	−0.054	−0.153	−0.093	−0.093	0.796	−1.204	1.243	−0.757	−0.099	−0.099	1.153	−0.847
22		0.274	—	—	−0.179	0.048	−0.013	0.003	0.821	−1.179	0.227	0.227	−0.061	−0.061	0.016	0.016	−0.003	−0.003
23		—	0.198	—	0.131	−0.144	−0.038	−0.010	−0.131	−0.131	0.987	−1.013	0.182	0.182	−0.048	−0.048	0.010	0.010
24		—	—	0.193	0.035	−0.140	−0.140	0.035	0.035	0.035	−0.175	−0.175	1.000	−1.000	0.175	0.175	−0.035	−0.035

附表 10　按弹性理论计算矩形双向板在均布荷载作用下的弯矩系数表

1. 符号说明

f，f_{max}——板中心点的挠度和最大挠度；

m_x，m_{xmax}——平行于 l_x 方向板中心点单位板宽内的弯矩和板跨内最大弯矩；

m_y，m_{ymax}——平行于 l_y 方向板中心点单位板宽内的弯矩和板跨内最大弯矩；

m_x'——固定边中点沿 l_y 方向单位板宽内的弯矩；

m_y'——固定边中点沿 l_x 方向单位板宽内的弯矩。

————代表自由边；══════代表简支边；ⅢⅢⅢⅢ代表固定边。

正负号的规定：

弯矩——使板的受荷面受压者为正；

挠度——变位方向与荷载方向相同者为正。

2. 计算公式

$$弯矩＝表中系数 \times ql^2$$

$$B_c＝\frac{Eh^3}{12(1-\nu^2)}，刚度$$

式中　E——弹性模量；

　　　h——板厚；

　　　ν——泊松比。

①四边简支			
		挠度＝表中系数 $\times \dfrac{ql^4}{B_c}$ $\nu=0$，弯矩＝表中系数 $\times ql^2$ 式中，l 取用 l_x 和 l_y 中之较小者。	
l_x/l_y	f	m_x	m_y
0.50	0.010 13	0.096 5	0.017 4
0.55	0.009 40	0.089 2	0.021 0
0.60	0.008 67	0.082 0	0.024 2
0.65	0.007 96	0.075 0	0.027 1
0.70	0.007 27	0.068 3	0.029 6
0.75	0.006 63	0.062 0	0.031 7
0.80	0.006 03	0.056 1	0.033 4
0.85	0.005 47	0.050 6	0.034 8
0.90	0.004 96	0.045 6	0.035 8
0.95	0.004 49	0.041 0	0.036 4
1.00	0.004 06	0.036 8	0.036 8

②三边简支、一边固定

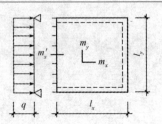

挠度＝表中系数×$\dfrac{ql^4}{B_c}$

$\nu=0$，弯矩＝表中系数×ql^2

式中，l 取用 l_x 和 l_y 中之较小者。

l_x/l_y	l_y/l_x	f	f_{max}	m_x	m_{xmax}	m_y	m_{ymax}	m_x'
0.50		0.004 88	0.005 04	0.058 3	0.064 6	0.006 0	0.006 3	−0.121 2
0.55		0.004 71	0.004 92	0.056 3	0.061 8	0.008 1	0.008 7	−0.118 7
0.60		0.004 53	0.004 72	0.053 9	0.058 9	0.010 4	0.011 1	−0.115 8
0.65		0.004 32	0.004 48	0.051 3	0.055 9	0.012 6	0.013 3	−0.112 4
0.70		0.004 10	0.004 22	0.048 5	0.052 9	0.014 8	0.015 4	−0.108 7
0.75		0.003 88	0.003 99	0.045 7	0.049 6	0.016 8	0.017 4	−0.104 8
0.80		0.003 65	0.003 76	0.042 8	0.046 3	0.018 7	0.019 3	−0.100 7
0.85		0.003 43	0.003 52	0.040 0	0.043 1	0.020 4	0.021 1	−0.096 5
0.90		0.003 21	0.003 29	0.037 2	0.040 0	0.021 9	0.022 6	−0.092 2
0.95		0.002 99	0.003 06	0.034 5	0.036 9	0.023 2	0.023 9	−0.088 0
1.00	1.00	0.002 79	0.002 85	0.031 9	0.034 0	0.024 3	0.024 9	−0.083 9
	0.95	0.003 16	0.003 24	0.032 4	0.034 5	0.028 0	0.028 7	−0.088 2
	0.90	0.003 60	0.003 68	0.032 8	0.034 7	0.032 2	0.033 0	−0.092 6
	0.85	0.004 09	0.004 17	0.032 9	0.034 7	0.037 0	0.037 8	−0.097 0
	0.80	0.004 64	0.004 73	0.032 6	0.034 3	0.042 4	0.043 3	−0.101 4
	0.75	0.005 26	0.005 36	0.031 9	0.033 5	0.048 5	0.049 4	−0.105 6
	0.70	0.005 95	0.006 05	0.030 8	0.032 3	0.055 3	0.056 2	−0.109 6
	0.65	0.006 70	0.006 80	0.029 1	0.030 6	0.062 7	0.063 7	−0.113 3
	0.60	0.007 52	0.007 62	0.026 8	0.028 9	0.070 7	0.071 7	−0.116 6
	0.55	0.008 38	0.008 48	0.023 9	0.027 1	0.079 2	0.080 1	−0.119 3
	0.50	0.009 27	0.009 35	0.020 5	0.024 9	0.088 0	0.088 8	−0.121 5

③两对边简支、两对边固定

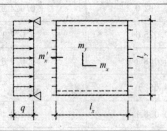

挠度＝表中系数×$\dfrac{ql^4}{B_c}$

$\nu=0$，弯矩＝表中系数×ql^2

式中，l 取用 l_x 和 l_y 中之较小者。

l_x/l_y	l_y/l_x	f	m_x	m_y	m_x'
0.50		0.002 61	0.041 6	0.001 7	−0.084 3
0.55		0.002 59	0.041 0	0.002 8	−0.084 0
0.60		0.002 55	0.040 2	0.004 2	−0.083 4
0.65		0.002 50	0.039 2	0.005 7	−0.082 6

l_x/l_y	l_y/l_x	f	m_x	m_y	m_x'
0.70		0.002 43	0.037 9	0.007 2	−0.081 4
0.75		0.002 36	0.036 6	0.008 8	−0.079 9
0.80		0.002 28	0.035 1	0.010 3	−0.078 2
0.85		0.002 20	0.033 5	0.011 8	−0.076 3
0.90		0.002 11	0.031 9	0.013 3	−0.074 3
0.95		0.002 01	0.030 2	0.014 6	−0.072 1
1.00	1.00	0.001 92	0.028 5	0.015 8	−0.069 8
	0.95	0.002 23	0.029 6	0.018 9	−0.074 6
	0.90	0.002 60	0.030 6	0.022 4	−0.079 7
	0.85	0.003 03	0.031 4	0.026 6	−0.085 0
	0.80	0.003 54	0.031 9	0.031 6	−0.090 4
	0.75	0.004 13	0.032 1	0.037 4	−0.095 9
	0.70	0.004 82	0.031 8	0.044 1	−0.101 3
	0.65	0.005 60	0.030 8	0.051 8	−0.106 6
	0.60	0.006 47	0.029 2	0.060 4	−0.111 4
	0.55	0.007 43	0.026 7	0.069 8	−0.115 6
	0.50	0.008 44	0.023 4	0.079 8	−0.119 1

④两邻边简支、两邻边固定

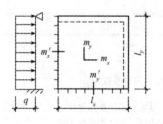

挠度＝表中系数×$\dfrac{ql^4}{B_c}$

$\nu=0$，弯矩＝表中系数×ql^2

式中，l取用l_x和l_y中之较小者。

l_x/l_y	f	f_{max}	m_x	m_{xmax}	m_y	m_{ymax}	m_x'	m_y'
0.50	0.004 68	0.004 71	0.055 9	0.056 2	0.007 9	0.013 5	−0.117 9	−0.078 6
0.55	0.004 45	0.004 54	0.052 9	0.053 0	0.010 4	0.015 3	−0.114 0	−0.078 5
0.60	0.004 19	0.004 29	0.049 6	0.049 8	0.012 9	0.016 9	−0.109 5	−0.078 2
0.65	0.003 91	0.003 99	0.046 1	0.046 5	0.015 1	0.018 3	−0.104 5	−0.077 7
0.70	0.003 63	0.003 68	0.042 6	0.043 2	0.017 2	0.019 5	−0.099 2	−0.077 0
0.75	0.003 35	0.003 40	0.039 0	0.039 6	0.018 9	0.020 6	−0.093 8	−0.076 0
0.80	0.003 08	0.003 13	0.035 6	0.036 1	0.020 4	0.021 8	−0.088 3	−0.074 8
0.85	0.002 81	0.002 86	0.032 2	0.032 8	0.021 5	0.022 9	−0.082 9	−0.073 3
0.90	0.002 56	0.002 61	0.029 1	0.029 7	0.022 4	0.023 8	−0.077 6	−0.071 6
0.95	0.002 32	0.002 37	0.026 1	0.026 7	0.023 0	0.024 4	−0.072 6	−0.069 8
1.00	0.002 10	0.002 15	0.023 4	0.024 0	0.023 4	0.024 9	−0.067 7	−0.067 7

	⑤四边固定				

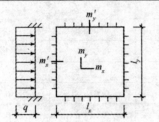

挠度＝表中系数$\times\dfrac{ql^4}{B_c}$

$\nu=0$，弯矩＝表中系数$\times ql^2$

式中，l取用l_x和l_y中之较小者。

l_x/l_y	f	m_x	m_y	m_x'	m_y'
0.50	0.002 53	0.040 0	0.003 8	−0.082 9	−0.057 0
0.55	0.002 46	0.038 5	0.005 6	−0.081 4	−0.057 1
0.60	0.002 36	0.036 7	0.007 6	−0.079 3	−0.057 1
0.65	0.002 24	0.034 5	0.009 5	−0.076 6	−0.057 1
0.70	0.002 11	0.032 1	0.011 3	−0.073 5	−0.056 9
0.75	0.001 97	0.029 6	0.013 0	−0.070 1	−0.056 5
0.80	0.001 82	0.027 1	0.014 4	−0.066 4	−0.055 9
0.85	0.001 68	0.024 6	0.015 6	−0.062 6	−0.055 1
0.90	0.001 53	0.022 1	0.016 5	−0.058 8	−0.054 1
0.95	0.001 40	0.019 8	0.017 2	−0.055 0	−0.052 8
1.00	0.001 27	0.017 6	0.017 6	−0.051 3	−0.051 3

⑥一边简支、三边固定

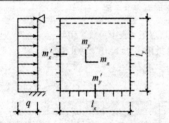

挠度＝表中系数$\times\dfrac{ql^4}{B_c}$

$\nu=0$，弯矩＝表中系数$\times ql^2$

式中，l取用l_x和l_y中之较小者。

l_x/l_y	l_y/l_x	f	f_{max}	m_x	m_{xmax}	m_y	m_{ymax}	m_x'	m_y'
0.50		0.002 57	0.002 58	0.040 8	0.040 9	0.002 8	0.008 9	−0.083 6	−0.056 9
0.55		0.002 52	0.002 55	0.039 8	0.039 9	0.004 2	0.009 3	−0.082 7	−0.057 0
0.60		0.002 45	0.002 49	0.038 4	0.038 6	0.005 9	0.010 5	−0.081 4	−0.057 1
0.65		0.002 37	0.002 40	0.036 8	0.037 1	0.007 6	0.011 6	−0.079 6	−0.057 2
0.70		0.002 27	0.002 29	0.035 0	0.035 4	0.009 3	0.012 7	−0.077 4	−0.057 2
0.75		0.002 16	0.002 19	0.033 1	0.033 5	0.010 9	0.013 7	−0.075 0	−0.057 2
0.80		0.002 05	0.002 08	0.031 0	0.031 4	0.012 4	0.014 7	−0.072 2	−0.057 0
0.85		0.001 93	0.001 96	0.028 9	0.029 3	0.013 8	0.015 5	−0.069 3	−0.056 7
0.90		0.001 81	0.001 84	0.026 8	0.027 3	0.015 9	0.016 3	−0.066 3	−0.056 3
0.95		0.001 69	0.001 72	0.024 7	0.025 2	0.016 0	0.017 2	−0.063 1	−0.055 8

l_x/l_y	l_y/l_x	f	f_{max}	m_x	m_{xmax}	m_y	m_{ymax}	m_x'	m_y'
1.00	1.00	0.001 57	0.001 60	0.022 7	0.023 1	0.016 8	0.0180	−0.060 0	−0.055 0
	0.95	0.001 78	0.001 82	0.022 9	0.023 4	0.019 4	0.020 7	−0.062 9	−0.059 9
	0.90	0.002 01	0.002 06	0.022 8	0.023 4	0.022 3	0.023 8	−0.065 6	−0.065 3
	0.85	0.002 27	0.002 33	0.022 5	0.023 1	0.025 5	0.027 3	−0.068 3	−0.071 1
	0.80	0.002 56	0.002 62	0.021 9	0.022 4	0.029 0	0.031 1	−0.070 7	−0.077 2
	0.75	0.002 86	0.002 94	0.020 8	0.021 4	0.032 9	0.035 4	−0.072 9	−0.083 7
	0.70	0.003 19	0.003 27	0.019 4	0.020 0	0.037 0	0.040 0	−0.074 8	−0.090 3
	0.65	0.003 52	0.003 65	0.017 5	0.018 2	0.041 2	0.044 6	−0.076 2	−0.097 0
	0.60	0.003 86	0.004 03	0.015 3	0.016 0	0.045 4	0.049 3	−0.077 3	−0.103 3
	0.55	0.004 19	0.004 37	0.012 7	0.013 3	0.049 6	0.054 1	−0.078 0	−0.109 3
	0.50	0.004 49	0.004 63	0.009 9	0.010 3	0.053 4	0.058 8	−0.078 4	−0.114 6

参考文献

[1] 中华人民共和国住房和城乡建设部．GB 50010—2010 混凝土结构设计规范(2015 年版)[S]．北京：中国建筑工业出版社，2015.

[2] 中华人民共和国住房和城乡建设部．GB 50009—2012 建筑结构荷载规范[S]．北京：中国建筑工业出版社，2012.

[3] 梁兴文，史庆轩．混凝土结构设计[M]．2 版．北京：中国建筑工业出版社，2011.

[4] 沈蒲生，罗国强，廖莎，刘霞．混凝土结构(下册)[M]．5 版．北京：中国建筑工业出版社，2011.

[5] 姚谨英．建筑施工技术[M]．3 版．北京：中国建筑工业出版社，2007.

[6] 王军强．混凝土结构施工[M]．北京：中国建筑工业出版社，2010.

[7] 丁天庭．建筑结构[M]．北京：高等教育出版社，2003.

[8] 孙元桃．结构设计原理[M]．3 版．北京：人民交通出版社，2009.